CÓMO FUNCIONA EL CEREBRO

CÓMO FUNCIONA EL CEREBRO

Asesoramiento editorial
Rita Carter
Diseño sénior
Duncan Turner
Edición del proyecto de arte
Amy Child, Mik Gates,
Steve Woosnam-Savage
Ilustración
Mark Clifton,
Phil Gamble, Gus Scott
Edición ejecutiva de arte
Michael Duffy
Diseño de cubierta
Tanya Mehrotra
**Dirección de desarrollo
de diseño de cubierta**
Sophia MTT
Preproducción sénior
Andy Hilliard
Dirección de arte
Karen Self

Colaboradores
Catherine Collin, Tamara Collin, Liam Drew,
Wendy Horobin, Tom Jackson, Katie John, Steve Parker,
Emma Yhnell, Ginny Smith, Nicola Temple, Susan Watt
Edición jefe sénior
Peter Frances
Edición sénior
Rob Houston
Edición del proyecto
Ruth O'Rourke-Jones
Edición
Kate Taylor, Hannah Westlake, Jamie Ambrose,
Camilla Hallinan, Nathan Joyce
Edición ejecutiva
Angeles Gavira Guerrero
Producción sénior
Meskerem Berhane
Dirección editorial
Liz Wheeler
Dirección de publicaciones
Jonathan Metcalf

De la edición en español:
Servicios editoriales
Tinta Simpàtica
Traducción
Ismael Belda Sanchis
Coordinación de proyecto
Cristina Sánchez Bustamante
Dirección editorial
Elsa Vicente

Publicado originalmente en Gran Bretaña en 2020
por Dorling Kindersley Limited
DK, One Embassy Gardens, 8 Viaduct Gardens,
Londres, SW11 7BW
Parte de Penguin Random House

Copyright © 2020 Dorling Kindersley Limited
© Traducción española: 2024 Dorling Kindersley Limited

Título original: *How the Brain Works*
Primera edición: 2024

ISBN: 978-0-5938-4793-0

La información de este libro debe entenderse como una orientación general sobre los temas tratados.
No sustituye al consejo de un profesional médico, sanitario o farmacéutico, y no debe usarse como tal.
Consulta a tu médico de cabecera antes de cambiar, interrumpir o iniciar cualquier tratamiento médico.
Hasta donde los autores saben, toda la información es correcta y está actualizada a octubre de 2019.
La práctica médica, la legislación y la normativa pueden cambiar, y por ello los lectores deben obtener
asesoramiento profesional actualizado sobre cualquiera de estas cuestiones. El autor y los editores
declinan, en la medida en que lo permite la ley, cualquier responsabilidad derivada directa o
indirectamente del uso o el mal uso de la información de este libro.

Impreso y encuadernado en China

www.dkespañol.com

Este libro se ha impreso con papel
certificado por el Forest Stewardship
Council™ como parte del compromiso
de DK por un futuro sostenible.
Más información: **www.dk.com/uk/
information/sustainability**

CONTENIDOS

FUNCIONES Y SENTIDOS

EL CEREBRO
DEL FUTURO

TRASTORNOS

EL CEREBRO FÍSICO

Qué hace el cerebro

El cerebro es el centro de control del cuerpo. Coordina las funciones necesarias para la supervivencia, controla los movimientos del cuerpo y procesa los datos de los sentidos. También codifica los recuerdos y crea la conciencia, la imaginación y la identidad.

¿EL CEREBRO SIENTE DOLOR?

Aunque registra el dolor en todo el cuerpo, el tejido cerebral no tiene receptores de dolor y no puede sentir el dolor en sí mismo.

El cerebro físico

A primera vista, el cerebro humano es un sólido firme de color rosa grisáceo. Está hecho sobre todo de grasas (un 60 por ciento) y tiene una densidad un poco más alta que la del agua. Los neurólogos –que estudian su forma y función– nos dicen que está constituido por más de 300 regiones distintas, aunque altamente interconectadas. En una escala mucho menor, el cerebro está formado por aproximadamente 160 000 millones de células, la mitad de las cuales son neuronas o células nerviosas, y la otra mitad son glías, o células de soporte de un tipo u otro (ver pp. 20-21).

Peso
En promedio, un cerebro humano adulto pesa entre 1,2 y 1,4 kg, lo que representa el 2 por ciento del peso corporal.

Grasa
El 60 por ciento de su peso en seco es de grasa. Gran parte de ella está presente en forma de vainas que recubren las conexiones entre las neuronas.

Agua
El cerebro es un 73 por ciento agua, mientras que el cuerpo en su conjunto lo es en un 60 por ciento. En promedio contiene 1 litro de agua.

Volumen
El volumen medio de un cerebro humano es de 1130-1260 cm³, aunque el volumen disminuye con la edad.

Materia gris
Alrededor del 40 por ciento del tejido del cerebro es materia gris, compuesta por cuerpos de células nerviosas muy juntos entre sí.

Materia blanca
Un 60 por ciento de su tejido es materia blanca, compuesta por largas extensiones de células nerviosas, parecidas a alambres, cubiertas por vainas de grasa.

CEREBRO IZQUIERDO Y CEREBRO DERECHO

Se suele decir que un lado o hemisferio del cerebro domina sobre el otro, y que esto influye en la personalidad de la persona. Por ejemplo, a veces se dice que las personas lógicas utilizan el hemisferio izquierdo del cerebro, mientras que las personas artísticas (y menos lógicas) utilizan el derecho. Esto es una gran simplificación. Si bien es cierto que los hemisferios no tienen una función idéntica (por ejemplo, los centros del habla están normalmente en el lado izquierdo), la mayoría de las tareas mentales usan regiones en ambos lados del cerebro al mismo tiempo.

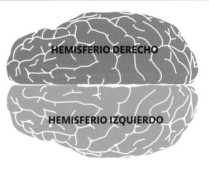
HEMISFERIO DERECHO

HEMISFERIO IZQUIERDO

Memoria

El cerebro recuerda un banco de conocimientos semánticos, hechos generales sobre el mundo, así como un registro personal de la historia de nuestra vida. La función de la memoria es ayudar a la supervivencia futura codificando información útil del pasado.

Movimiento

Los músculos, para contraerse, dependen del mismo tipo de impulsos eléctricos que transportan señales nerviosas por el cerebro y por el cuerpo. Todo movimiento muscular es causado por señales nerviosas, pero el cerebro consciente solo tiene un control limitado sobre este.

Emociones

Según algunas teorías, las emociones son unos comportamientos predeterminados que aumentan nuestras opciones de supervivencia ante situaciones confusas o peligrosas. Otras sugieren que son instintos animales que se filtran a través de la conciencia humana.

¿Qué hace el cerebro?

La relación entre el cuerpo y el cerebro ha sido siempre tema de debate de científicos y filósofos. Para los antiguos egipcios el cerebro era solo un sistema para liberar calor y el corazón se consideraba la base de las emociones y el pensamiento. Aunque aún decimos hoy que un sentimiento viene «del corazón» cuando es muy sincero, la neurociencia ha demostrado que el cerebro dirige todas las actividades corporales.

Control

Los sistemas corporales básicos, como la respiración, la circulación, la digestión y la excreción, están todos bajo el control final del cerebro, que modifica su ritmo para adaptarlo a las necesidades del cuerpo.

Comunicación

Una característica única del cerebro humano son los centros del habla, que controlan la formulación del lenguaje y la ejecución muscular al hablar. El cerebro también utiliza un sistema predictivo para comprender lo que dice otra persona.

Pensamiento

El cerebro es donde tienen lugar el pensamiento y la imaginación. El pensamiento es una actividad cognitiva que nos permite interpretar el mundo que nos rodea, mientras que la imaginación nos ayuda a considerar posibilidades sin datos de los sentidos.

Experiencia sensorial

La información que llega de todo el cuerpo se procesa en el cerebro, que crea una imagen muy detallada de los alrededores del cuerpo. El cerebro deja fuera una gran cantidad de datos sensoriales que considera irrelevantes.

SI ALISÁRAMOS **TODOS LOS PLIEGUES DE LA CAPA EXTERNA DEL CEREBRO,** OCUPARÍA UNA SUPERFICIE DE **2300 CM^2**

El cerebro en el cuerpo

El cerebro es el principal componente del sistema nervioso del cuerpo humano, y coordina las acciones del cuerpo con la información sensorial que recibe.

El sistema nervioso

El sistema nervioso se divide principalmente en dos partes: el central (SNC) y el periférico. El SNC está formado por el cerebro y la médula espinal, un grueso haz de fibras nerviosas que va desde el cerebro hasta la pelvis. De la médula sale el sistema periférico, una red de nervios que se ramifica por el resto del cuerpo. Se divide, según su función, en el sistema nervioso somático, que se encarga de los movimientos voluntarios del cuerpo, y el sistema nervioso autónomo (ver al lado), que se ocupa de las funciones involuntarias.

Nervios espinales

La mayoría de los nervios periféricos se conectan al SNC en la médula espinal y se dividen al conectarse. La ramificación trasera lleva datos sensoriales al cerebro, y la delantera, señales motoras de vuelta al cuerpo.

El cráneo protege el cerebro

Cerebro

Médula espinal

Atraviesa todo el cuerpo
El sistema nervioso se extiende por todo el cuerpo. Es tan complejo que todos los nervios del cuerpo juntos podrían dar la vuelta al mundo 2,5 veces.

Los nervios espinales del sistema periférico se unen a la médula espinal, que pertenece al sistema central

La médula espinal baja por la espalda, a través de las vértebras de la columna

Los nervios periféricos se extienden hasta llegar a manos y pies

El nervio ciático es el nervio más grande y más largo del cuerpo

Los nervios sensoriales y motores a menudo están agrupados y se separan en sus extremos

MÉDULA ESPINAL

Nervio motor

Nervio sensorial

NERVIO ESPINAL

VÉRTEBRAS

Vértebras óseas protegen la médula espinal

ESPINA DORSAL (POR DETRÁS)

NERVIOS CRANEALES

El sistema periférico tiene 12 nervios craneales conectados al cerebro. La mayoría están vinculados con los ojos, los oídos, la nariz y la lengua, y con los movimientos faciales, la masticación y la deglución. El nervio vago está vinculado con el corazón, los pulmones y los órganos digestivos.

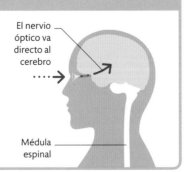

El nervio óptico va directo al cerebro

Médula espinal

CLAVE

● Sistema nervioso central (SNC)

● Sistema nervioso periférico

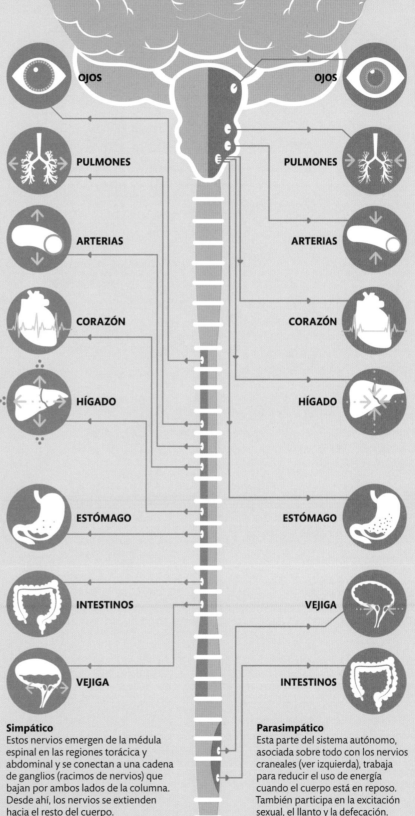

El sistema nervioso autónomo

El sistema involuntario o autónomo mantiene en funcionamiento los procesos internos del cuerpo controlando los músculos involuntarios en el sistema digestivo y en otras partes, así como la frecuencia cardíaca y respiratoria, la temperatura corporal y los procesos metabólicos. El sistema nervioso autónomo se divide en dos partes: el sistema simpático, que generalmente actúa para elevar la actividad corporal y participa en la llamada respuesta de «lucha o huida». El sistema parasimpático actúa en oposición a esto, reduciendo la actividad para devolver el cuerpo a un estado de «reposo y digestión».

LA LONGITUD TOTAL DEL **SISTEMA NERVIOSO SOMÁTICO** ES DE UNOS **72 KM**

OJOS

PULMONES

ARTERIAS

CORAZÓN

HÍGADO

ESTÓMAGO

INTESTINOS

VEJIGA

OJOS

PULMONES

ARTERIAS

CORAZÓN

HÍGADO

ESTÓMAGO

VEJIGA

INTESTINOS

Simpático
Estos nervios emergen de la médula espinal en las regiones torácica y abdominal y se conectan a una cadena de ganglios (racimos de nervios) que bajan por ambos lados de la columna. Desde ahí, los nervios se extienden hacia el resto del cuerpo.

Parasimpático
Esta parte del sistema autónomo, asociada sobre todo con los nervios craneales (ver izquierda), trabaja para reducir el uso de energía cuando el cuerpo está en reposo. También participa en la excitación sexual, el llanto y la defecación.

Cerebro humano y cerebro animal

El cerebro humano es uno de los elementos que definen nuestra especie. Al compararlo con los de otros animales, descubrimos una relación entre el tamaño del cerebro y la inteligencia, y entre la anatomía del cerebro del animal y la forma en que este vive.

Tamaño del cerebro

El tamaño de un cerebro indica su capacidad de procesamiento total. Así, el diminuto cerebro de una abeja contiene 1 millón de neuronas; el de un cocodrilo del Nilo, 80 millones, y el humano, entre 80 000 y 90 000 millones de neuronas. El vínculo con la inteligencia es claro. Sin embargo, en animales más grandes, debemos comparar el tamaño del cerebro y el del cuerpo para tener una idea más matizada de su poder cognitivo.

Comparando tamaños

Hay dos formas de comparar el tamaño del cerebro: por peso total y como porcentaje del peso corporal. El cerebro más grande es el del cachalote y pesa 7,8 kg, pero es una fracción diminuta de su cuerpo de 45 toneladas.

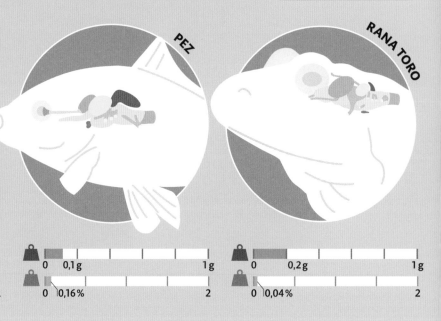

PEZ

RANA TORO

| ⚖ | 0 | 0,1 g | | | | | | | | 1 g |

| ⚖ | 0 | 0,16 % | | | | | | | | 2 |

| ⚖ | 0 | 0,2 g | | | | | | | | 1 g |

| ⚖ | 0 | 0,04 % | | | | | | | | 2 |

Formas del cerebro

El cerebro está siempre en la cabeza, cerca de los órganos de los sentidos primarios. Pero sería un error pensar en el cerebro animal como una variación rudimentaria del humano en cuanto a tamaño y estructura. Aunque en todos los vertebrados se sigue el mismo esquema, la anatomía varía para adaptarse a las necesidades sensoriales y de conducta. Hay más variedad en los cerebros de los invertebrados, que representan el 95 por ciento de todos los animales.

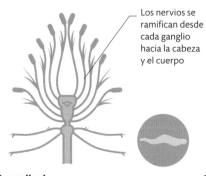

Los nervios se ramifican desde cada ganglio hacia la cabeza y el cuerpo

Sanguijuela

Las 10 000 células del sistema nervioso de la sanguijuela están dispuestas en ganglios. El cerebro es un gran ganglio, compuesto por 350 neuronas, en la parte frontal del cuerpo.

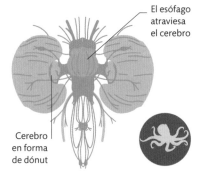

El esófago atraviesa el cerebro

Cerebro en forma de dónut

Pulpo

El del pulpo tiene 500 millones de neuronas. Solo un tercio se ubica en la cabeza, el resto está en los tentáculos y en la piel, donde se ocupan del control sensorial y motor.

PROPORCIONES VARIABLES

El cerebro de todos los mamíferos tiene los mismos componentes, aunque en distinta proporción. Un tercio del volumen del sistema nervioso central (SNC) de una rata está formado por la médula espinal, lo que indica su dependencia de los movimientos reflejos. En el hombre ocupa solo el 10 por ciento, y las tres cuartas partes son de telencéfalo, que se utiliza para la percepción y la cognición.

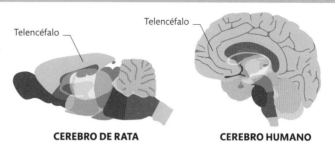

Telencéfalo

Telencéfalo

CEREBRO DE RATA

CEREBRO HUMANO

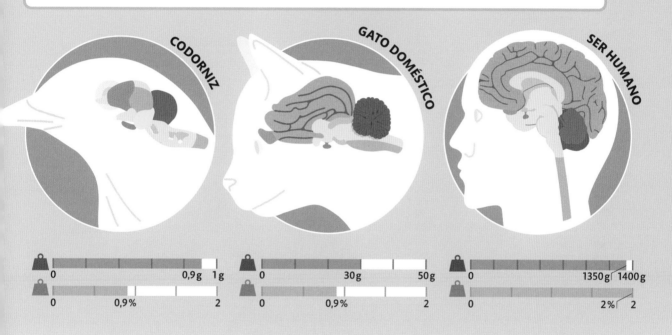

CODORNIZ

GATO DOMÉSTICO

SER HUMANO

| 0 | 0,9g | 1g |
| 0 | 0,9% | 2 |

| 0 | 30g | 50g |
| 0 | 0,9% | 2 |

| 0 | 1350g | 1400g |
| 0 | 2% | 2 |

Los bulbos olfativos se encuentran detrás de las fosas nasales, que huelen en el agua

Tiburón
Tiene forma de Y por los grandes bulbos olfatorios que se extienden a ambos lados. El sentido del olfato es el principal medio de los tiburones para rastrear a sus presas.

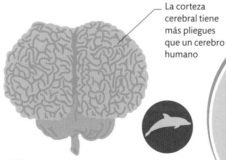

La corteza cerebral tiene más pliegues que un cerebro humano

Delfín
Los centros de audición y visión son más grandes y están más cerca que en un cerebro humano. Se cree que esto ayuda al delfín a crear una imagen mental mediante su sonar.

¿TODOS LOS ANIMALES TIENEN CEREBRO?

Las esponjas no tienen ninguna célula nerviosa, y las medusas y los corales tienen un sistema nervioso sin centro de control.

Proteger el cerebro

En el interior del cuerpo, los órganos vitales están protegidos, pero el cerebro está en la cabeza, en la parte superior, por lo que necesita su propio sistema de protección.

El cráneo

Los huesos de la cabeza se dividen en cráneo y mandíbula. La cabeza está sostenida por las vértebras cervicales y por la musculatura del cuello. El cráneo forma una caja ósea que rodea el cerebro por completo. Está formado por 22 huesos que se fusionan poco a poco durante los primeros años de vida y que finalmente constituyen una única estructura rígida. Sin embargo, el cráneo tiene unos 64 agujeros, llamados forámenes, a través de los cuales pasan nervios y vasos sanguíneos, y 8 huecos llenos de aire, o senos, que reducen su peso.

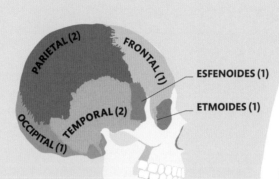

PARIETAL (2)
FRONTAL (1)
ESFENOIDES (1)
ETMOIDES (1)
OCCIPITAL (1)
TEMPORAL (2)

Huesos pares
El cerebro está envuelto por 8 grandes huesos, con dos pares de huesos parietales y temporales formando cada lado del cráneo. Los 14 huesos craneales restantes forman el esqueleto facial.

Los senos durales almacenan sangre libre de oxígeno

ESPACIO SUBARACNOIDEO

2 **Dirección del flujo**
El LCR fluye desde los ventrículos hacia el espacio subaracnoideo, donde después asciende por la parte frontal del cerebro.

Líquido cefalorraquídeo

El cerebro no toca el cráneo, sino que está suspendido en líquido cefalorraquídeo (LCR). Este fluido transparente, que circula en el interior del cráneo, crea un colchón alrededor del cerebro y lo protege de cualquier impacto en la cabeza. Además, el cerebro, al flotar, no se deforma por su propio peso, lo que limitaría el flujo sanguíneo a las regiones internas inferiores. La cantidad exacta de LCR también varía para mantener una presión óptima dentro del cráneo. La reducción del volumen de LCR disminuye la presión, lo que a su vez aumenta la facilidad con que la sangre circula en el cerebro.

¿QUÉ OCURRE SI HAY AGUA EN EL CEREBRO?

Esta enfermedad, llamada hidrocefalia, surge si hay demasiado LCR en el cráneo, que ejerce presión sobre el cerebro y afecta a su función.

EL LCR SE PRODUCE DE FORMA CONTINUA Y SE RENUEVA CADA 6-8 HORAS

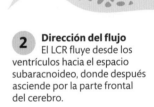

Meninges y ventrículos
El cerebro está rodeado por tres membranas o meninges: la piamadre, la aracnoides y la duramadre. El LCR llena cavidades llamadas ventrículos y circula por el exterior del cerebro en el espacio subaracnoideo, que se encuentra entre la piamadre y la aracnoides.

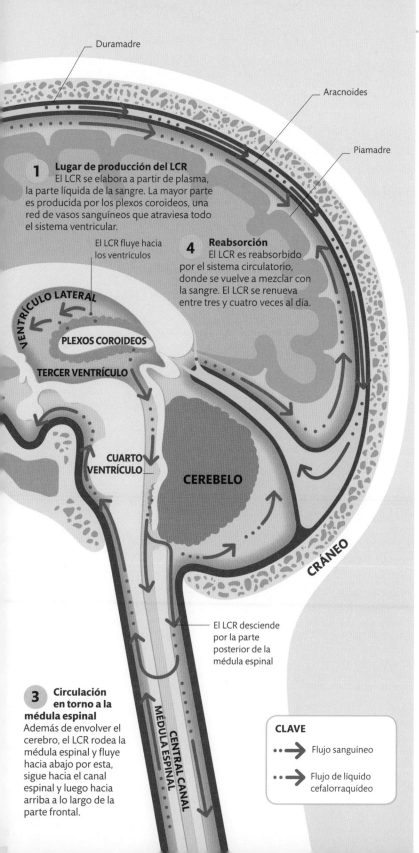

Duramadre

Aracnoides

Piamadre

1 Lugar de producción del LCR
El LCR se elabora a partir de plasma, la parte líquida de la sangre. La mayor parte es producida por los plexos coroideos, una red de vasos sanguíneos que atraviesa todo el sistema ventricular.

El LCR fluye hacia los ventrículos

4 Reabsorción
El LCR es reabsorbido por el sistema circulatorio, donde se vuelve a mezclar con la sangre. El LCR se renueva entre tres y cuatro veces al día.

VENTRÍCULO LATERAL

PLEXOS COROIDEOS

TERCER VENTRÍCULO

CUARTO VENTRÍCULO

CEREBELO

CRÁNEO

El LCR desciende por la parte posterior de la médula espinal

3 Circulación en torno a la médula espinal
Además de envolver el cerebro, el LCR rodea la médula espinal y fluye hacia abajo por esta, sigue hacia el canal espinal y luego hacia arriba a lo largo de la parte frontal.

CENTRAL CANAL
MÉDULA ESPINAL

CLAVE

•••➤ Flujo sanguíneo

•••➤ Flujo de líquido cefalorraquídeo

Barrera hematoencefálica

Las infecciones del resto del cuerpo no suelen llegar al cerebro debido a la barrera hematoencefálica. En general, los capilares sanguíneos del resto del cuerpo pierden líquido fácilmente a los tejidos circundantes a través de espacios entre las células que forman la pared del vaso sanguíneo, por los que también se filtran virus y gérmenes. En el cerebro, las células de los vasos están mucho más juntas y el flujo de sustancias dentro del cerebro está controlado por los astrocitos que rodean los vasos sanguíneos.

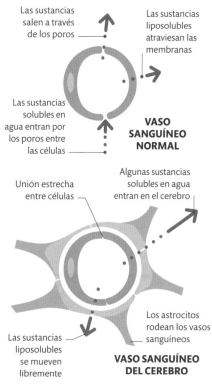

Las sustancias salen a través de los poros

Las sustancias liposolubles atraviesan las membranas

Las sustancias solubles en agua entran por los poros entre las células

VASO SANGUÍNEO NORMAL

Unión estrecha entre células

Algunas sustancias solubles en agua entran en el cerebro

Los astrocitos rodean los vasos sanguíneos

Las sustancias liposolubles se mueven libremente

VASO SANGUÍNEO DEL CEREBRO

Permeables de forma selectiva
Los vasos sanguíneos normales permiten que los fluidos pasen fácilmente. Sin embargo, en la barrera hematoencefálica (que el oxígeno, las hormonas grasas y los materiales no solubles en agua atraviesan), los elementos solubles en agua quedan bloqueados para que no lleguen al LCR.

Alimentar el cerebro

El cerebro es un órgano hambriento de energía. A diferencia de otros órganos del cuerpo, se alimenta únicamente de glucosa, un azúcar simple que es rápido y fácil de metabolizar.

Suministro sanguíneo

El corazón suministra sangre a todo el cuerpo, pero alrededor de una sexta parte de su esfuerzo total se dedica a enviar sangre al cerebro. La sangre llega al cerebro por dos rutas arteriales principales. Las dos arterias carótidas, una a cada lado del cuello, llevan sangre a la parte frontal del cerebro (así como a los ojos, la cara y el cuero cabelludo). La parte posterior del cerebro es alimentada por las arterias vertebrales, que ascienden a través de la columna vertebral. Luego, la sangre desoxigenada se acumula en los senos cerebrales, que son espacios creados por las venas agrandadas que recorren el cerebro. La sangre sale del cerebro y baja por el cuello a través de las venas yugulares internas.

El sistema vascular lleva 750 ml de sangre al cerebro cada minuto, lo que equivale a 50 ml por cada 100 g de tejido cerebral. Si ese volumen cae por debajo de los 20 ml, el tejido cerebral deja de funcionar.

¿CONSUMIMOS MÁS ENERGÍA SI NOS CONCENTRAMOS?

El cerebro nunca deja de funcionar, y el consumo total de energía se mantiene más o menos igual las 24 horas del día.

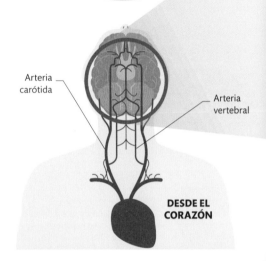

Arteria carótida

Arteria vertebral

DESDE EL CORAZÓN

Cruzar la barrera hematoencefálica

La barrera hematoencefálica es una barrera física y metabólica entre el cerebro y su suministro de sangre. Ofrece protección adicional contra las infecciones, que son difíciles de combatir con el sistema inmunitario normal y que podrían hacer que el cerebro funcione mal. Hay seis formas en que las sustancias pueden cruzar la barrera. Aparte de eso, no entra ni sale nada.

VASO SANGUÍNEO

Transporte paracelular
El agua y los materiales solubles en agua, como sales e iones (átomos o moléculas con carga eléctrica), pueden atravesar pequeños espacios entre las células de la pared del capilar.

Difusión
Las células están rodeadas por una membrana de grasa, por lo que las sustancias liposolubles, como el oxígeno y el alcohol, se difunden a través de la célula.

Sustancia soluble en agua

Sustancia liposoluble

Pared celular
La barrera hematoencefálica la crean las células de los capilares del cerebro. En otras partes del cuerpo, son más laxas y dejan espacios. En el cerebro, las células están muy apretadas.

BARRERA HEMATO-ENCEFÁLICA

Juntura apretada

La molécula pasa a través de la célula

CEREBRO

Los astrocitos recogen material de la sangre y lo pasan a las neuronas

ASTROCITO

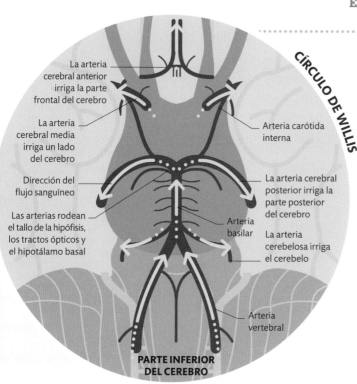

CÍRCULO DE WILLIS

La arteria cerebral anterior irriga la parte frontal del cerebro

La arteria cerebral media irriga un lado del cerebro

Dirección del flujo sanguíneo

Las arterias rodean el tallo de la hipófisis, los tractos ópticos y el hipotálamo basal

Arteria carótida interna

La arteria cerebral posterior irriga la parte posterior del cerebro

Arteria basilar

La arteria cerebelosa irriga el cerebelo

Arteria vertebral

PARTE INFERIOR DEL CEREBRO

El círculo de Willis
Los suministros carotídeos y vertebrales se conectan en la base del cerebro a través de arterias comunicantes y forman un circuito vascular llamado círculo de Willis. Esto garantiza que el flujo sanguíneo cerebral se mantenga aunque una de las arterias esté bloqueada.

COMBUSTIBLE DE GLUCOSA

El cerebro es solo el 2 por ciento del peso del cuerpo, pero consume el 20 por ciento de su energía. El cerebro es caro de mantener, pero los beneficios de que sea grande e inteligente hacen que sea una buena inversión.

TAMAÑO DEL CEREBRO: 2 %

NECESIDADES ENERGÉTICAS DEL CEREBRO: 20 %

TODA LA SANGRE DEL CUERPO PASA A TRAVÉS DEL CEREBRO **CADA 7 MINUTOS**

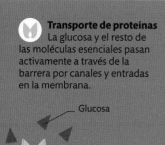

Transporte de proteínas
La glucosa y el resto de las moléculas esenciales pasan activamente a través de la barrera por canales y entradas en la membrana.

Receptores
Hormonas y sustancias similares son captadas por los receptores. Estos están en una vesícula (bolsa) de membrana para pasar a través de la célula.

Transcitosis
Las proteínas, demasiado grandes para pasar a través de los canales, son absorbidas por la membrana y encerradas en una vesícula para viajar por la célula.

Eflujo activo
Cuando las sustancias no deseadas se difunden a través de la barrera hematoencefálica, son eliminadas mediante un sistema de bombeo bioquímico llamado bombas de eflujo.

Glucosa

La hormona llega al receptor y entra en la vesícula

Molécula de proteína encerrada en una vesícula

Los desechos se bombean a los vasos sanguíneos

Entrada hecha de proteína

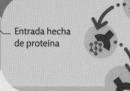

La vesícula se fusiona con la membrana para liberar el contenido

Productos de desecho indeseados

Células

El cerebro y todo el sistema nervioso contienen una red de células llamadas neuronas, cuya función es transportar señales nerviosas por el cerebro y el cuerpo en forma de pulsos eléctricos.

Neuronas

La mayoría de las neuronas tienen una forma ramificada en docenas de filamentos (de millonésimas de metro de espesor) que se van desde el cuerpo de la célula hasta las células vecinas. Unas ramificaciones llamadas dendritas traen señales a la célula, mientras que una única ramificación, llamada axón, pasa la señal a la siguiente neurona. En la mayoría de los casos no hay conexión física entre las neuronas, sino una sinapsis, una separación donde se detienen las señales eléctricas. Las células se comunican intercambiando unas sustancias químicas llamadas neurotransmisores (ver pp. 22-23), si bien algunas neuronas sí están conectadas físicamente y no necesitan un neurotransmisor.

MATERIA GRIS

El cerebro se divide en materia gris y materia blanca. La materia gris está formada por cuerpos de neuronas, abundantes en la superficie cerebral. La materia blanca está formada por los axones mielinizados de esas neuronas, agrupados en tractos. Atraviesan la mitad del cerebro y descienden por la médula espinal.

MATERIA GRIS

MATERIA BLANCA

Tipos de neuronas

Existen varios tipos de neuronas con combinaciones diversas de axones y dendritas. Dos tipos comunes son las neuronas bipolares y las multipolares, que se adaptan a ciertas tareas. Otro tipo de neurona, la neurona unipolar, solo está en los embriones.

Las dendritas actúan como antenas que captan señales de las células nerviosas cercanas

El pulso eléctrico salta de un segmento de mielina al siguiente, acelerando así la señal nerviosa

El axón puede medir varios centímetros

Las dendritas, más cortas que los axones, miden 50 millonésimas de metro

AXÓN

El axón transmite la señal desde la célula adyacente

Conexión a las células del cerebro

Axón

La dendrita recibe una señal del órgano sensorial

Cuerpo de la célula

Neurona bipolar

Este tipo de neurona tiene una dendrita y un axón, y transmite información especializada desde los principales órganos sensoriales del cuerpo.

Sinapsis con otra célula

Axón

Cuerpo de la célula

Dendrita

Neurona multipolar

La mayoría de las células cerebrales son multipolares: tienen múltiples dendritas conectadas a cientos, o miles, de células.

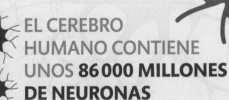

EL CEREBRO HUMANO CONTIENE UNOS **86 000 MILLONES** DE NEURONAS

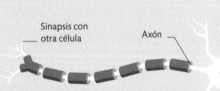

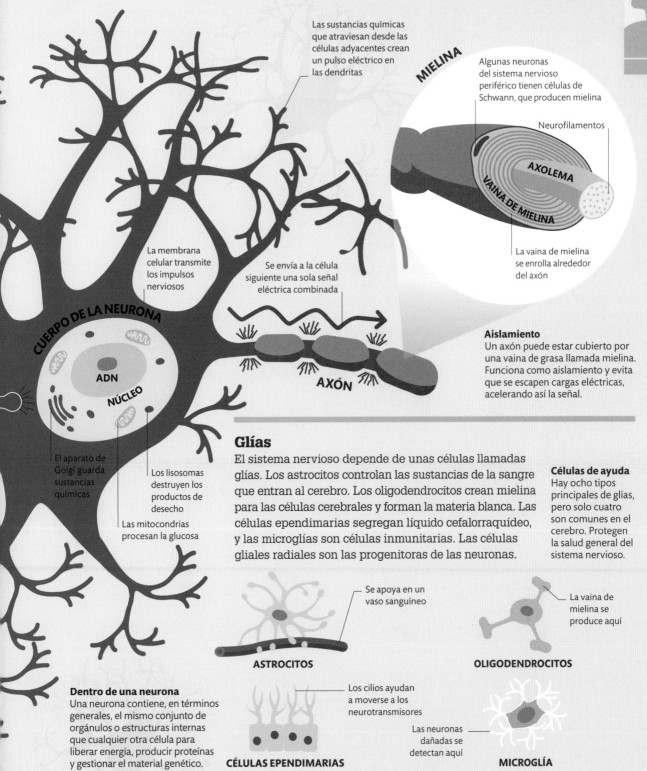

Las sustancias químicas que atraviesan desde las células adyacentes crean un pulso eléctrico en las dendritas

MIELINA

Algunas neuronas del sistema nervioso periférico tienen células de Schwann, que producen mielina

Neurofilamentos

AXOLEMA

VAINA DE MIELINA

La vaina de mielina se enrolla alrededor del axón

La membrana celular transmite los impulsos nerviosos

Se envía a la célula siguiente una sola señal eléctrica combinada

CUERPO DE LA NEURONA

ADN

NÚCLEO

AXÓN

Aislamiento
Un axón puede estar cubierto por una vaina de grasa llamada mielina. Funciona como aislamiento y evita que se escapen cargas eléctricas, acelerando así la señal.

El aparato de Golgi guarda sustancias químicas

Los lisosomas destruyen los productos de desecho

Las mitocondrias procesan la glucosa

Glías

El sistema nervioso depende de unas células llamadas glías. Los astrocitos controlan las sustancias de la sangre que entran al cerebro. Los oligodendrocitos crean mielina para las células cerebrales y forman la materia blanca. Las células ependimarias segregan líquido cefalorraquídeo, y las microglías son células inmunitarias. Las células gliales radiales son las progenitoras de las neuronas.

Células de ayuda
Hay ocho tipos principales de glías, pero solo cuatro son comunes en el cerebro. Protegen la salud general del sistema nervioso.

Se apoya en un vaso sanguíneo

La vaina de mielina se produce aquí

ASTROCITOS

OLIGODENDROCITOS

Dentro de una neurona
Una neurona contiene, en términos generales, el mismo conjunto de orgánulos o estructuras internas que cualquier otra célula para liberar energía, producir proteínas y gestionar el material genético.

Los cilios ayudan a moverse a los neurotransmisores

Las neuronas dañadas se detectan aquí

CÉLULAS EPENDIMARIAS

MICROGLÍA

Señales nerviosas

El cerebro y el sistema nervioso funcionan enviando señales a través de las células en forma de pulsos de carga eléctrica, y entre las células con mensajeros químicos llamados neurotransmisores o mediante carga eléctrica.

Potencial de acción

Las neuronas envían señales mediante la creación de un potencial de acción: una oleada de electricidad formada por iones de sodio y potasio que cruzan la membrana celular. Esta viaja por el axón y estimula los receptores de las dendritas de las células vecinas. La unión entre células se llama sinapsis. En muchas neuronas, la carga se transporta, a través de un hueco diminuto entre el axón y la dendrita, mediante sustancias químicas llamadas neurotransmisores y liberadas desde el botón o terminal del axón. Estas uniones se conocen como sinapsis químicas. La señal puede hacer que la neurona vecina envíe una señal eléctrica o bien impedirlo.

¿CÓMO LOS NERVIOS COMUNICAN DIFERENTE INFORMACIÓN?

Las células receptoras tienen distintos tipos de receptores que responden a neurotransmisores diversos. El «mensaje» difiere según qué neurotransmisores se envían y se reciben, y en qué cantidades.

ALGUNOS **IMPULSOS NERVIOSOS** VIAJAN A MÁS DE **100 M/S**

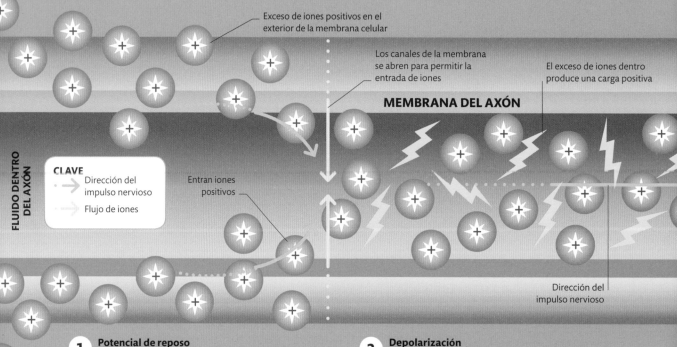

Exceso de iones positivos en el exterior de la membrana celular

Los canales de la membrana se abren para permitir la entrada de iones

El exceso de iones dentro produce una carga positiva

MEMBRANA DEL AXÓN

FLUIDO DENTRO DEL AXÓN

CLAVE
- → Dirección del impulso nervioso
- → Flujo de iones

Entran iones positivos

Dirección del impulso nervioso

1 Potencial de reposo
Cuando la neurona está en reposo, hay más iones positivos fuera de la membrana que dentro. Esto provoca una diferencia de polarización o potencial eléctrico a uno y otro lado de la membrana llamada potencial de reposo. La diferencia es de aproximadamente -70 milivoltios, lo que significa que el exterior es positivo.

2 Depolarización
Los cambios químicos del cuerpo celular permiten que los iones positivos inunden la célula a través de la membrana. Esto invierte la polarización del axón, haciendo que la diferencia de potencial sea de +30 milivoltios.

GASES NERVIOSOS

Las armas químicas, como el gas sarín o el novichok, interfieren con los neurotransmisores en las sinapsis. Los gases nerviosos pueden inhalarse o actuar al contacto con la piel. Impiden que las sinapsis eliminen la acetilcolina, que interviene en el control muscular. Como resultado, los músculos, incluidos los del corazón y los pulmones, quedan paralizados.

Sinapsis

Algunas neuronas no tienen entre sí una conexión física, sino que se enlazan mediante una estructura celular llamada sinapsis, donde hay un hueco de 40 000 millonésimas de metro, llamado hendidura sináptica, entre el axón de una neurona (la célula presináptica) y la dendrita de otra (la célula postsináptica). Cualquier señal codificada transportada por pulsos eléctricos se convierte en un mensaje químico en el botón o terminal del axón. Los mensajes entonces asumen la forma de una entre varias moléculas llamadas neurotransmisores (ver p. 24), que pasan a través de la hendidura sináptica y son recibidas por la dendrita. Otras neuronas tienen sinapsis eléctricas en lugar de sinapsis químicas, están conectadas físicamente y no necesitan un neurotransmisor para pasar carga eléctrica entre ellas.

1 Almacén químico
Los neurotransmisores se fabrican en el cuerpo de la neurona. Viajan a lo largo del axón hasta el terminal, donde se agrupan en bolsas membranosas llamadas vesículas. En esta etapa, la membrana del terminal tiene el mismo potencial eléctrico que el resto del axón.

Vesícula sináptica

TERMINAL DEL AXÓN

HENDIDURA SINÁPTICA

CÉLULA POSTSINÁPTICA

Neurotransmisor

Receptor de neurotransmisores

2 Señal recibida
Cuando un potencial de acción desciende por el axón, su destino final es el terminal, donde despolariza temporalmente la membrana. Este cambio eléctrico tiene el efecto de abrir canales de proteínas en la membrana, que permiten que los iones de calcio con carga positiva inunden la célula.

El potencial de acción llega y despolariza la membrana

Entran iones de calcio

La despolarización hace que se abran canales activados por voltaje

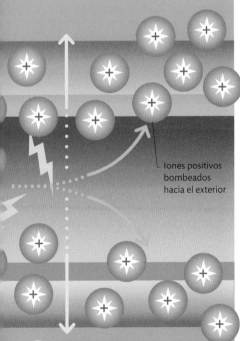

Iones positivos bombeados hacia el exterior

La entrada de calcio hace que las vesículas sinápticas liberen neurotransmisores

3 Enviar mensajes
La presencia de calcio en la célula inicia un proceso que lleva las vesículas a la membrana celular. Allí, las vesículas liberan neurotransmisores en la hendidura. Algunos se difunden a través de este hueco para ser captados por los receptores de la dendrita. Los neurotransmisores pueden estimular la formación de un potencial de acción en esa dendrita, o inhibirla.

El neurotransmisor se inserta en el receptor

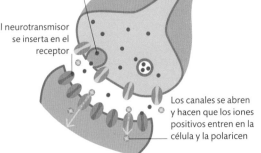

Los canales se abren y hacen que los iones positivos entren en la célula y la polaricen

3 Repolarización
La despolarización de una sección del axón hace que la sección vecina experimente el mismo proceso. Mientras tanto, la célula bombea iones positivos para repolarizar la membrana nuevamente al potencial de reposo.

Química cerebral

Si bien la comunicación en el cerebro se basa en los pulsos eléctricos entre las células nerviosas, la actividad de estas y los estados mentales y físicos que inducen están fuertemente influenciados por sustancias químicas llamadas neurotransmisores.

LA ADICCIÓN A LA TECNOLOGÍA ¿ES COMO LA ADICCIÓN A LAS DROGAS?

No, se parece más a comer en exceso. La dopamina liberada puede aumentar en un 75 por ciento al jugar a un videojuego, pero llega a aumentar un 350 por ciento al consumir cocaína.

Neurotransmisores

Los neurotransmisores actúan en la sinapsis, el pequeño espacio entre el axón de una célula y la dendrita de otra (ver p. 23). Algunos neurotransmisores son excitadores, es decir, ayudan a continuar la transmisión de un impulso nervioso eléctrico a la dendrita receptora. Los neurotransmisores inhibidores tienen el efecto contrario: crean una carga eléctrica negativa elevada que detiene la transmisión del impulso nervioso, impidiendo que se produzca la despolarización. Otros neurotransmisores, llamados neuromoduladores, modulan la actividad de otras neuronas en el cerebro. Los neuromoduladores pasan más tiempo en las sinapsis, por lo que tienen más tiempo para afectar a las neuronas.

Drogas

Las sustancias químicas que cambian los estados físicos y mentales –tanto legales como ilegales– generalmente afectan a un neurotransmisor. Así, la cafeína bloquea los receptores de adenosina, lo que tiene el efecto de despertarnos. El alcohol estimula los receptores GABA e inhibe el glutamato, y ambas cosas entorpecen la actividad neuronal en general. La nicotina activa los receptores de acetilcolina, que tiene varios efectos, como un aumento de la atención, de la frecuencia cardíaca y de la presión arterial. Tanto el alcohol como la nicotina se han relacionado con un aumento de la dopamina en el cerebro, lo que hace que sean altamente adictivos.

TIPOS DE NEUROTRANSMISORES

Existen al menos 100 neurotransmisores, algunos de los cuales se enumeran a continuación. El que un neurotransmisor sea excitador o inhibidor está determinado por la neurona presináptica que lo liberó.

NOMBRE QUÍMICO DEL NEUROTRANSMISOR	EFECTO POSTSINÁPTICO HABITUAL
Acetilcolina	Principalmente excitador
Ácido gamma-aminobutírico (GABA)	Inhibidor
Glutamato	Excitador
Dopamina	Excitador e inhibidor
Noradrenalina	Principalmente excitador
Serotonina	Inhibidor
Histamina	Excitador

TIPO DE DROGA		EFECTOS
	Agonista	Una sustancia química cerebral que estimula el receptor asociado con un neurotransmisor en particular, aumentando sus efectos.
	Antagonista	Molécula que hace lo contrario de un agonista: inhibe la acción de los receptores asociados con un neurotransmisor.
	Inhibidor de la recaptación	Sustancia química que impide que un neurotransmisor sea reabsorbido por la neurona emisora, provocando así una respuesta agonística.

EL VENENO DE LA VIUDA NEGRA AUMENTA LOS NIVELES DEL NEUROTRANSMISOR ACETILCOLINA Y CAUSA ESPASMOS MUSCULARES

EFECTOS A LARGO PLAZO DEL ALCOHOL

Beber alcohol durante un periodo largo altera el estado de ánimo, la excitación, el comportamiento y el funcionamiento neuropsicológico. Su efecto depresor excita el GABA e inhibe el glutamato, lo que disminuye la actividad cerebral, y activa los centros de recompensa del cerebro al liberar dopamina, lo que puede conducir a la adicción.

CLAVE
- Dopamina
- Cocaína

Dopamina y cocaína
Los efectos de la cocaína son producto de sus efectos sobre el neurotransmisor dopamina en las sinapsis del cerebro.

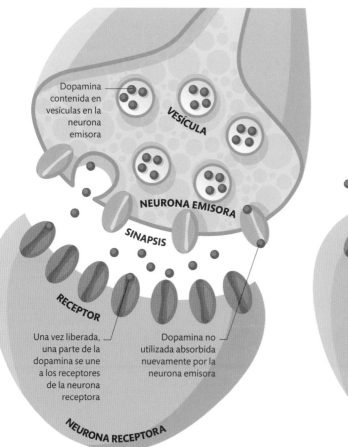

Dopamina contenida en vesículas en la neurona emisora

VESÍCULA

NEURONA EMISORA

SINAPSIS

RECEPTOR

Una vez liberada, una parte de la dopamina se une a los receptores de la neurona receptora

Dopamina no utilizada absorbida nuevamente por la neurona emisora

NEURONA RECEPTORA

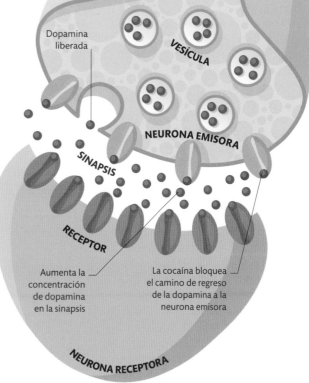

Dopamina liberada

VESÍCULA

NEURONA EMISORA

SINAPSIS

RECEPTOR

Aumenta la concentración de dopamina en la sinapsis

La cocaína bloquea el camino de regreso de la dopamina a la neurona emisora

NEURONA RECEPTORA

Niveles normales de dopamina
La dopamina es un neurotransmisor asociado al placer. Crea un impulso para repetir comportamientos que desencadenan sentimientos de recompensa, lo que puede conducir a la adicción. Mientras que algunas moléculas de dopamina se unen a los receptores de la neurona receptora, las que no se han usado se reciclan de vuelta a la neurona emisora y se empaquetan de nuevo.

Al haber consumido cocaína
Las moléculas de cocaína son inhibidores de la recaptación de dopamina. Al liberarse dopamina, esta suele pasar a las sinapsis y se une a los receptores de la neurona receptora. La cocaína, en cambio, bloquea las bombas de recaptación que reciclan dopamina, por lo que se acumula una mayor concentración de neurotransmisor, aumentando sus efectos sobre la neurona receptora.

Redes cerebrales

Las estructuras de las conexiones entre las células nerviosas en el cerebro influyen en cómo procesa las percepciones, realiza las tareas cognitivas y almacena los recuerdos.

Conectando el cerebro

La teoría dominante sobre cómo el cerebro recuerda y aprende se puede resumir en la siguiente frase: «Las células que se activan juntas quedan conectadas». Esto quiere decir que la comunicación repetida entre células crea conexiones más fuertes entre ellas, por lo que se produce una red de células asociada con un proceso mental específico, como un movimiento, un pensamiento o incluso un recuerdo (ver pp. 136-137).

AXÓN

HENDIDURA SINÁPTICA

Los iones de calcio facilitan la señalización entre neuronas

El axón libera el neurotransmisor glutamato

El calcio no puede entrar al canal

El neurotransmisor glutamato se une al receptor y hace que el canal se desbloquee

DENDRITA

Ion de magnesio bloquea el canal

CLAVE

- Ion de magnesio
- Ion de calcio
- Neurotransmisor glutamato
- Canal
- Receptor de glutamato

Peso sináptico

Las conexiones poco usadas tienen canales bloqueados por iones de magnesio. A medida que aumenta la fuerza de una conexión entre dos neuronas en una red, el canal se desbloquea y aumenta el número de receptores en la sinapsis.

1 Canal bloqueado

En una conexión débil, los iones de magnesio bloquean el paso de los iones de calcio a la dendrita de una neurona receptora. Un neurotransmisor glutamato recibido a través del axón abre el canal.

Neuroplasticidad

Las redes del cerebro no son fijas, sino que cambian y se adaptan a los procesos físicos y mentales. Esto significa que viejos circuitos asociados con un recuerdo o una habilidad que ya no se utiliza pierden fuerza a medida que el cerebro dedica atención a nuevas cosas y forma una nueva red con otras células. Los neurólogos dicen que el cerebro es plástico, que sus células y las conexiones entre ellas pueden reformarse tantas veces como sea necesario. Esto permite al cerebro recuperar capacidades perdidas debido al daño cerebral.

Sinapsis fuertes

Sinapsis débiles

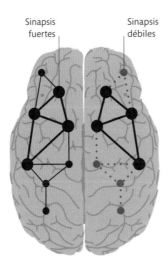

VÍAS CEREBRALES

¿QUÉ ES LA RED NEURONAL POR DEFECTO?

Es un grupo de regiones del cerebro que tienen niveles bajos de actividad cuando realizan una tarea como prestar atención, pero niveles altos cuando estamos despiertos y no realizamos una tarea mental específica.

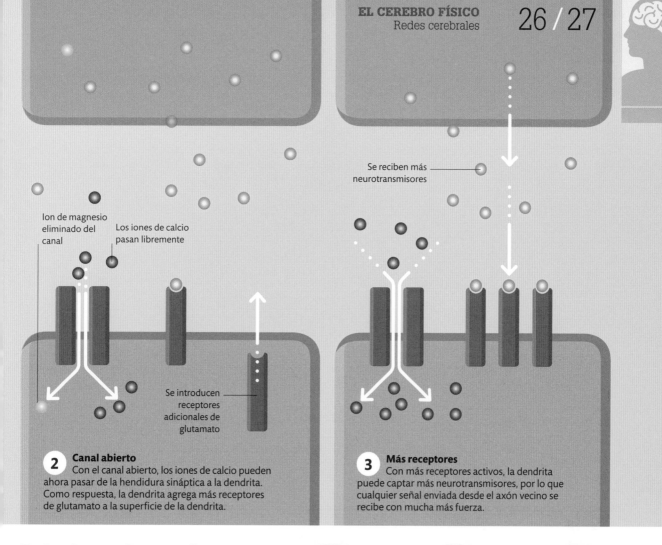

Se reciben más
neurotransmisores

Ion de magnesio
eliminado del
canal

Los iones de calcio
pasan libremente

Se introducen
receptores
adicionales de
glutamato

2 Canal abierto
Con el canal abierto, los iones de calcio pueden
ahora pasar de la hendidura sináptica a la dendrita.
Como respuesta, la dendrita agrega más receptores
de glutamato a la superficie de la dendrita.

3 Más receptores
Con más receptores activos, la dendrita
puede captar más neurotransmisores, por lo que
cualquier señal enviada desde el axón vecino se
recibe con mucha más fuerza.

Redes de mundo pequeño

Las células cerebrales no están conectadas
en una estructura regular ni en una red
aleatoria, sino que se organizan en redes
de mundo pequeño, con células conectadas
con otras cercanas, pero rara vez con las
vecinas inmediatas. Así, en promedio, cada
célula se conecta a cualquier otra con el
menor número de pasos.

**EL CEREBRO HUMANO
TIENE 100 BILLONES
DE CONEXIONES** ENTRE
SUS **86 000 MILLONES
DE NEURONAS**

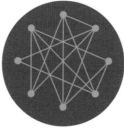

Aleatoria
Una red aleatoria es
buena para realizar
conexiones de larga
distancia pero poco
eficiente para vincular
células cercanas.

Mundo pequeño
Las redes de mundo
pequeño tienen
buenas conexiones
locales y a distancia.
Cada célula está más
estrechamente
vinculada que en los
otros dos sistemas.

Retículo
Al conectar cada
célula con sus vecinas,
esta red reduce el
alcance a la hora de
realizar conexiones
de larga distancia.

Anatomía

El cerebro es una masa compleja de tejido blando compuesta casi en su totalidad por neuronas, glías (ver p.21) y vasos sanguíneos, que se agrupan en una corteza externa y otras estructuras especializadas.

Divisiones del cerebro

El cerebro se divide en tres partes diferentes: el prosencéfalo, el mesencéfalo y el rombencéfalo. Estas divisiones se basan en cómo se desarrollan en el cerebro embrionario, pero también reflejan diferencias en su función. En el cerebro humano, el prosencéfalo es la parte dominante y constituye casi el 90 por ciento del peso del cerebro. Se asocia con la percepción sensorial y las funciones ejecutivas superiores. El mesencéfalo y el rombencéfalo, que se encuentran debajo, están más involucrados en las funciones corporales básicas que determinan la supervivencia, como el sueño y el estado de alerta.

NERVIOS ESPINALES

Hay 31 pares de nervios espinales que se ramifican desde la médula espinal. Reciben el nombre de las partes de la columna a las que se conectan. Transmiten señales entre el cerebro y los órganos sensoriales, los músculos y las glándulas.

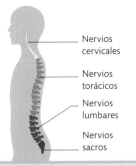

- Nervios cervicales
- Nervios torácicos
- Nervios lumbares
- Nervios sacros

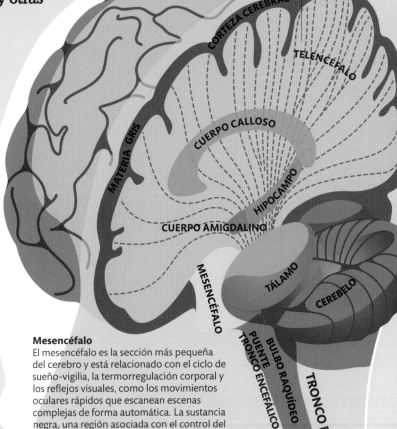

La capa superficial del prosencéfalo, llamada materia gris, está formada por neuronas sin vainas de mielina

Tractos de materia blanca: neuronas recubiertas de mielina

CORTEZA CEREBRAL

TELENCÉFALO

MATERIA GRIS

CUERPO CALLOSO

HIPOCAMPO

CUERPO AMIGDALINO

MESENCÉFALO

TÁLAMO

CEREBELO

BULBO RAQUÍDEO
PUENTE
TRONCO ENCEFÁLICO

TRONCO DEL ENCÉFALO

MÉDULA ESPINAL

Mesencéfalo

El mesencéfalo es la sección más pequeña del cerebro y está relacionado con el ciclo de sueño-vigilia, la termorregulación corporal y los reflejos visuales, como los movimientos oculares rápidos que escanean escenas complejas de forma automática. La sustancia negra, una región asociada con el control del músculo liso, se encuentra en el mesencéfalo.

Rombencéfalo

El rombencéfalo, compuesto por el cerebelo, en la parte inferior posterior del cerebro, y el tronco del encéfalo, que se conecta a la médula espinal, es la parte más primitiva del cerebro. Los genes que controlan su desarrollo evolucionaron hace unos 560 millones de años.

Las conexiones directas con las tres secciones del cerebro se llevan a cabo en la médula espinal

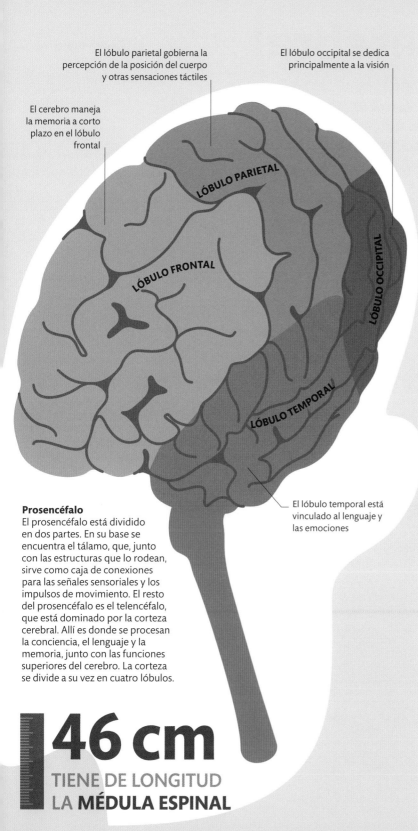

El lóbulo parietal gobierna la percepción de la posición del cuerpo y otras sensaciones táctiles

El lóbulo occipital se dedica principalmente a la visión

El cerebro maneja la memoria a corto plazo en el lóbulo frontal

LÓBULO PARIETAL

LÓBULO FRONTAL

LÓBULO OCCIPITAL

LÓBULO TEMPORAL

El lóbulo temporal está vinculado al lenguaje y las emociones

Prosencéfalo

El prosencéfalo está dividido en dos partes. En su base se encuentra el tálamo, que, junto con las estructuras que lo rodean, sirve como caja de conexiones para las señales sensoriales y los impulsos de movimiento. El resto del prosencéfalo es el telencéfalo, que está dominado por la corteza cerebral. Allí es donde se procesan la conciencia, el lenguaje y la memoria, junto con las funciones superiores del cerebro. La corteza se divide a su vez en cuatro lóbulos.

46 cm
TIENE DE LONGITUD
LA **MÉDULA ESPINAL**

Hemisferios

El telencéfalo está compuesto de dos mitades, o hemisferios, separadas longitudinalmente por una hendidura llamada cisura interhemisférica. Sin embargo, los hemisferios comparten una extensa conexión a través del cuerpo calloso. Cada hemisferio es una imagen especular del otro, aunque no todas las funciones las realizan ambos lados (ver p. 10). Por ejemplo, los centros del habla tienden a estar en el lado izquierdo.

CUERPO CALLOSO

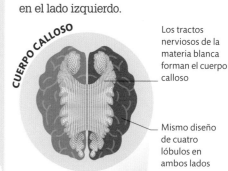

Los tractos nerviosos de la materia blanca forman el cuerpo calloso

Mismo diseño de cuatro lóbulos en ambos lados

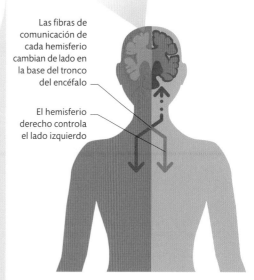

Las fibras de comunicación de cada hemisferio cambian de lado en la base del tronco del encéfalo

El hemisferio derecho controla el lado izquierdo

Izquierdo y derecho

El cerebro y el cuerpo están conectados contralateralmente, lo que significa que el hemisferio izquierdo del cerebro maneja las sensaciones y movimientos del lado derecho del cuerpo y viceversa.

Corteza cerebral

La corteza es la delgada capa exterior que forma la superficie del cerebro. Tiene varias funciones importantes, como el manejo de datos sensoriales y el procesamiento del lenguaje. También genera nuestra experiencia consciente del mundo.

Mapa funcional

La corteza es una envoltura de neuronas de varias capas, con los cuerpos celulares en la parte superior. Se divide en áreas donde las células parecen trabajar juntas en una función. Hay varias formas de revelarlo: con la localización de un daño cerebral vinculado a la pérdida de una función cerebral específica, rastreando las conexiones entre células y con escaneos de actividad cerebral.

¿QUÉ ES LA FRENOLOGÍA?

Una pseudociencia del siglo XIX que relacionaba la forma de la cabeza con la estructura del cerebro, las propias habilidades y la personalidad.

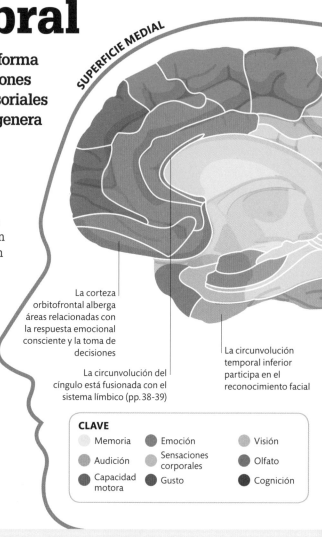

SUPERFICIE MEDIAL

La corteza orbitofrontal alberga áreas relacionadas con la respuesta emocional consciente y la toma de decisiones

La circunvolución del cíngulo está fusionada con el sistema límbico (pp. 38-39)

La circunvolución temporal inferior participa en el reconocimiento facial

CLAVE

- Memoria
- Audición
- Capacidad motora
- Emoción
- Sensaciones corporales
- Gusto
- Visión
- Olfato
- Cognición

Pliegues y surcos

El cerebro de todos los mamíferos tiene corteza, pero la del cerebro humano es característica por sus numerosos pliegues, que aumentan su superficie total y proporcionan más espacio, lo que permite una mayor área cortical. La hendidura de un pliegue se llama surco y su elevación se llama circunvolución. Cualquier cerebro humano tiene el mismo patrón de circunvoluciones y surcos, que los neurocientíficos usan para denominar ubicaciones específicas en la corteza.

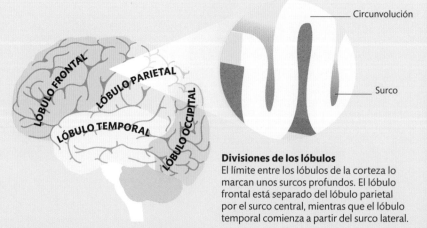

LÓBULO FRONTAL
LÓBULO PARIETAL
LÓBULO TEMPORAL
LÓBULO OCCIPITAL

Circunvolución

Surco

Divisiones de los lóbulos

El límite entre los lóbulos de la corteza lo marcan unos surcos profundos. El lóbulo frontal está separado del lóbulo parietal por el surco central, mientras que el lóbulo temporal comienza a partir del surco lateral.

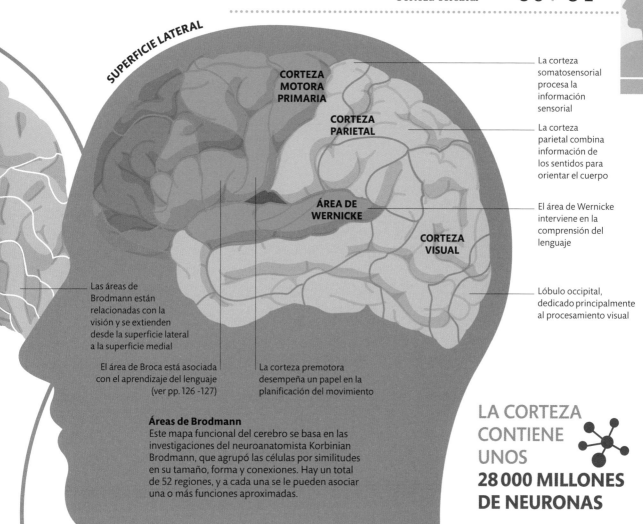

SUPERFICIE LATERAL

CORTEZA MOTORA PRIMARIA

CORTEZA PARIETAL

ÁREA DE WERNICKE

CORTEZA VISUAL

La corteza somatosensorial procesa la información sensorial

La corteza parietal combina información de los sentidos para orientar el cuerpo

El área de Wernicke interviene en la comprensión del lenguaje

Lóbulo occipital, dedicado principalmente al procesamiento visual

Las áreas de Brodmann están relacionadas con la visión y se extienden desde la superficie lateral a la superficie medial

El área de Broca está asociada con el aprendizaje del lenguaje (ver pp. 126 -127)

La corteza premotora desempeña un papel en la planificación del movimiento

Áreas de Brodmann
Este mapa funcional del cerebro se basa en las investigaciones del neuroanatomista Korbinian Brodmann, que agrupó las células por similitudes en su tamaño, forma y conexiones. Hay un total de 52 regiones, y a cada una se le pueden asociar una o más funciones aproximadas.

LA CORTEZA CONTIENE UNOS

28 000 MILLONES DE NEURONAS

Estructura de las células

Las células de la corteza cerebral están dispuestas en seis capas y tienen un espesor total de 2,5 mm. Cada capa contiene varios tipos de neuronas corticales que reciben y envían señales a otras áreas de la corteza y al resto del cerebro. La transmisión constante de datos mantiene todas las partes del cerebro conscientes de lo que sucede en el resto. Algunas de las partes más primitivas del cerebro humano, como el pliegue del hipocampo, solo tienen tres capas.

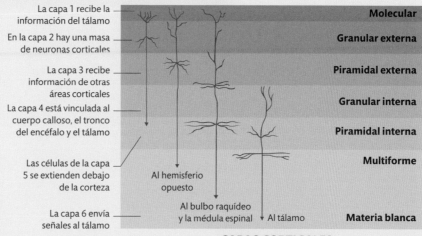

La capa 1 recibe la información del tálamo

En la capa 2 hay una masa de neuronas corticales

La capa 3 recibe información de otras áreas corticales

La capa 4 está vinculada al cuerpo calloso, el tronco del encéfalo y el tálamo

Las células de la capa 5 se extienden debajo de la corteza

La capa 6 envía señales al tálamo

Al hemisferio opuesto

Al bulbo raquídeo y la médula espinal

Al tálamo

Molecular

Granular externa

Piramidal externa

Granular interna

Piramidal interna

Multiforme

Materia blanca

CAPAS CORTICALES

Núcleos del cerebro

Un núcleo es un grupo de células nerviosas con un conjunto discernible de funciones, conectadas entre sí por tractos de materia blanca.

Los ganglios basales y otros núcleos

Un grupo de núcleos, llamados ganglios basales, están en el prosencéfalo y conectan con el tálamo y el tronco del encéfalo. Se asocian al aprendizaje, el control motor y la respuesta emocional. Los nervios craneales se conectan al cerebro por un núcleo (a menudo dos: uno para la entrada de información sensorial y otro para el envío de órdenes motoras). Otros núcleos cerebrales son el hipotálamo (ver p. 34), el hipocampo (ver pp. 38 y 39), el puente troncoencefálico y el bulbo raquídeo (ver p. 36).

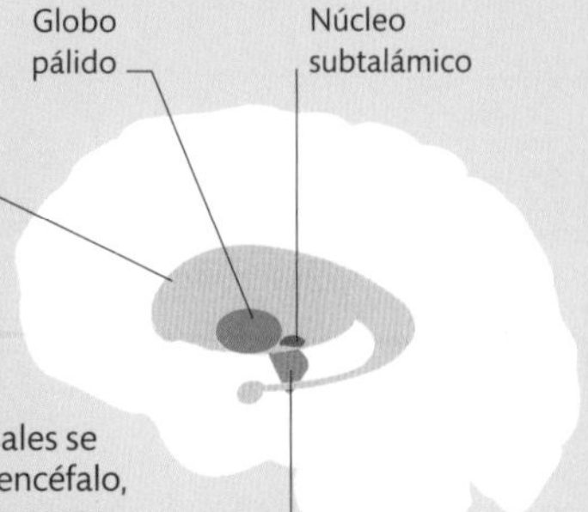

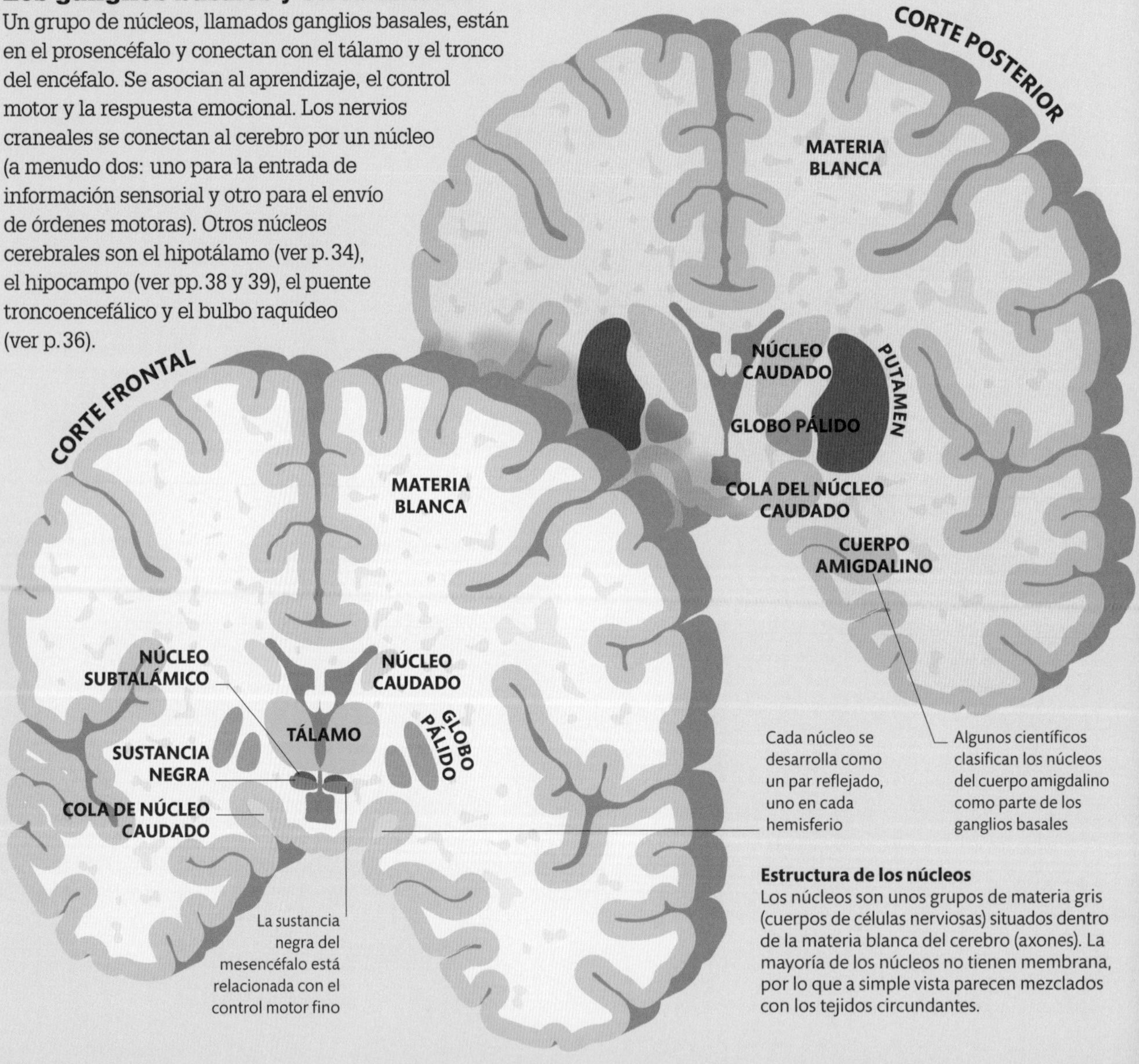

Localización central

La mayoría de los ganglios basales se encuentran en la base del prosencéfalo, alrededor del tálamo. Los núcleos se encuentran dentro de una región llena de tractos de materia blanca llamada cuerpo estriado.

Globo pálido

Núcleo caudado

Núcleo subtalámico

Sustancia negra

CORTE POSTERIOR

MATERIA BLANCA

NÚCLEO CAUDADO

PUTAMEN

GLOBO PÁLIDO

COLA DEL NÚCLEO CAUDADO

CUERPO AMIGDALINO

CORTE FRONTAL

MATERIA BLANCA

NÚCLEO SUBTALÁMICO

NÚCLEO CAUDADO

TÁLAMO

GLOBO PÁLIDO

SUSTANCIA NEGRA

COLA DE NÚCLEO CAUDADO

Cada núcleo se desarrolla como un par reflejado, uno en cada hemisferio

Algunos científicos clasifican los núcleos del cuerpo amigdalino como parte de los ganglios basales

La sustancia negra del mesencéfalo está relacionada con el control motor fino

Estructura de los núcleos

Los núcleos son unos grupos de materia gris (cuerpos de células nerviosas) situados dentro de la materia blanca del cerebro (axones). La mayoría de los núcleos no tienen membrana, por lo que a simple vista parecen mezclados con los tejidos circundantes.

¿QUÉ NÚCLEOS SE ENCUENTRAN EN EL TRONCO DEL ENCÉFALO?

En el tronco del encéfalo hay 10 de los 12 pares de núcleos craneales. Proporcionan función motora y sensorial a la lengua, la laringe y los músculos faciales.

HAY MÁS DE **30 GRUPOS DE NÚCLEOS**, LA MAYORÍA POR PAREJAS A **IZQUIERDA** Y **DERECHA**

REGIONES DE LOS GANGLIOS BASALES	
NÚCLEO	**FUNCIÓN**
Núcleo caudado	Centro de procesamiento motor para el aprendizaje de procedimientos sobre patrones de movimiento y la inhibición consciente de acciones reflejas.
Putamen	Centro de control motor, asociado con procedimientos complejos aprendidos, como conducir, escribir a máquina o tocar un instrumento musical.
Globo pálido	Centro de control motor voluntario que gestiona los movimientos a nivel subconsciente. Si se daña puede provocar temblores involuntarios.
Núcleo subtalámico	Su función no está clara. Se cree que está relacionado con la selección de un movimiento específico y la inhibición de opciones en competición con este.
Sustancia negra	Tiene un papel en la recompensa y el movimiento. El párkinson (ver p. 201) se asocia con la muerte de neuronas de dopamina que se encuentran aquí.
Cuerpo amigdalino	Puede tener un papel en la integración de la actividad entre ganglios basales y sistema límbico, por lo que algunos lo consideran parte de los ganglios basales.

Selección de acción

Los ganglios basales tienen un papel importante para eliminar el ruido de órdenes que compiten entre sí de la corteza y de otras partes del prosencéfalo. Este proceso se llama selección de acción y ocurre de manera totalmente subconsciente a través de una serie de vías a través de los ganglios basales. Por lo general, estas vías bloquean o inhiben una acción específica haciendo que el tálamo devuelva la señal al punto de inicio. Sin embargo, cuando la vía está en silencio, la acción sigue adelante.

Circuitos de los ganglios basales

La ruta de la vía depende de dónde proceda la información, de la corteza u otra parte del prosencéfalo. Hay tres vías principales y cada una inhibe o estimula una acción. El circuito motor se conecta con el centro principal de control del movimiento, el circuito prefrontal transporta información de las regiones ejecutivas del cerebro, y el circuito límbico se rige por estímulos emocionales.

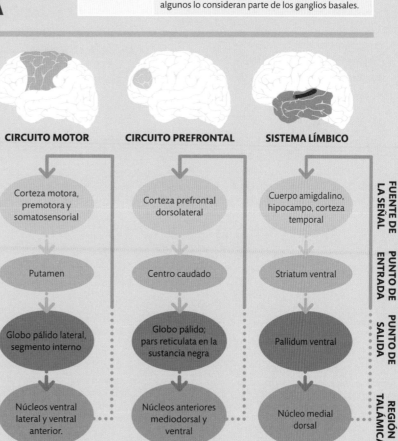

	CIRCUITO MOTOR	CIRCUITO PREFRONTAL	SISTEMA LÍMBICO	
FUENTE DE LA SEÑAL	Corteza motora, premotora y somatosensorial	Corteza prefrontal dorsolateral	Cuerpo amigdalino, hipocampo, corteza temporal	
PUNTO DE ENTRADA	Putamen	Centro caudado	Striatum ventral	
PUNTO DE SALIDA	Globo pálido lateral, segmento interno	Globo pálido; pars reticulata en la sustancia negra	Pallidum ventral	
REGIÓN TALÁMICA	Núcleos ventral lateral y ventral anterior.	Núcleos anteriores mediodorsal y ventral	Núcleo medial dorsal	

Hipotálamo, tálamo e hipófisis

El tálamo y las estructuras que lo rodean están en el centro del cerebro. Actúan como estaciones de relevo entre el prosencéfalo y el tronco del encéfalo, y conectan con el resto del cuerpo.

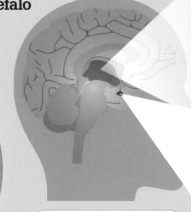

El hipotálamo

Esta pequeña área bajo la región delantera del tálamo es la interfaz principal entre el cerebro y el sistema hormonal o endocrino. Lo hace liberando hormonas en el torrente sanguíneo o enviando órdenes a la hipófisis para que las libere. El hipotálamo tiene un papel en el crecimiento, la homeostasis (el mantenimiento de condiciones corporales óptimas) y algunos otros comportamientos importantes, como la alimentación y el sexo. Esto hace que sea sensible a muchos estímulos diferentes.

¿QUÉ GLÁNDULAS CONTROLA LA HIPÓFISIS?

La hipófisis es una glándula maestra que controla la glándula tiroides, la glándula suprarrenal, los ovarios y los testículos. Sin embargo, recibe sus instrucciones del hipotálamo.

CLAVE

- Tálamo
- Hipotálamo
- Hipófisis

EL EPITÁLAMO

Esta pequeña región está en la parte superior del tálamo. Contiene varios tractos nerviosos que conectan el prosencéfalo y el mesencéfalo, y es donde está la glándula pineal, que produce melatonina, una hormona fundamental en el ciclo sueño-vigilia y para el reloj biológico.

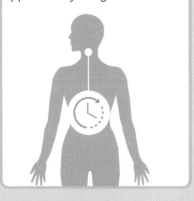

RESPUESTAS DEL HIPOTÁLAMO

ESTÍMULO	RESPUESTA
Duración del día	Ayuda a mantener los ritmos corporales después de recibir señales sobre la duración del día desde el sistema óptico.
Agua	Cuando los niveles de agua en la sangre bajan, se libera vasopresina, una hormona antidiurética, que reduce el volumen de la orina.
Comer	Cuando el estómago está lleno, libera leptina para reducir la sensación de hambre.
Falta de alimento	Cuando el estómago está vacío, libera grelina para aumentar la sensación de hambre.
Infección	Aumenta la temperatura corporal para ayudar al sistema inmunitario a trabajar más rápido para combatir los patógenos.
Estrés	Aumenta la producción de cortisol, hormona asociada a la preparación del cuerpo para un periodo de actividad física.
Actividad física	Estimula la producción de hormonas tiroideas para acelerar el metabolismo, y de somatostatina para frenarlo.
Actividad sexual	Organiza la liberación de oxitocina, que ayuda a la formación de vínculos interpersonales. Esta hormona también se libera durante el parto.

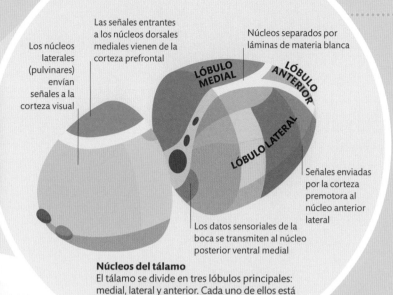

Los núcleos laterales (pulvinares) envían señales a la corteza visual

Las señales entrantes a los núcleos dorsales mediales vienen de la corteza prefrontal

LÓBULO MEDIAL

Núcleos separados por láminas de materia blanca

LÓBULO ANTERIOR

LÓBULO LATERAL

Señales enviadas por la corteza premotora al núcleo anterior lateral

Los datos sensoriales de la boca se transmiten al núcleo posterior ventral medial

Núcleos del tálamo
El tálamo se divide en tres lóbulos principales: medial, lateral y anterior. Cada uno de ellos está organizado en zonas, o núcleos, asociados con conjuntos particulares de funciones.

El tálamo

La palabra «tálamo» proviene del griego y significa «habitación privada», pues esta masa de materia gris del tamaño de un pulgar está en mitad del cerebro, entre la corteza cerebral y el mesencéfalo. Está formado por varios haces o tractos de nervios que envían y reciben señales en ambas direcciones entre las regiones superior e inferior del cerebro, a menudo en circuitos de retroalimentación (ver p. 91). Se asocia con el control del sueño, el estado de alerta y la conciencia. Las señales de todos los sistemas sensoriales, excepto del olfato, pasan a través del tálamo a la corteza para su procesamiento.

CON UN PESO DE SOLO **4 G**, EL **HIPOTÁLAMO** NO ES MUCHO MAYOR QUE LA ÚLTIMA FALANGE DE **UN MEÑIQUE**

La hipófisis

Con un peso de 0,5 g, la hipófisis, o glándula pituitaria, produce muchas de las hormonas más importantes del cuerpo bajo la dirección del hipotálamo. Las hormonas se liberan al torrente sanguíneo a través de una red de pequeños capilares. Entre ellas están las que controlan el crecimiento, la micción, el ciclo menstrual, el parto y el bronceado de la piel. A pesar de tener el volumen de un guisante, esta glándula se divide en dos lóbulos principales, el anterior y el posterior, más un pequeño lóbulo intermedio. Cada lóbulo se dedica a la producción de un conjunto concreto de hormonas.

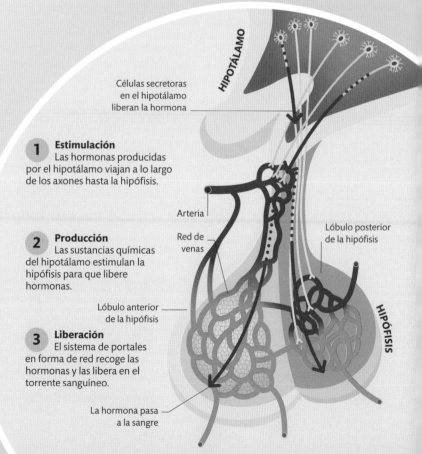

HIPOTÁLAMO

Células secretoras en el hipotálamo liberan la hormona

1 Estimulación
Las hormonas producidas por el hipotálamo viajan a lo largo de los axones hasta la hipófisis.

Arteria

Red de venas

Lóbulo posterior de la hipófisis

2 Producción
Las sustancias químicas del hipotálamo estimulan la hipófisis para que libere hormonas.

Lóbulo anterior de la hipófisis

3 Liberación
El sistema de portales en forma de red recoge las hormonas y las libera en el torrente sanguíneo.

HIPÓFISIS

La hormona pasa a la sangre

¿QUÉ TAMAÑO TIENE EL CEREBELO?

La mayoría de las células del cerebro se encuentran en el cerebelo, aunque el volumen de este es solo alrededor del 10 por ciento de todo el cerebro.

Conectar el cerebro

El tronco encefálico, que tiene forma de tallo, constituye un vínculo entre el tálamo, la base del prosencéfalo y la médula espinal, que se conecta con el resto del cuerpo. Participa en muchas funciones básicas, como el ciclo de sueño-vigilia, la alimentación y la regulación del ritmo cardíaco.

El puente troncoencefálico es una vía de comunicación importante que contiene los nervios craneales utilizados para la respiración, la audición y los movimientos oculares.

El tronco encefálico

El tronco del encéfalo tiene tres componentes, todos con un papel esencial en funciones importantes. En el mesencéfalo comienza la formación reticular, una serie de núcleos cerebrales (ver pp. 32-33) que recorren el tronco encefálico, están relacionados con la excitación y el estado de alerta y desempeñan un papel crucial en la conciencia. El puente troncoencefálico envía y recibe señales de los nervios craneales del rostro, los oídos y los ojos. El bulbo raquídeo baja y se estrecha hasta fusionarse con el extremo superior de la médula espinal. Se encarga de muchas de las funciones autónomas del cuerpo, como la regulación de la presión arterial, el rubor y el vómito.

TRONCO ENCEFÁLICO

PUENTE TRONCOENCEFÁLICO

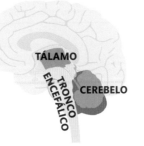

TÁLAMO

TRONCO ENCEFÁLICO

CEREBELO

BULBO RAQUÍDEO

10 pares de nervios salen del tronco encefálico

Los nervios comienzan y terminan en los núcleos del tronco del encéfalo

El bulbo raquídeo participa en reflejos importantes como la frecuencia respiratoria y la deglución

Tronco encefálico y cerebelo

Las regiones inferiores del cerebro son el tronco encefálico, conectado con la médula espinal, y el cerebelo, que está situado justo detrás de aquel.

La médula espinal consiste en un haz de axones nerviosos que se conectan al sistema nervioso periférico

MÉDULA ESPINAL

VISTA POSTERIOR DEL CEREBRO

El cerebro pequeño
El cerebelo, término que significa «cerebro pequeño», es una región del rombencéfalo muy plegada sobre sí misma y que se encuentra detrás del tronco del encéfalo. Igual que el cerebro, que está justo encima, el cerebelo se divide en dos lóbulos divididos lateralmente en zonas según su función.

El vermis controla la mayoría de los patrones motores básicos, como los movimientos de los ojos y de las extremidades

Capa exterior compuesta de materia gris

VERMIS

ESPINOCEREBELO

LÓBULO ANTERIOR

Estas zonas, a ambos lados del cerebelo, intervienen en la planificación de las secuencias de movimientos

ZONA LATERAL

El espinocerebelo compara la información sobre la posición real del cuerpo con la posición prevista de los movimientos planificados y modifica la secuencia según sea necesario

El lóbulo anterior del cerebelo recibe de la médula espinal información sobre la postura corporal

LÓBULO ANTERIOR

Los movimientos corporales se coordinan en el lóbulo posterior

LÓBULO POSTERIOR

VESTIBULOCEREBELO

CEREBELO

El vestibulocerebelo participa en el control de la cabeza, los movimientos oculares y el equilibrio, a través de la información del oído interno

El cerebelo
Aunque el cerebelo tiene un papel en el mantenimiento de la atención y el procesamiento del lenguaje, está más asociado con la regulación del movimiento corporal. En concreto, su función es convertir órdenes motoras de carácter general en secuencias musculares coherentes y coordinadas, e ir corrigiendo errores mientras tanto. Dirige sus señales a través del tálamo. A nivel microscópico, las células del cerebelo están dispuestas en capas. El propósito de estas capas es establecer vías neuronales fijas para patrones de movimiento aprendidos, como caminar, hablar y mantener el equilibrio. Los daños en el cerebelo no producen parálisis, sino movimientos lentos y espasmódicos.

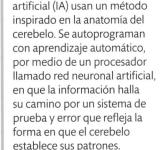

EL CEREBELO SE CONOCIÓ MEJOR CON EL ESTUDIO DE LAS LESIONES CEREBRALES DE LA SEGUNDA GUERRA MUNDIAL

EL CEREBELO Y LA REDES NEURONALES

Algunos sistemas de inteligencia artificial (IA) usan un método inspirado en la anatomía del cerebro. Se autoprograman con aprendizaje automático, por medio de un procesador llamado red neuronal artificial, en que la información halla su camino por un sistema de prueba y error que refleja la forma en que el cerebro establece sus patrones.

Sistema límbico

El sistema límbico, situado bajo la corteza y sobre el tronco encefálico, es un conjunto de estructuras asociadas con las emociones, la memoria y los instintos básicos.

El fórnix es un conjunto de tractos nerviosos que conecta el hipocampo con el tálamo y la parte inferior del cerebro.

Ubicación y función

El sistema límbico es un grupo de órganos situados en el centro del cerebro y que ocupan partes de las superficies mediales de la corteza cerebral. Sus estructuras forman unos módulos que transmiten señales entre la corteza y los cuerpos de la parte inferior del cerebro. Los axones nerviosos unen todas sus partes y las conectan con otras áreas del cerebro. El sistema límbico influye en impulsos instintivos como la agresión, el miedo y el apetito, además del aprendizaje, la memoria y las actividades mentales superiores.

Partes del sistema

Los componentes del sistema límbico se extienden desde el mesencéfalo hacia el interior hasta el tronco del encéfalo. Generalmente se entiende que se compone de estas estructuras.

CIRCUNVOLUCIÓN DEL CÍNGULO

COLUMNA DEL FÓRNIX

FÓRNIX

CUERPOS MAMILARES

MESENCÉFALO

HIPOTÁLAMO

CUERPO AMIGDALINO

BULBO OLFATORIO

CIRCUNVOLUCIÓN PARAHIPOCAMPAL

SENTIDO DEL OLFATO

El olfato, que se procesa en los bulbos olfatorios, es el único sentido controlado por el sistema límbico y que no se envía a través del tálamo.

NUEVOS RECUERDOS

Los pequeños cuerpos mamilares retransmiten nuevos recuerdos formados en el hipotálamo. En estos cuerpos, los daños producen una incapacidad para sentir la dirección, particularmente con respecto a la ubicación.

CONDICIONAMIENTO POR MIEDO

El cuerpo amigdalino se asocia al condicionamiento por miedo, que es el que nos hace aprender a tener miedo de algo. También participa en la memoria y en las respuestas emocionales.

RECONOCIMIENTO

La circunvolución parahipocámpica participa en la formación y recuperación de recuerdos asociados con nuevos datos de los sentidos y nos ayuda a reconocer y recordar cosas.

¿QUÉ SIGNIFICA «LÍMBICO»?

La palabra «límbico» viene del latín *limbus*, que significa «frontera», en referencia al papel del sistema como una zona de transición entre la corteza y la parte inferior del cerebro.

Premio y castigo

El sistema límbico está muy relacionado con los sentimientos de rabia y satisfacción. Ambos se deben a la estimulación de los centros de recompensa o castigo del sistema límbico, en concreto en el hipotálamo. La recompensa y el castigo son aspectos cruciales del aprendizaje, pues crean una respuesta básica a las experiencias. Sin este sistema de calificación, el cerebro simplemente ignoraría los viejos estímulos sensoriales que ya ha experimentado y solo prestaría atención a los nuevos estímulos.

Placer
Se asocia con la liberación de dopamina. El cerebro busca repetir conductas que crean este sentimiento.

Asco
Esta emoción está ligada al sentido del olfato. Su función primordial es protegernos de las infecciones.

Miedo
El miedo está vinculado a estímulos de la amígdala. Lleva a la ira controlada o a una respuesta de lucha.

HIPOCAMPO

La circunvolución del cíngulo ayuda a formar recuerdos asociados con emociones fuertes

RECUERDOS EPISÓDICOS

El hipocampo recibe y procesa información del cerebro. Participa en la creación de recuerdos episódicos, o recuerdos sobre lo que hemos hecho, y en la creación de la conciencia espacial.

Síndrome de Klüver-Bucy

Este trastorno neuronal, causado por daños al sistema límbico, produce síntomas asociados con la pérdida del miedo y del control de los impulsos. Se describió por vez primera en humanos en 1975, y lleva el nombre de dos investigadores de la década de 1930, Heinrich Klüver y Paul Bucy, que experimentaron eliminando distintas regiones del cerebro en monos vivos y observando sus efectos.

En los seres humanos, pueden causarlo la enfermedad de Alzheimer, las complicaciones del herpes o los daños cerebrales. Se documentó por primera vez en personas a las que se les había extirpado quirúrgicamente partes del lóbulo temporal del cerebro. Se puede tratar con medicamentos y con ayuda en las tareas diarias.

SÍNTOMA	DESCRIPCIÓN
Amnesia	El daño al hipocampo lleva a la incapacidad de formar recuerdos a largo plazo.
Docilidad	Al faltar sensación de recompensa por sus acciones, los afectados carecen de motivación.
Hiperoralidad	Necesidad de examinar objetos metiéndoselos en la boca.
Pica	Comer compulsivamente, entre otras, cosas no comestibles, como tierra.
Hipersexualidad	Elevado deseo sexual, asociado a menudo con fetiches o atracciones atípicas.
Agnosia	Perder la capacidad de reconocer objetos o personas familiares.

Imágenes cerebrales

La medicina moderna y la neurología pueden ver dentro del cráneo y observar las estructuras de un cerebro vivo. Para obtener imágenes de este órgano blando e intrincado ha sido necesaria tecnología avanzada.

Resonancia magnética

La máquina de imagen por resonancia magnética (IRM) da la mejor visión del tejido nervioso del cerebro y se utiliza sobre todo para buscar tumores. La IRM no expone el cerebro a radiación de alta energía, a diferencia de otros sistemas, lo que hace que su uso sea seguro durante periodos prolongados y en repetidas ocasiones. Dos formas perfeccionadas, la IRMf y la ITD, permiten monitorear la actividad cerebral (ver p. 43). Aunque es ideal para la investigación y el diagnóstico, la IRM es muy cara. Además, el sistema de refrigeración del helio líquido y sus electroimanes consumen mucha energía.

El aislamiento térmico mantiene frío el helio líquido

El helio líquido enfría el electroimán a unos -270 °C

HELIO LÍQUIDO

Un electroimán superconductor genera un campo magnético extremadamente fuerte

Las bobinas de gradiente enfocan el campo magnético en el área que se desea escanear

La bobina de radiofrecuencia emite y detecta ondas de radio

El paciente se encuentra dentro de la máquina durante el escáner

Una plataforma motorizada mueve al paciente hasta el escáner

PLATAFORMA MOTORIZADA

Cómo funciona una IRM

La resonancia magnética utiliza la forma en que los protones de los átomos de hidrógeno se alinean con los campos magnéticos. El hidrógeno se encuentra en el agua y las grasas, ambas abundantes en el cerebro. Una IRM dura aproximadamente una hora y luego los datos se procesan para crear imágenes detalladas.

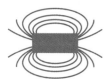

EL ELECTROIMÁN DE UNA MÁQUINA DE IRM GENERA UN CAMPO MAGNÉTICO 40 000 VECES MÁS FUERTE QUE EL DE LA TIERRA

Protones alineados al azar

ELECTROIMÁN INACTIVO

ELECTROIMÁN INACTIVO

Protón adicional orientado al sur

ELECTROIMÁN ACTIVO

Protón orientado al sur

Línea del campo magnético

ELECTROIMÁN ACTIVO

Protón orientado al norte

1 Protones no alineados
Antes de activarse la máquina de resonancia magnética, los protones de las moléculas del cerebro no están alineados: los ejes alrededor de los cuales giran estas partículas apuntan en direcciones al azar.

2 Protones alineados magnéticamente
Al activar el campo magnético, los protones se ven obligados a alinearse. Aproximadamente la mitad mira hacia el polo norte del campo y la otra mitad hacia el sur, aunque siempre habrá algunos protones más hacia uno de los polos magnéticos.

MÁQUINA DE IRM

BOBINA DE RADIOFRECUENCIA
BOBINA DE GRADIENTE
ELECTROIMÁN

Tomografía computarizada

La tomografía computarizada (TC), o tomografía axial computarizada (TAC), toma imágenes de rayos X en diferentes ángulos, que un ordenador comparará para crear una sección transversal del cerebro. Este sistema es más rápido que la resonancia magnética y mejor para ver accidentes cerebrovasculares, fracturas de cráneo y hemorragias cerebrales.

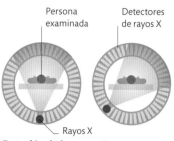

Persona examinada

Detectores de rayos X

Rayos X

Rotación de los rayos X
Los rayos X pasan a través del cerebro formando un arco alrededor del paciente para variar el ángulo de cada imagen.

OTROS TIPOS DE TECNOLOGÍA DE ESCÁNER	
Obtener imágenes de ciertas características del cerebro requiere técnicas de escáner especiales, que también pueden usarse si la IRM o la TC son peligrosas o inadecuadas.	
TIPO DE ESCÁNER	**TECNOLOGÍA Y USOS**
TEP (tomografía por emisión de positrones)	Se utiliza para visualizar el flujo sanguíneo a través del cerebro, pues resalta las regiones activas. Las exploraciones con TEP rastrean los contrastes radiactivos que se han inyectado en la sangre.
IOD (imagen óptica difusa)	Serie de técnicas nuevas que detectan cómo penetran en el cerebro la luz brillante o los rayos infrarrojos. La IOD proporciona una forma de observar el flujo sanguíneo y la actividad cerebral.
Ecografía craneal	Una técnica poco invasiva que se basa en la forma en que las ondas ultrasónicas rebotan en las estructuras del cerebro. Se utiliza sobre todo en bebés y menos en adultos, porque las imágenes carecen de detalle.

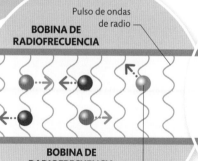

BOBINA DE RADIOFRECUENCIA

Pulso de ondas de radio

BOBINA DE RADIOFRECUENCIA

Un protón adicional cambia de orientación

El protón invertido se realinea

BOBINA DE RADIOFRECUENCIA

BOBINA DE RADIOFRECUENCIA

Señal de radio emitida

El ordenador procesa los datos

Imagen de sección transversal de los tejidos

ORDENADOR

MONITOR

La bobina de radiofrecuencia detecta la señal y la pasa al ordenador

3 Un pulso de ondas de radio
Con el campo magnético activado, la bobina de radiofrecuencia envía un pulso de ondas de radio a través del cerebro. Esta entrada de energía extra hace que los protones sobrantes se desalineen.

4 Señal de radio emitida
Una vez que el pulso deja de emitirse, los protones no alineados vuelven a alinearse con el campo magnético. Esto hace que liberen energía en forma de señal de radio, la cual es detectada por la máquina.

5 El receptor crea una imagen
Los datos de la señal se procesan y se crean «rodajas» del cerebro. Los protones de los tejidos del cuerpo producen señales diferentes, por lo que la exploración muestra los tejidos de forma clara y detallada.

Monitorizar el cerebro

Poder recopilar información de un cerebro vivo en funcionamiento ha revolucionado la neurología y nuestra comprensión de cómo funciona el cerebro.

EEG

El monitor cerebral más simple es el electroencefalograma (EEG). Usa electrodos colocados por todo el cráneo para captar un campo eléctrico creado por la actividad de las neuronas en la corteza cerebral. Los distintos niveles pueden mostrarse como ondas (EEG común) o como áreas coloreadas (EEG cuantitativo o QEEG). El EEG puede revelar evidencia de trastornos convulsivos, como epilepsia, y signos de lesión, inflamación y tumores. Este procedimiento indoloro también se utiliza para evaluar la actividad cerebral en pacientes en coma.

¿POR QUÉ EL CEREBRO PRODUCE CAMPOS ELECTROMAGNÉTICOS?

Las neuronas utilizan pulsos de carga eléctrica para transmitir mensajes. La actividad de miles de millones de células se suma en un campo constante.

Tipos de ondas EEG

Las células adyacentes en la corteza se activan en sincronía, creando cambios ondulatorios en la intensidad del campo eléctrico. Se ha visto que los patrones de ondas característicos están asociados con ciertos estados cerebrales.

Las ondas de alta frecuencia están muy juntas

Las ondas de baja frecuencia están muy espaciadas

ONDAS GAMMA

MÁS DE 32 HZ

Amplitud / Tiempo

Estos ritmos se asocian con el aprendizaje y con las tareas complejas de resolución de problemas. Pueden originarse con la unión de grupos de neuronas en red.

ONDAS BETA

14-32 HZ

Amplitud / Tiempo

Las ondas beta se originan en ambos hemisferios en la parte frontal del cerebro y se asocian con la actividad física y con estados de concentración y ansiedad.

ONDAS DELTA

0,1-4 HZ

Amplitud / Tiempo

Estas ondas suelen aparecer en algunas etapas del sueño, pero también cuando una persona participa en tareas complejas de resolución de problemas.

ONDAS ALFA

8-14 HZ

Amplitud / Tiempo

En general, se originan en la parte posterior del cerebro y suelen ser más fuertes en el hemisferio dominante. Aparecen tanto durante estados relajados como de alerta.

ONDAS THETA

4-8 HZ

Amplitud / Tiempo

Las ondas theta están presentes sobre todo en niños pequeños, pero también aparecen durante estados de relajación, creatividad y de meditación.

Electrodos apretados contra el cráneo mediante un gorro

El cable lleva la señal hasta un amplificador

MEG

El cerebro, además de generar actividad eléctrica, produce un débil campo magnético. Este se detecta mediante una máquina de magnetoencefalografía (MEG) y se puede utilizar para crear un seguimiento en tiempo real de la actividad en la corteza cerebral. La MEG está limitada por la debilidad del magnetismo del cerebro, pero la técnica puede detectar mejor que otros sistemas las fluctuaciones rápidas en la actividad cerebral, que ocurren en unas pocas milésimas de segundo.

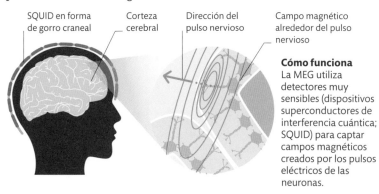

SQUID en forma de gorro craneal

Corteza cerebral

Dirección del pulso nervioso

Campo magnético alrededor del pulso nervioso

Cómo funciona
La MEG utiliza detectores muy sensibles (dispositivos superconductores de interferencia cuántica; SQUID) para captar campos magnéticos creados por los pulsos eléctricos de las neuronas.

IRM funcional e imagen con tensor de difusión

La IRM (ver pp. 40-41) puede ampliarse para obtener información de lo que hace el cerebro. La IRM funcional (IRMf) observa el flujo de sangre en el cerebro y muestra dónde llega oxígeno a las neuronas, lo que muestra en tiempo real las regiones activas. Se pide a los pacientes que realicen tareas físicas y mentales mientras se los monitorea para crear un mapa funcional del cerebro y la médula espinal que combine la anatomía y los niveles de actividad. La imagen con tensor de difusión (ITD) también utiliza resonancia magnética, pero sigue el movimiento del agua en las células. Se obtiene así un mapa de las conexiones de la materia blanca del cerebro.

NEURORRETROALIMENTACIÓN

Esta forma de terapia cognitiva utiliza un EEG para crear un bucle de retroalimentación entre el estado mental de una persona y su actividad cerebral. Esto facilita que las personas aprendan formas de controlar la actividad mental no deseada, como la ansiedad.

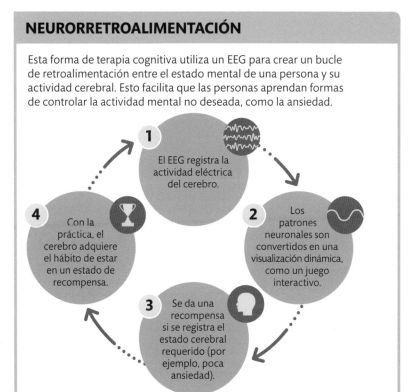

1. El EEG registra la actividad eléctrica del cerebro.

2. Los patrones neuronales son convertidos en una visualización dinámica, como un juego interactivo.

3. Se da una recompensa si se registra el estado cerebral requerido (por ejemplo, poca ansiedad).

4. Con la práctica, el cerebro adquiere el hábito de estar en un estado de recompensa.

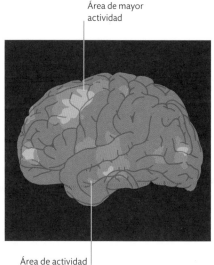

Área de mayor actividad

Área de actividad reducida

Interpretar una imagen de IRMf
Una IRMf comienza estableciendo una línea de base de actividad en el cerebro. Luego, el escáner muestra regiones que fluctúan a partir de esa línea de base, lo que permite determinar qué áreas están excitadas o inhibidas durante determinadas actividades.

Desarrollo del cerebro

Las primeras células nerviosas se crean pocos días después de la concepción. Estas células forman una placa, luego se curvan y se convierten en una estructura llena de líquido llamada tubo neural, que se desarrolla hasta convertirse en el cerebro y la médula espinal. Un extremo se convierte en un bulto y después se divide en áreas diferentes.

CLAVE

- Prosencéfalo
- Mesencéfalo
- Rombencéfalo
- Médula espinal

Se forma el tubo neural

Protuberancia del prosencéfalo

Las células nerviosas se desarrollan hasta formar el inicio del cerebro, la médula espinal y la red nerviosa.

3 SEMANAS

Tubo neural

Vesícula óptica (ojo)

Vesícula ótica (oído)

En la quinta semana, el tubo neural se va pareciendo más a un cerebro. Empiezan a desarrollarse los ojos.

5 SEMANAS

Vesícula óptica (ojo)

Vesícula ótica (oído)

Nervios craneales

A la séptima semana, el prosencéfalo, el mesencéfalo y el rombencéfalo se dividen en protuberancias que serán el cerebro, el tronco encefálico y el cerebelo.

7 SEMANAS

Telencéfalo

Cerebelo

Tronco del encéfalo

El telencéfalo se agranda y los ojos y los oídos maduran y asumen su posición. Algunas partes del feto ya responden al tacto.

11 SEMANAS

Bebés y niños pequeños

El cerebro comienza a desarrollarse con la concepción y cambia rápidamente en los primeros años, pero se necesitan más de 20 años para que madure del todo.

Antes de nacer

Tres semanas después de la concepción, pasa de tener unas pocas células nerviosas a tener un órgano con áreas especializadas y preparado para comenzar a aprender desde el nacimiento. Los genes controlan este proceso, pero el medio ambiente también puede afectarlo. Una nutrición insuficiente puede alterar el desarrollo del cerebro, y el estrés extremo de la madre durante el embarazo también puede tener un impacto.

RECONOCER ROSTROS

Los bebés prefieren mirar imágenes que parecen rostros, y en seguida aprenden a reconocerlos. El área de reconocimiento facial de la corteza (ver p. 68) se ocupa de identificar rostros. Los campeones de ajedrez también la usan para reconocer la disposición de las piezas, lo que sugiere que decodifica los patrones más importantes para una persona.

PARECE UN ROSTRO

NO PARECE UN ROSTRO

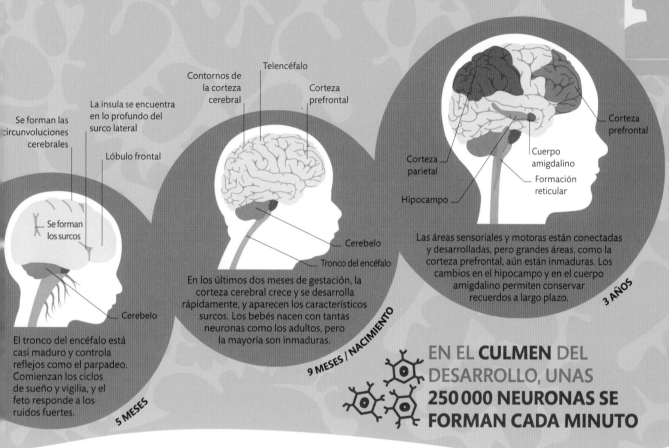

Se forman las circunvoluciones cerebrales

La ínsula se encuentra en lo profundo del surco lateral

Lóbulo frontal

Se forman los surcos

El tronco del encéfalo está casi maduro y controla reflejos como el parpadeo. Comienzan los ciclos de sueño y vigilia, y el feto responde a los ruidos fuertes.

5 MESES

Contornos de la corteza cerebral

Telencéfalo

Corteza prefrontal

Cerebelo

Tronco del encéfalo

En los últimos dos meses de gestación, la corteza cerebral crece y se desarrolla rápidamente, y aparecen los característicos surcos. Los bebés nacen con tantas neuronas como los adultos, pero la mayoría son inmaduras.

9 MESES / NACIMIENTO

Corteza parietal

Hipocampo

Cuerpo amigdalino

Formación reticular

Corteza prefrontal

Las áreas sensoriales y motoras están conectadas y desarrolladas, pero grandes áreas, como la corteza prefrontal, aún están inmaduras. Los cambios en el hipocampo y en el cuerpo amigdalino permiten conservar recuerdos a largo plazo.

3 AÑOS

EN EL **CULMEN** DEL DESARROLLO, UNAS **250 000 NEURONAS SE FORMAN CADA MINUTO**

El cerebro de los niños

Tras el nacimiento, el cerebro de los bebés es como una esponja que capta información del mundo que los rodea y trata de darle sentido. En los primeros años, el cerebro crece y se desarrolla rápidamente, y su volumen se duplica en el primer año de vida. Las sinapsis crecen y forman nuevas conexiones de manera rápida y fácil, en un proceso llamado neuroplasticidad.

Conectándose
La plasticidad máxima para cada región del cerebro es diferente. Las áreas sensoriales construyen sinapsis rápidamente entre 4 y 8 meses tras el nacimiento, pero las áreas prefrontales no alcanzan su máxima plasticidad hasta los 15 meses.

RECIÉN NACIDO

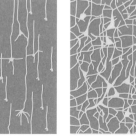

9 MESES

2 AÑOS

¿POR QUÉ EL CEREBRO ESTÁ ARRUGADO?

Al evolucionar la inteligencia humana, la corteza cerebral fue expandiéndose. Pero con una cabeza más grande los bebés no pasarían por el canal de parto. Los pliegues de la corteza permiten más tejido en menos volumen.

Niños y adolescentes

El cerebro de los adolescentes sufre una gran reestructuración. Las conexiones no utilizadas se podan y la mielina recubre las conexiones más importantes, haciéndolas así más eficientes.

Comportamiento adolescente

Los adolescentes tienen fama de impulsivos, rebeldes, egocéntricos y emocionales. Parte de esto se debe a los cambios que tienen lugar en su cerebro. El cerebro cambia y se desarrolla según patrones establecidos, lo que hace que los adolescentes tengan una mezcla de regiones cerebrales maduras e inmaduras. La última área en desarrollarse completamente es la corteza frontal, que regula el cerebro y controla los impulsos. Es la que permite a los adultos ejercer autocontrol sobre sus emociones y deseos, algo con lo que los adolescentes tienen a veces dificultades.

Correr riesgos
Las partes del cerebro adolescente que buscan placer están bien conectadas, pero los mecanismos de control de impulsos están poco desarrollados, lo que puede llevar a correr riesgos.

Corteza frontal

Ciclos de sueño

Durante nuestra adolescencia, necesitamos dormir mucho, pues nuestro cerebro continúa desarrollándose. Pero en esa época, nuestros ritmos circadianos cambian, pues la melatonina, la hormona que se libera de noche y nos da sueño, comienza a liberarse más tarde de lo habitual. Por eso los adolescentes quieran acostarse más tarde que los niños y los adultos y les cuesta levantarse para ir al colegio por la mañana.

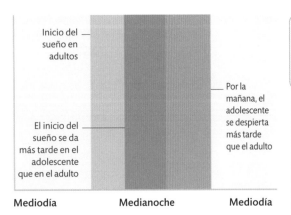

Inicio del sueño en adultos

El inicio del sueño se da más tarde en el adolescente que en el adulto

Por la mañana, el adolescente se despierta más tarde que el adulto

Mediodía   Medianoche   Mediodía

CLAVE
- Periodo de sueño de un adulto
- Periodo de sueño de un adolescente

Falta de sincronización
Despertar temprano a los adolescentes para ir a la escuela les provoca un desfase horario constante. Comenzar una hora más tarde mejora los resultados y reduce los conflictos y los accidentes de tráfico.

PODA SINÁPTICA

La poda sináptica, que ocurre cuando mueren las conexiones neuronales no utilizadas, comienza en la infancia y continúa en la adolescencia. Las áreas corticales se podan de atrás hacia delante. Eso hace que cada zona sea más eficiente, y hasta que no termina, la región es del todo madura.

INMADURA   MADURA

Torpeza
En los periodos de crecimiento rápido, los mapas corporales del cerebro no pueden seguir el ritmo. Cuerpo y cerebro no están sincronizados, lo que provoca torpeza.

Corteza motora

Emociones extremas
El sistema límbico es muy reactivo en los adolescentes, que experimentan respuestas emocionales intensificadas y sienten las cosas más profundamente.

Sistema límbico

Presión de grupo
Los adolescentes se preocupan por cómo los ven sus iguales. Asumen más riesgos con sus compañeros, y quedarse fuera puede resultar insoportable. La presión de grupo ejerce una gran influencia sobre ellos.

Riesgos para la salud mental

Algunas de las áreas del cerebro que sufren los cambios más dramáticos durante la adolescencia se han relacionado con enfermedades mentales. Estos cambios pueden dejar el cerebro vulnerable ante pequeños problemas que pueden derivar en disfunciones. Esto explicaría por qué tantos problemas de salud mental aparecen durante la adolescencia.

EL CEREBRO ALCANZA SU MAYOR TAMAÑO ENTRE LOS 11 Y LOS 14 AÑOS

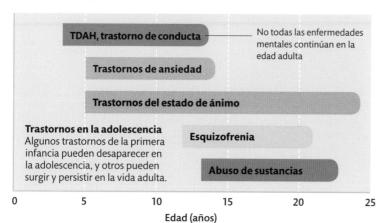

TDAH, trastorno de conducta

No todas las enfermedades mentales continúan en la edad adulta

Trastornos de ansiedad

Trastornos del estado de ánimo

Trastornos en la adolescencia
Algunos trastornos de la primera infancia pueden desaparecer en la adolescencia, y otros pueden surgir y persistir en la vida adulta.

Esquizofrenia

Abuso de sustancias

0   5   10   15   20   25
Edad (años)

¿POR QUÉ LOS ADOLESCENTES SON TÍMIDOS?

Al pensar en sentir vergüenza, hay una región de nuestra corteza prefrontal vinculada a la comprensión de los estados mentales, más activa en el adolescente.

El cerebro adulto

El cerebro humano sigue cambiando y madurando a lo largo de la primera edad adulta, a medida que se eliminan las conexiones no utilizadas. Esto hace que sea más eficiente, pero también menos flexible.

PATERNIDAD

El cerebro y el cuerpo de la nueva madre se inundan de hormonas como la oxitocina, lo que la impulsa a cuidar a su bebé. Mirar a su bebé activa las vías de recompensa del cerebro, y su cuerpo amigdalino se vuelve más activo para estar alerta ante cualquier peligro. El cerebro del hombre también se ve afectado por la paternidad, pero solo si pasa mucho tiempo con su bebé. Si el hombre es el principal cuidador del bebé, su cerebro pasa por cambios similares a los de las mujeres y muy similares al enamoramiento.

SALUD

Vida adulta
Un cerebro maduro y completamente desarrollado está equipado para manejar las demandas y presiones de la vida adulta, desde el trabajo y las finanzas hasta las relaciones y la salud.

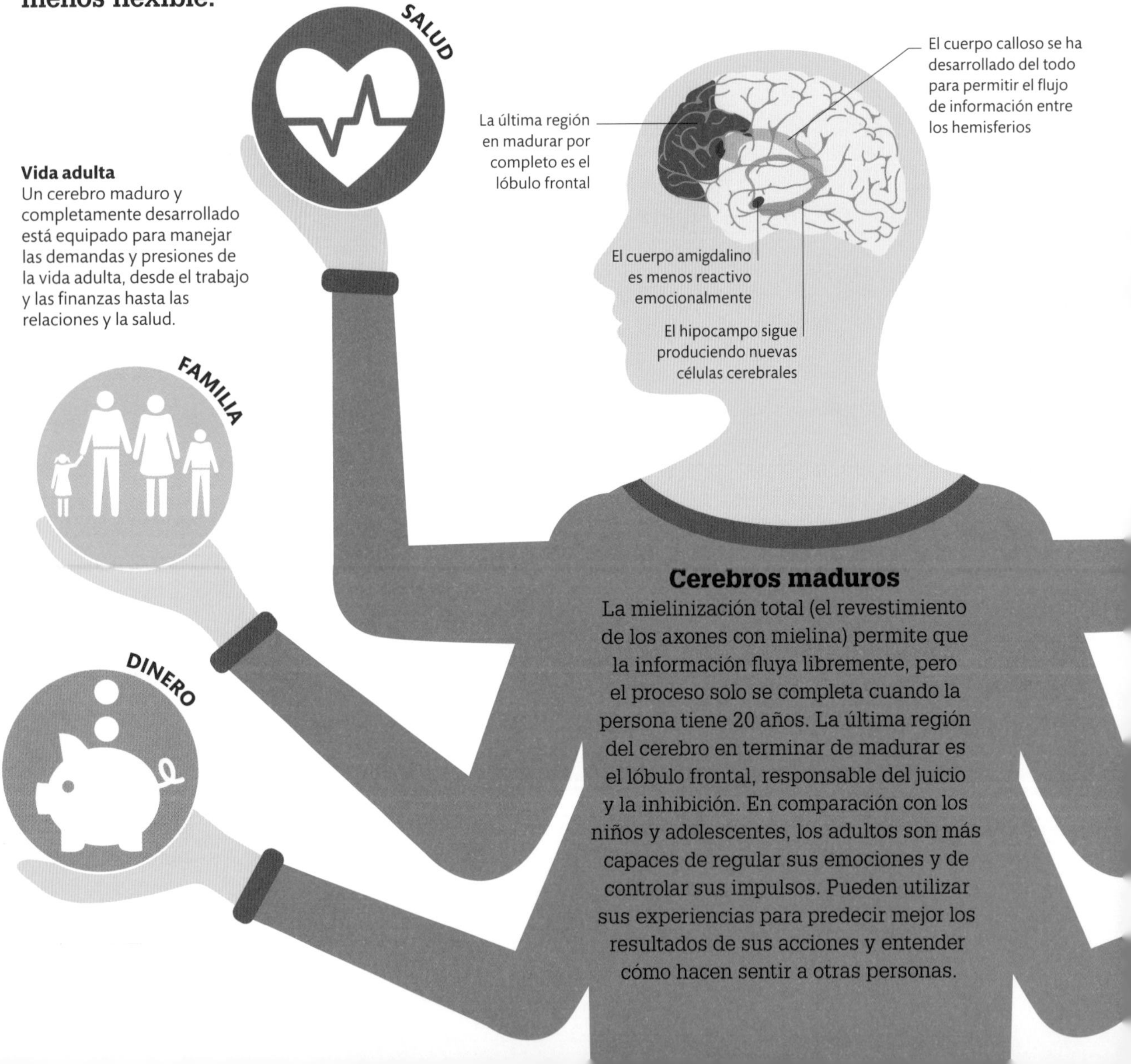

El cuerpo calloso se ha desarrollado del todo para permitir el flujo de información entre los hemisferios

La última región en madurar por completo es el lóbulo frontal

El cuerpo amigdalino es menos reactivo emocionalmente

El hipocampo sigue produciendo nuevas células cerebrales

FAMILIA

DINERO

Cerebros maduros

La mielinización total (el revestimiento de los axones con mielina) permite que la información fluya libremente, pero el proceso solo se completa cuando la persona tiene 20 años. La última región del cerebro en terminar de madurar es el lóbulo frontal, responsable del juicio y la inhibición. En comparación con los niños y adolescentes, los adultos son más capaces de regular sus emociones y de controlar sus impulsos. Pueden utilizar sus experiencias para predecir mejor los resultados de sus acciones y entender cómo hacen sentir a otras personas.

EL VOLUMEN DE **MATERIA BLANCA** EN EL CEREBRO **ALCANZA SU MÁXIMO A LOS 40 AÑOS**

MORAL

FUTURO

TRABAJO

Neurogénesis

La neurogénesis es el desarrollo de nuevas neuronas por parte de células madre neuronales (células que pueden convertirse en otras células). En muchos mamíferos, tiene lugar en el hipocampo y en las áreas olfativas, y continúa durante toda la vida. Se cree que lo mismo ocurre en los humanos, aunque existe evidencia contradictoria. La neurogénesis también desempeña un papel en el aprendizaje y la memoria.

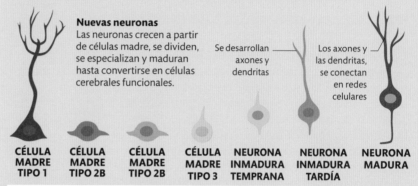

Nuevas neuronas
Las neuronas crecen a partir de células madre, se dividen, se especializan y maduran hasta convertirse en células cerebrales funcionales.

Se desarrollan axones y dendritas

Los axones y las dendritas, se conectan en redes celulares

CÉLULA MADRE TIPO 1

CÉLULA MADRE TIPO 2B

CÉLULA MADRE TIPO 2B

CÉLULA MADRE TIPO 3

NEURONA INMADURA TEMPRANA

NEURONA INMADURA TARDÍA

NEURONA MADURA

Interrumpir los recuerdos

Las nuevas células cerebrales ayudan a almacenar información, por lo que estimular la neurogénesis en el cerebro puede mejorar el aprendizaje en la edad adulta. Pero también tiene un papel en el olvido. La adición de nuevas células cerebrales con nuevas conexiones altera los circuitos de memoria existentes. Hay un nivel óptimo de neurogénesis, que equilibra el aprendizaje y la retención de recuerdos anteriores.

Almacenaje de memoria
Con la creación de nuevas neuronas, los recuerdos del hipocampo pueden degradarse antes de poder almacenarse en la corteza. Esto podría explicar por qué no recordamos nuestra primera infancia.

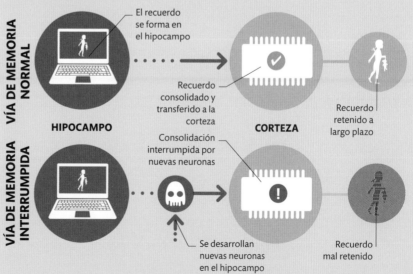

VÍA DE MEMORIA NORMAL

El recuerdo se forma en el hipocampo

HIPOCAMPO

Recuerdo consolidado y transferido a la corteza

CORTEZA

Recuerdo retenido a largo plazo

VÍA DE MEMORIA INTERRUMPIDA

Consolidación interrumpida por nuevas neuronas

Se desarrollan nuevas neuronas en el hipocampo

Recuerdo mal retenido

El cerebro envejece

Con la edad, las neuronas se degeneran y algunas capacidades disminuyen. Disminuye el volumen del cerebro y los impulsos nerviosos viajan más despacio.

El cerebro disminuye de tamaño

Al envejecer se produce una reducción natural de las neuronas a medida que se degeneran, y el volumen del cerebro se reduce un 5-10 por ciento. Esto se debe en parte a la disminución del flujo sanguíneo. La mielina que aísla los axones de las neuronas se descompone con la edad, lo que hace que los circuitos cerebrales sean menos eficientes y puede provocar problemas de memoria y dificultades para mantener el equilibrio.

CLAVE

● Materia gris
● Ganglios basales
● Materia blanca
● Ventrículos

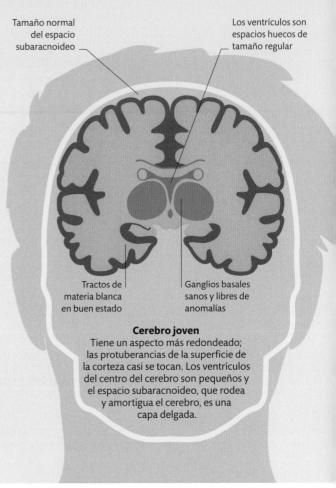

Tamaño normal del espacio subaracnoideo

Los ventrículos son espacios huecos de tamaño regular

Tractos de materia blanca en buen estado

Ganglios basales sanos y libres de anomalías

Cerebro joven
Tiene un aspecto más redondeado; las protuberancias de la superficie de la corteza casi se tocan. Los ventrículos del centro del cerebro son pequeños y el espacio subaracnoideo, que rodea y amortigua el cerebro, es una capa delgada.

Envejecimiento y felicidad

El envejecimiento puede parecer algo malo, pero los estudios demuestran que al envejecer, los sentimientos de felicidad y bienestar aumentan, y el nivel de estrés y preocupación disminuye. El cerebro de los mayores parece centrarse en lo positivo. Es más probable que recuerden imágenes felices que tristes y pasan más tiempo mirando caras felices que enojadas o molestas.

Altibajos
Un estudio encontró que las personas más jóvenes y mayores reportaban niveles más altos de bienestar que las de mediana edad. Los niveles de felicidad aumentaban constantemente a partir de los 50 años.

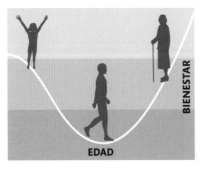

BIENESTAR

EDAD

ENFERMEDAD DE ALZHEIMER

El alzhéimer, la demencia más común (ver p. 200), se relaciona con la acumulación de proteínas en el cerebro, que se agrupan en placas y ovillos. Con el tiempo, las células cerebrales afectadas mueren, provocando pérdida de memoria y otros síntomas. Los científicos aún no saben si las proteínas causan el alzhéimer o si son un síntoma, y los medicamentos para descomponerlas no han ayudado a los pacientes.

Ventrículos agrandados

Severo encogimiento de la corteza

CEREBRO SANO   **CEREBRO CON ALZHÉIMER**

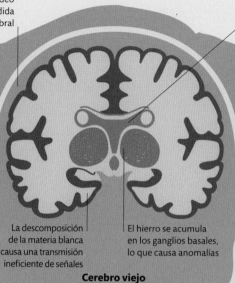

El espacio subaracnoideo se agranda por la pérdida de volumen cerebral

La pérdida de materia gris y blanca aumenta el tamaño de los ventrículos

La descomposición de la materia blanca causa una transmisión ineficiente de señales

El hierro se acumula en los ganglios basales, lo que causa anomalías

Cerebro viejo
Las células cerebrales mueren y las del cerebro se agrandan. La corteza se adelgaza y áreas como el hipocampo se encogen, lo que suele dar problemas de memoria. Se pierde materia gris (cuerpos neuronales) y blanca (axones apretados).

¿SE CURA EL ALZHÉIMER?

Los medicamentos pueden ralentizar la progresión de la enfermedad y controlar algunos de los síntomas, pero aún no hay una cura para el alzhéimer.

EN **ALGUNAS PERSONAS** EL CEREBRO CONSERVA UN **ASPECTO JOVEN TODA LA VIDA**

¿Un lento declive?

Al envejecer, la atención se resiente y el cerebro es menos plástico. Esto hace más difícil el aprendizaje, aunque no imposible. Aprender cosas nuevas mejora la salud del cerebro y retrasa el deterioro, pues fortalece las sinapsis neuronales. Con la edad se obtienen algunos beneficios: a los adultos mayores se les da mejor ver la perspectiva de una situación y usar su experiencia para resolver problemas.

Habilidades y capacidades
El Estudio Longitudinal de Seattle siguió a adultos durante 50 años. Descubrió que habilidades como el vocabulario y el conocimiento general siguen mejorando durante la mayor parte de nuestras vidas.

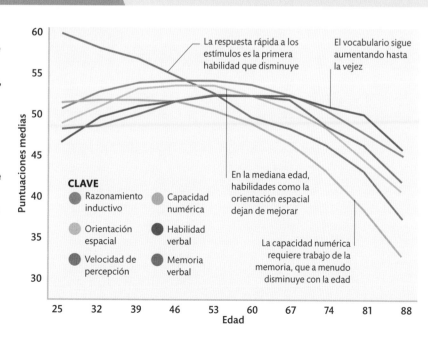

La respuesta rápida a los estímulos es la primera habilidad que disminuye

El vocabulario sigue aumentando hasta la vejez

En la mediana edad, habilidades como la orientación espacial dejan de mejorar

La capacidad numérica requiere trabajo de la memoria, que a menudo disminuye con la edad

Puntuaciones medias

CLAVE
- Razonamiento inductivo
- Orientación espacial
- Velocidad de percepción
- Capacidad numérica
- Habilidad verbal
- Memoria verbal

Edad

Al envejecer, la mayoría notamos una ligera reducción en la velocidad de pensamiento, así como en nuestra memoria funcional (ver p. 135). Algunas personas experimentan un deterioro severo, o incluso demencia (ver p. 200), pero esto no ocurre siempre. De hecho, algunas capacidades cognitivas, como nuestra comprensión general de la vida, pueden incluso mejorar con el paso de los años.

Heredamos de nuestros padres nuestro nivel básico de función cognitiva, pero este modelo genético también se ve afectado por nuestro entorno y nuestras experiencias, como la nutrición, la salud, la educación, los niveles de estrés y las relaciones. La actividad física, y las interacciones social e intelectualmente estimulantes también tienen un papel importante.

Prevenir el deterioro

Podemos adoptar medidas para salvaguardar la salud de nuestro cerebro. Una dieta rica en verduras, frutas, grasas «buenas» y nutrientes (ver pp. 54-55) mantiene sanos tanto el cerebro como el cuerpo, al igual que la actividad física moderada pero regular. Trotar u otro ejercicio aeróbico puede ayudar a retrasar la disminución relacionada con la edad tanto en la memoria como en la velocidad del pensamiento.

También puedes proteger la salud del cerebro evitando toxinas como el alcohol y el tabaco. Fumar se ha relacionado con daños en la corteza cerebral. Si bebes alcohol, no salgas de los límites de consumo saludable y pasa al menos dos días por semana sin alcohol.

Mantén tu mente estimulada. Cualquier desafío intelectual que implique el aprendizaje (desde ocuparte de algunas reparaciones en el hogar hasta cocinar o hacer crucigramas) es un buen ejercicio de las habilidades cognitivas. También puedes plantearte aprender un nuevo idioma, ya que las personas que hablan dos o más idiomas tienen una capacidad cognitiva más fuerte que quienes hablan solo uno.

En resumen, puedes retrasar el proceso de envejecimiento cognitivo con estas medidas:
- **Mantener el cerebro bien abastecido de oxígeno y nutrientes.**
- **Evitar la exposición a toxinas como el alcohol y la nicotina.**
- **Ejercitar el cuerpo incorporando el ejercicio a la vida diaria.**
- **Ejercitar la mente mediante el aprendizaje de nuevas habilidades.**

Cómo frenar los efectos de la edad

A medida que envejecemos, nuestro pensamiento y nuestra memoria a corto plazo pueden volverse menos eficientes. Sin embargo, seguimos aprendiendo hasta que morimos, y podemos tomar medidas activas para mantener nuestro cerebro funcionando bien a cualquier edad.

Alimentar el cerebro

El cerebro, como cualquier otro órgano, necesita un suministro constante de agua y nutrientes para mantenerse sano y tener energía para un funcionamiento eficiente.

Una dieta sana

Una dieta saludable beneficia tanto a la mente como al cuerpo. Con los carbohidratos complejos se tiene un flujo constante de combustible. Se encuentran en el pan integral, el arroz integral, las legumbres, las patatas y los boniatos. Las grasas saludables son esenciales para las células cerebrales, y se encuentran en el pescado azul, los aceites vegetales y alimentos vegetales como los aguacates y las semillas de lino. Las proteínas aportan aminoácidos. Las frutas y verduras aportan agua, vitaminas y fibra.

HIDRATACIÓN

Las células cerebrales necesitan una buena hidratación. Los estudios demuestran que la deshidratación afecta a nuestra capacidad de concentración y para realizar tareas mentales y a nuestra memoria. Parte de nuestra ingesta de agua proviene de los alimentos que consumimos, pero es útil beber varios vasos de agua al día para mantener un nivel saludable de hidratación.

Fuentes de nutrientes

Las frutas y verduras frescas, las alubias y las lentejas, los cereales integrales, las grasas saludables, como el aceite de oliva, y el pescado azul, como el salmón, aportan nutrientes vitales para el cerebro.

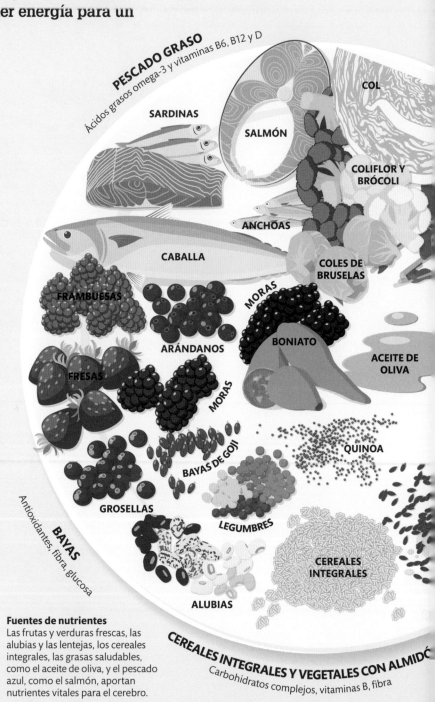

PESCADO GRASO
Ácidos grasos omega-3 y vitaminas B6, B12 y D

SARDINAS

SALMÓN

COL

COLIFLOR Y BRÓCOLI

ANCHOAS

CABALLA

COLES DE BRUSELAS

FRAMBUESAS

MORAS

ARÁNDANOS

BONIATO

ACEITE DE OLIVA

FRESAS

MORAS

BAYAS DE GOJI

QUINOA

GROSELLAS

LEGUMBRES

BAYAS
Antioxidantes, fibra, glucosa

CEREALES INTEGRALES

ALUBIAS

CEREALES INTEGRALES Y VEGETALES CON ALMIDÓ
Carbohidratos complejos, vitaminas B, fibra

EL **CEREBRO ES GRASA EN UN 60 POR CIENTO** Y NECESITA UN **APORTE DE ENERGÍA**

HORTALIZAS CRUCÍFERAS Y VERDURA DE HOJA OSCURA
Antioxidantes, fibra, nutrientes

KALE

ESPINACAS

ACELGAS

ACEITUNAS

ACEITE VEGETAL

ACEITE DE LINAZA

ACEITE DE OLIVA Y OTROS ACEITES VEGETALES
Omega-3 y omega-6, ácidos grasos monoinsaturados

Nutrientes esenciales

Se ha descubierto que ciertos nutrientes de los alimentos mejoran o mantienen determinadas funciones cerebrales. Entre estas sustancias están algunas vitaminas y minerales, los ácidos grasos omega-3 y omega-6, los antioxidantes y el agua. Estos nutrientes esenciales ayudan a mantener saludables las células cerebrales, permiten que las células transmitan señales de manera rápida y efectiva, reducen el daño causado por la inflamación y los radicales libres (átomos que pueden dañar las células, las proteínas y el ADN) y ayudan a las células a formar nuevas conexiones. También pueden promover la producción y actividad de neurotransmisores. Como resultado, comer regularmente alimentos que contengan estos nutrientes puede beneficiar la memoria, las funciones cognitivas, la concentración y el estado de ánimo.

NUTRIENTE	BENEFICIOS	FUENTE
Ácidos grasos omega-3 y omega-6	Favorecen el flujo sanguíneo; favorecen la memoria y reducen el riesgo de depresión, trastornos del estado de ánimo, derrames cerebrales y demencia	Pescado azul (salmón, sardinas, arenque, caballa) Aceite de linaza, aceite de colza Nueces, piñones, nueces de Brasil
Vitaminas B	Las vitaminas B6, B12 y el ácido fólico apoyan la función del sistema nervioso; la colina ayuda a la producción de neurotransmisores.	Huevos Cereales integrales como avena, arroz integral, pan integral Hortalizas crucíferas (repollo, brócoli, coliflor, kale) Alubias, semillas de soja
Aminoácidos	Favorecen la producción de neurotransmisores y ayudan a la memoria y la concentración	Carne orgánica Gallinas en libertad Pescado Huevos Productos lácteos Nueces y semillas
Grasas monoinsaturadas	Ayudan a mantener sanos los vasos sanguíneos y favorecen funciones como la memoria	Aceite de oliva Cacahuetes, almendras, anacardos, avellanas, nueces pacanas, pistachos Aguacates
Antioxidantes	Protegen las células cerebrales del daño inflamatorio debido a la presencia de radicales libres; mejoran las funciones cognitivas y la memoria en personas mayores	Chocolate negro (al menos un 70 por ciento de cacao) Bayas Granadas y su jugo Café molido Té (especialmente té verde) Hortalizas crucíferas Verduras de hoja verde oscuro Semillas de soja y derivados Nueces y semillas Mantequillas de nueces, como crema de cacahuete y tahini
Agua	Hidrata el cerebro para permitir reacciones químicas eficientes	Agua del grifo (mejor si es «dura») Frutas y verduras

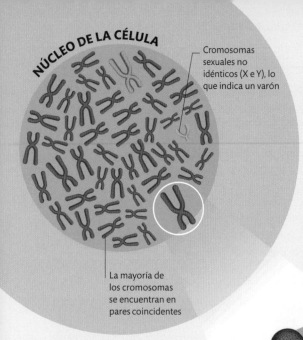

NÚCLEO DE LA CÉLULA

Cromosomas sexuales no idénticos (X e Y), lo que indica un varón

La mayoría de los cromosomas se encuentran en pares coincidentes

Cromosomas

Tenemos alrededor de 20000 genes, que se agrupan en cromosomas. Cada núcleo celular tiene 22 pares de cromosomas coincidentes (conocidos como autosomas), más un par de cromosomas sexuales (cromosomas XX idénticos en las mujeres, o un par no idéntico, XY, en los hombres).

¿ESTÁN SIEMPRE ACTIVOS LOS GENES?

Cada célula portadora de ADN tiene un conjunto completo de genes, pero muchos genes solo están activos en una parte del cuerpo, como el cerebro, o en una etapa de la vida, como la infancia.

¿Qué es un gen?

Los genes son secciones de una larga molécula de ácido desoxirribonucleico (ADN), que contiene el código que gobierna cómo se desarrollan y funcionan nuestros cuerpos. Heredamos una mezcla de genes de nuestros padres. Estos genes producen proteínas que dan forma a rasgos físicos, como el color de ojos, o regulan procesos como las reacciones químicas de nuestro cuerpo. Los genes activan o desactivan estas características o las hacen más o menos intensas.

ADN y genes

Una molécula de ADN es una cadena larga y retorcida compuesta de pares de sustancias químicas llamadas bases (las «letras» del código genético) con una cadena principal de azúcar y fosfato en cada borde. Cuando las células se dividen, la mitad del ADN entra en cada nueva célula. Además, heredamos un cromosoma de cada par de nuestra madre y otro de nuestro padre, por lo que cada progenitor aporta la mitad de nuestros genes.

Las bases de un lado de la cadena se combinan con una base complementaria del otro lado

La hélice del ADN está muy enrollada

Genética y cerebro

Los genes gobiernan la forma en que nuestros cuerpos, incluido el cerebro, se desarrollan y funcionan. Trabajan junto con nuestro entorno para moldearnos a lo largo de nuestra vida, desde la concepción hasta la vejez.

El borde exterior de cada cadena está formado por moléculas de azúcar y fosfato

Hay cuatro bases (adenina, timina, guanina y citosina) dispuestas en una secuencia particular que codifica nuestra información genética.

La adenina (roja) siempre se une a la timina (amarilla)

MUTACIÓN

Cuando las células se dividen, el ADN, que se compone de dos espirales, se divide en hebras simples y cada base se combina con una nueva base complementaria y forma dos nuevas copias del ADN. Sin embargo, a veces la copia introduce cambios en la secuencia. Estos cambios pueden hacer que un gen produzca una proteína alterada o que deje de funcionar por completo. Las mutaciones pueden surgir durante la vida o heredarse de los padres.

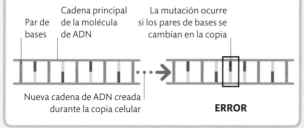

Par de bases

Cadena principal de la molécula de ADN

La mutación ocurre si los pares de bases se cambian en la copia

Nueva cadena de ADN creada durante la copia celular

ERROR

AL MENOS UN TERCIO DE NUESTROS **GENES** ESTÁN ACTIVOS, SOBRE TODO **EN EL CEREBRO**

Cómo afectan los genes defectuosos

Los genes no controlan el comportamiento, pero sí gobiernan el número y las características de las células nerviosas, cuyas acciones se combinan para producir nuestras funciones mentales. Así, algunos genes influyen en los niveles de neurotransmisores (ver p. 24), que a su vez regulan funciones como la memoria, el estado de ánimo, el comportamiento y las capacidades cognitivas. Un gen defectuoso puede no producir una proteína necesaria para el buen funcionamiento del cerebro, o aumentar el riesgo de un trastorno como la enfermedad de Alzheimer.

Autosómico dominante

En un trastorno autosómico dominante, como la enfermedad de Huntington, basta con que uno de los padres transmita el gen defectuoso para que cause la enfermedad.

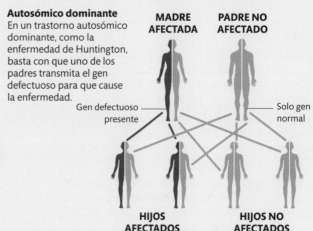

MADRE AFECTADA

PADRE NO AFECTADO

Gen defectuoso presente

Solo gen normal

HIJOS AFECTADOS

HIJOS NO AFECTADOS

Autosómico recesivo

En un trastorno autosómico recesivo, como la enfermedad de Tay-Sachs, este solo tiene lugar si ambos padres transmiten una copia defectuosa del gen. Los portadores no padecen la enfermedad, pero pueden transmitir el gen defectuoso.

La guanina (azul) siempre se une a la citosina (verde)

MADRE PORTADORA

PADRE PORTADOR

El padre tiene un gen defectuoso y otro sano

El hijo afectado tiene dos copias del gen defectuoso

Los hijos portadores tienen un gen defectuoso y otro sano

Hijo no afectado

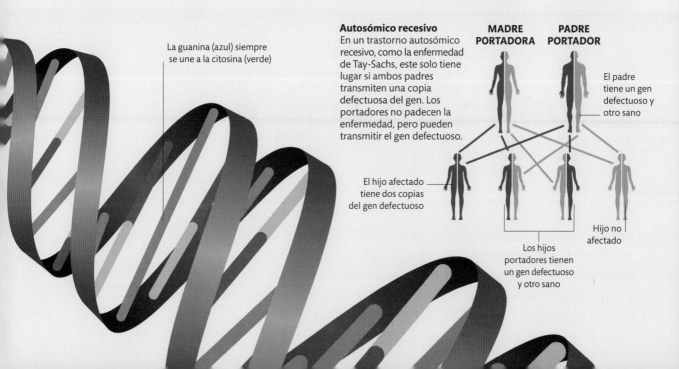

¿CUÁNDO SE FIJA EL SEXO DE UN FETO?

El sexo cromosómico se determina en el momento de la fertilización. La diferenciación sexual física ocurre entre 7 y 12 semanas después de la fertilización.

MAYOR EN EL CEREBRO MASCULINO

Tálamo
Esta área, la «estación de relevo» entre la corteza y las estructuras cerebrales más profundas, es más grande en los hombres que en las mujeres. Es más probable que los dos lados del tálamo estén conectados en las mujeres, pero se desconoce qué puede implicar esto.

MAYOR EN EL CEREBRO FEMENINO

Cuerpo calloso
El cuerpo calloso, que une los dos hemisferios del cerebro, es más grande en las mujeres. Esto se ha asociado con mayores habilidades cognitivas, posiblemente porque las funciones cerebrales se comparten entre hemisferios, aunque no en los hombres.

MAYOR EN EL CEREBRO MASCULINO

Hipocampo
En los hombres es más grande el hipocampo anterior (frontal), que gobierna la adquisición y codificación de nueva información espacio-visual, y en las mujeres es más grande el hipocampo posterior, que gobierna la recuperación del conocimiento espacio-visual existente.

Diferencias físicas

Las diferencias entre hombres y mujeres comienzan con los cromosomas sexuales en el momento de la concepción: XX para las mujeres y XY para los hombres. En el útero, la liberación de testosterona en la gestación «masculiniza» al feto masculino y hace aparecer diferencias sexuales estructurales en el cerebro y en el cuerpo. Al crecer y desarrollarnos, estas diferencias surgirán en distintas estructuras cerebrales (ver a la derecha). Las diferencias cognitivas y de capacidades entre sexos están presentes desde la infancia. El cerebro del hombre adulto es un 8-13 por ciento más grande, en promedio, que el de la mujer, y también tiende a variar más, en volumen y grosor cortical.

Cerebro masculino y femenino

Se ha descubierto que los cerebros masculinos y femeninos presentan diferencias físicas. Sin embargo, no está claro cómo afectan a nuestras actitudes, actividades y respuestas a nuestro entorno. Las diferencias pueden surgir tanto de la manera en que se usa el cerebro en la vida como de su forma física.

EL **EMBRIÓN HUMANO** COMIENZA CON **UN CEREBRO FEMENINO**. SE REQUIEREN **MÁS HORMONAS** PARA CREAR EL DE UN **VARÓN**

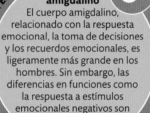

MAYOR EN EL CEREBRO MASCULINO

Hipotálamo
Ciertas áreas del hipotálamo que gobiernan el comportamiento sexual típico masculino y las respuestas al estrés son mayores en los hombres heterosexuales que en las mujeres o en los hombres homosexuales.

MAYOR EN EL CEREBRO MASCULINO

Cuerpo amigdalino
El cuerpo amigdalino, relacionado con la respuesta emocional, la toma de decisiones y los recuerdos emocionales, es ligeramente más grande en los hombres. Sin embargo, las diferencias en funciones como la respuesta a estímulos emocionales negativos son más significativas.

Estructuras del cerebro
Hay varias áreas en las que se ha identificado diferencias físicas cuantificables entre los cerebros adultos masculinos y femeninos. Las principales regiones se muestran aquí. El modo en que estas diferencias puedan afectar la cognición y la psicología es un tema de la investigación científica actual.

CEREBROS NO BINARIOS

Se ha descubierto que las personas homosexuales y transgénero tienen ciertas estructuras cerebrales distintivas. Por ejemplo, algunas partes del hipotálamo (ver arriba) difieren entre los hombres homosexuales y los heterosexuales, y el putamen (relacionado con el aprendizaje y la regulación del movimiento) tiene más materia gris en mujeres trans que en hombres cisgénero.

SÍMBOLO NO BINARIO

Diferencias funcionales

Los cerebros masculinos y femeninos difieren en función y en estructura. Los cerebros masculinos parecen estar más «lateralizados» (con mayor diferencia de función entre los hemisferios izquierdo y derecho). Los hombres también varían más que las mujeres en su capacidad cognitiva. Estas variaciones se deben en parte a la estructura del «conectoma», la red de conexiones neuronales entre las partes del cerebro (ver más abajo). También resultan de la acción de hormonas y de influencias externas a lo largo de la vida. En particular, el entorno social y las experiencias moldean continuamente las vías neuronales, ayudando a realizar tareas típicamente masculinas o femeninas.

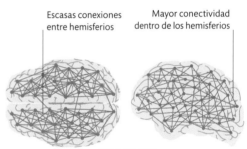

Escasas conexiones entre hemisferios

Mayor conectividad dentro de los hemisferios

MASCULINO

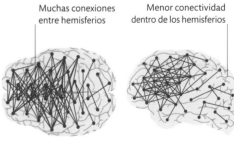

Muchas conexiones entre hemisferios

Menor conectividad dentro de los hemisferios

FEMENINO

El conectoma
Un estudio, en el que se tomaron imágenes de más de 900 cerebros, observó que los cerebros masculinos tienen mayor conectividad dentro de los hemisferios y que los femeninos tienen conexiones más densas entre los hemisferios. Los hombres eran mejores en el procesamiento espacial, y las mujeres, en atención y memoria de palabras y rostros.

CEREBROS MUSICALES

Tocar música activa múltiples partes del cerebro. Los estudios que han comparado el cerebro de músicos profesionales y de músicos aficionados muestran que los profesionales tienen un mayor volumen de materia gris en áreas del cerebro relacionadas con el razonamiento motor, auditivo y visoespacial. El estudio señala que el cerebro desarrolla ciertas adaptaciones estructurales en respuesta al entorno (como tocar durante horas una misma composición en un instrumento).

EL **HIPOCAMPO** DE UN **CEREBRO ADULTO** CREA UNAS **700 NUEVAS NEURONAS** CADA DÍA

Genes contra entorno

Las personas nacen con una «plantilla» de ADN heredada de sus padres (ver pp. 56 y 57): este es el elemento «naturaleza» que influye en las actividades del cerebro, como la capacidad cognitiva y el comportamiento. Sin embargo, a lo largo de la vida de una persona, sus redes de neuronas (ver pp. 26-27) pueden adaptarse y cambiar en respuesta a experiencias físicas y sociales («educación»). Las influencias ambientales, si son fuertes y sostenidas, pueden alterar las estructuras cerebrales y también influir en la forma en que funcionan los genes, un proceso conocido como cambio epigenético (ver al lado).

Naturaleza y educación

Las dos influencias fundamentales sobre el cerebro, la «naturaleza» y la «educación», se consideran a veces fuerzas opuestas, pero existe una interacción dinámica entre ambas que se prolonga a lo largo de la vida.

NATURALEZA

CROMOSOMAS

De nuestros padres heredamos los cromosomas con nuestro ADN (ver pp. 56-57). Son estos los que, en la fertilización, marcan el sexo cromosómico de un embrión (XX para mujer y XY para hombre). Las anomalías cromosómicas también pueden causar enfermedades o problemas de desarrollo.

ADN

Algunos rasgos psicológicos, como la tendencia a desarrollar depresión, se han relacionado con genes concretos, pero normalmente implican docenas o incluso cientos de genes que actúan juntos. Cuantos más genes herede una persona, más probabilidades tendrá de desarrollar ese rasgo.

¿CUÁNDO TIENEN LUGAR LOS CAMBIOS EPIGENÉTICOS?

Los cambios epigenéticos son inducidos por factores ambientales en cualquier momento de la vida, desde el desarrollo en el útero hasta la vejez.

 UCACIÓN

ENTORNO FÍSICO

Los estudios en niños muestran que crecer en la pobreza o con privaciones puede afectar al desarrollo de áreas relacionadas con la memoria, el procesamiento del lenguaje, la toma de decisiones y el autocontrol. Sin embargo, un hogar seguro y feliz, con cosas interesantes que hacer, puede reducir el daño.

NIVELES DE ESTRÉS

El estrés emocional crónico en los niños afecta al desarrollo del cuerpo amigdalino, el hipocampo y los lóbulos frontales, provocando problemas de memoria, respuesta emocional y aprendizaje, y restringe el crecimiento de redes de neuronas. Sin embargo, el estrés «positivo» moderado (divertido) puede ayudar al aprendizaje.

DIETA

Una dieta saludable (ver pp. 54-55) rica en ácidos grasos omega-3, vitaminas B y antioxidantes mantiene sanos los vasos sanguíneos y mejora el flujo sanguíneo al cerebro. Estos nutrientes también se han relacionado con la memoria y el mantenimiento de las funciones cognitivas en las personas mayores.

RELACIONES SOCIALES

La soledad altera la producción de neurotransmisores, por lo que las personas perciben menos recompensa del contacto social y son más propensas a malinterpretar las actitudes de los demás como amenazantes. Mantener vínculos sociales estrechos favorece la memoria y las habilidades cognitivas.

Cambios epigenéticos

Se llama cambios epigenéticos a los cambios en la forma en que se usan (o se expresan) los genes durante la vida de una persona. Afectan a la función genética, más que a su estructura, y pueden transmitirse a los hijos, aunque solo perviven unas generaciones. En el cerebro, influyen en funciones como el aprendizaje, la memoria, la búsqueda de recompensas y la respuesta al estrés. Hay dos formas principales: metilación, en la que un compuesto se une al ADN, y modificación de histonas, que altera la fuerza con la que está enrollado el ADN.

Compuesto de metilo unido a base del ADN

Metilación del ADN
En este proceso, una molécula de un compuesto de metilo se une a una de las bases de la secuencia de ADN de un gen. El efecto es detener o restringir la actividad de ese gen.

Los pares de bases en la mayor parte de la secuencia no cambian

ESTUDIAR A LOS GEMELOS

Los estudios de gemelos revelan en qué medida un rasgo específico, como el cociente intelectual (CI), se debe a la herencia y cuánto al entorno. La mayoría de los gemelos crecen en el mismo hogar, pero los gemelos idénticos comparten el 100 por ciento de sus genes, mientras que los gemelos no idénticos (fraternos) comparten solo el 50 por ciento. Si un rasgo es más evidente en gemelos idénticos que en mellizos, o aparece en gemelos idénticos que fueron separados al nacer, sugiere que la genética tiene una influencia más fuerte que el entorno.

PADRES BIOLÓGICOS   **PADRES ADOPTIVOS**

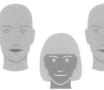

GEMELO NO ADOPTADO   **GEMELO ADOPTADO**

FUNCIONES
Y SENTIDOS

Sentir el mundo

Para sobrevivir debemos ser capaces de reaccionar e interactuar con estímulos producidos por fenómenos físicos, químicos y biológicos: imágenes, sonidos, olores, sabores y percepciones táctiles. Los sensores del cuerpo captan estas señales y las envían al cerebro.

Los sentidos

Cada sentido tiene su propio conjunto de detectores. La mayoría se localizan en una zona concreta del cuerpo, excepto el tacto, que se extiende por toda la piel, y en el interior del cuerpo. Aunque las neuronas y los receptores de cada sentido están dedicados en gran medida solo a ese sentido, a veces pueden solaparse. La información sensorial llega continuamente al cerebro, pero solo una parte de ella alcanza la conciencia. Aun así, la información «desapercibida» puede guiar también nuestras acciones, particularmente en el caso de nuestro sexto sentido, la propiocepción, que transmite información sobre la posición del cuerpo en el espacio.

EL **SENTIDO** DEL **OLFATO MEJORA** CUANDO **TENEMOS HAMBRE**

Tacto
Se cree que el tacto es el primer sentido que se desarrolla en el útero. Las neuronas del tacto responden a la presión, la temperatura, la vibración, el dolor y la presión ligera. El tacto es la forma en que los humanos hacen contacto físico con su entorno y entre sí.

Oído
Las ondas sonoras del aire son recogidas por el oído y se transmiten al interior del cráneo, donde la cóclea las convierte en impulsos eléctricos. El oído es el sentido más desarrollado al nacer, pero solo se completa al final del primer año.

CORTEZA VISUAL

Vista
La vista se basa en sensores en la parte posterior del ojo que convierten la luz en señales eléctricas. Estas se envían a la parte posterior del cerebro, donde se convierten en colores, movimiento y detalles. Percibimos los objetos en tan solo medio segundo.

SINESTESIA

La sinestesia es una condición en la que un estímulo es interpretado por dos o más sentidos al mismo tiempo. En su forma más común, una persona ve un número o una palabra como un color. Cada sinestésico tiene sus propias asociaciones de colores. Casi cualquier combinación de sentidos puede verse afectada, pero las combinaciones de tres o más sentidos son raras.

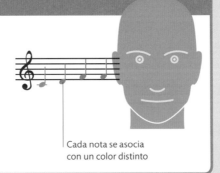

Cada nota se asocia con un color distinto

CORTEZA
MOTORA

CORTEZA
SOMATOSENSORIAL

CORTEZA GUSTATIVA
PRIMARIA

CORTEZA
AUDITIVA

CORTEZA GUSTATIVA
SECUNDARIA

CORTEZA
OLFATIVA

Propiocepción
El cerebro procesa constantemente la información de los músculos y articulaciones, que le indican dónde está el cuerpo en el espacio. La propiocepción nos mantiene erguidos y nos permite hacer movimientos sin esfuerzo consciente, como subir escaleras.

Gusto
El gusto es básico para saber qué cosas podemos comer y son nutritivas. Los receptores gustativos captan solo cinco sabores básicos: dulce, salado, amargo, ácido y umami. Necesitamos el sentido del olfato para ayudarnos a identificar un sabor.

Olfato
Solo con 400 receptores olfativos, podemos detectar un billón de olores distintos. El olfato es importante para la supervivencia, pues nos advierte de sustancias o acontecimientos peligrosos, como algo que se quema. Tiene un papel clave en la percepción del sabor.

Áreas de los sentidos en la corteza
La información de los receptores sensoriales se asigna a diferentes áreas de la corteza cerebral. Aunque estas áreas están separadas, a menudo reaccionan a estímulos de otro sentido. Por ejemplo, las neuronas visuales responden mejor con escasa luz si van acompañadas de sonido.

¿CUÁNTOS SENTIDOS EXISTEN?

Incluyendo los seis sentidos descritos aquí, los científicos creen que puede haber hasta 20 sentidos, en función de la cantidad de distintos tipos de receptores que tiene el cuerpo.

Visión

El ojo es la fuente del que es probablemente el más importante de nuestros cinco sentidos. Capta la luz reflejada por un objeto y envía esta información al cerebro a través del nervio óptico.

La estructura del ojo

El globo ocular mide unos 2,5 cm de diámetro. En su parte posterior está la retina, que contiene células sensibles a la luz conectadas con neuronas al nervio óptico. El globo ocular está lleno de una sustancia gelatinosa. La parte frontal del ojo contiene un agujero (la pupila), que tiene detrás una lente transparente. Alrededor de la pupila hay un círculo de músculo coloreado, el iris, que controla la cantidad de luz que entra en el ojo. Está cubierto por la córnea, una membrana transparente que se fusiona con una membrana exterior blanca llamada esclerótica.

¿POR QUÉ CERRAMOS LOS OJOS AL ESTORNUDAR?

Si un irritante nasal activa el centro de control del tronco encefálico, causa contracciones musculares generalizadas, también de los párpados. Esto es lo que nos hace parpadear.

El globo ocular está recubierto por la esclerótica

Los rayos cruzados producen una imagen invertida en la retina

Los rayos de luz comienzan a refractarse (doblarse) al pasar del aire a la córnea

El cristalino es como una bolsa de gelatina que cambia de forma para ayudar a enfocar

LUZ

RETINA

CÓRNEA

IRIS

PUPILA

CRISTALINO

El iris es un anillo de músculo

Ver objetos
El ojo es capaz de proporcionar al cerebro una enorme cantidad de detalles. Sin embargo, la imagen que recibe el cerebro está invertida, y hay que darle la vuelta para que podamos entenderla.

La córnea es una capa transparente que cubre la parte frontal del ojo

ESCLERÓTICA

COROIDES

La coroides es una capa rica en sangre que rodea la retina

1 La luz entra en el ojo
La luz atraviesa la córnea y llega al ojo por la pupila. La pupila está rodeada por un anillo de músculo coloreado, el iris, que contrae o dilata la pupila para variar la cantidad de luz que entra.

2 El cristalino y el enfoque
Detrás del iris está el cristalino, donde los rayos de luz se desvían para formar la imagen en la retina. Está conectado a músculos que le permiten cambiar de forma: se aplana para ver objetos distantes y se hace más grueso para ver objetos cercanos.

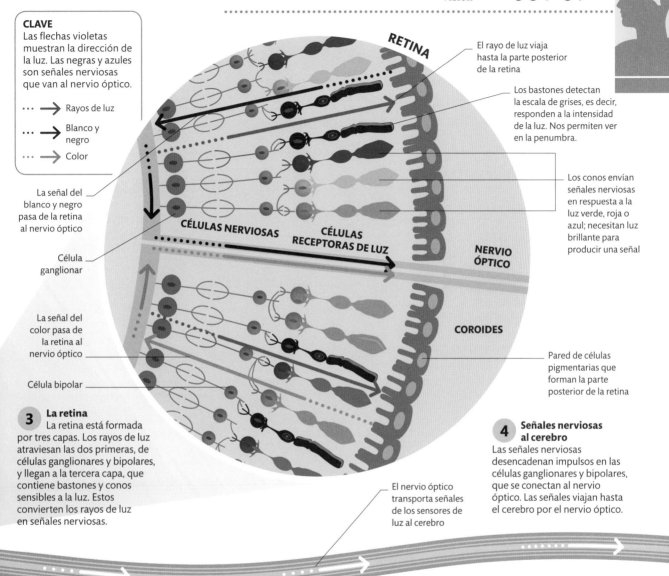

CLAVE
Las flechas violetas
muestran la dirección de
la luz. Las negras y azules
son señales nerviosas
que van al nervio óptico.

⋯⟶ Rayos de luz

⋯⟶ Blanco y negro

⋯⟶ Color

RETINA

El rayo de luz viaja
hasta la parte posterior
de la retina

Los bastones detectan
la escala de grises, es decir,
responden a la intensidad
de la luz. Nos permiten ver
en la penumbra.

La señal del
blanco y negro
pasa de la retina
al nervio óptico

Los conos envían
señales nerviosas
en respuesta a la
luz verde, roja o
azul; necesitan luz
brillante para
producir una señal

Célula
ganglionar

CÉLULAS NERVIOSAS

CÉLULAS RECEPTORAS DE LUZ

NERVIO ÓPTICO

La señal del
color pasa de
la retina al
nervio óptico

COROIDES

Célula bipolar

Pared de células
pigmentarias que
forman la parte
posterior de la retina

3 La retina
La retina está formada
por tres capas. Los rayos de luz
atraviesan las dos primeras, de
células ganglionares y bipolares,
y llegan a la tercera capa, que
contiene bastones y conos
sensibles a la luz. Estos
convierten los rayos de luz
en señales nerviosas.

El nervio óptico
transporta señales
de los sensores de
luz al cerebro

**4 Señales nerviosas
al cerebro**
Las señales nerviosas
desencadenan impulsos en las
células ganglionares y bipolares,
que se conectan al nervio
óptico. Las señales viajan hasta
el cerebro por el nervio óptico.

NERVIO ÓPTICO

TUS **OJOS**
TIENEN EL **MISMO**
TAMAÑO TODA
LA **VIDA**

EL PUNTO CIEGO

Las fibras nerviosas de la retina, para
conectarse con el cerebro, deben pasar por
la parte posterior del ojo y formar el nervio
óptico. Esto crea un «punto ciego» que no
tiene fotorreceptores. No nos damos cuenta
porque cada ojo proporciona datos sobre
una escena y el cerebro usa información
del otro ojo para completar la imagen.

Conos y bastones

Punto ciego donde
las fibras nerviosas
salen del ojo

OJO HUMANO

Corteza visual

Las señales nerviosas del ojo tienen que viajar a través del cerebro para llegar al área dedicada a decodificar esta información. Esta área es la corteza visual.

La estructura de la corteza

La corteza visual se encuentra en ambos hemisferios cerebrales y está dividida en ocho áreas principales, cada una de las cuales tiene una función diferente (ver tabla al lado). Las señales viajan desde la retina (ver pp. 66-67) a través del tálamo y del núcleo geniculado lateral hasta la corteza visual primaria (V1). Luego, los datos sin procesar pasan a través de varias áreas de visión, aportando diferentes detalles sobre forma, color, profundidad y movimiento antes de combinarse para formar una imagen. Algunas áreas proporcionan información para reconocer objetos familiares o bien están relacionadas con la orientación espacial o con las habilidades visomotoras.

3 Reconocer rostros
Las características que sugieren un rostro se envían al área de reconocimiento facial y al cuerpo amigdalino, donde se buscan detalles que provoquen reconocimiento.

LÓBULO FRONTAL

El lóbulo frontal permite el reconocimiento consciente de rostros

El cuerpo amigdalino procesa las expresiones faciales

TÁLAMO

El núcleo geniculado lateral envía señales desde la retina a la corteza visual

CORTEZA VISUAL

CUERPO AMIGDALINO

NERVIO ÓPTICO

Los conos y bastones de la retina convierten la luz en señales nerviosas

ÁREA DE RECONOCIMIENTO FACIAL

El nervio óptico transporta señales nerviosas al cerebro

1 Del ojo a la corteza visual
Los datos del ojo viajan por el nervio óptico hasta el quiasma óptico (ver más abajo), donde algunos de los datos se envían al lado opuesto del cerebro. Luego, las señales viajan al núcleo geniculado lateral, que envía datos a la corteza visual para su procesamiento.

CLAVE
- → Información del ojo
- → Vía de reconocimiento facial

Visión estereoscópica

Nuestra capacidad para ver en tres dimensiones, la visión estereoscópica, se produce cuando los dos ojos miran al frente y se mueven a la vez. Al estar un poco separados, cada uno capta una visión distinta, aunque ambas se superponen en cierta medida. El cerebro calcula la información espacial de cada ojo y crea una imagen general utilizando la experiencia previa para acelerar el tiempo de procesamiento y llenar los vacíos.

Cambiar de lado

En el punto de cruce llamado quiasma óptico, los axones nerviosos del lado izquierdo de cada retina se unen y continúan hasta la corteza visual izquierda, y lo mismo ocurre con los axones nerviosos del lado derecho.

Núcleo geniculado lateral

HEMISFERIO IZQUIERDO

La mitad de las señales van al mismo hemisferio; el resto cruza al otro lado

Vista del objeto desde el ojo izquierdo

CORTEZA VISUAL IZQUIERDA

TÁLAMO

CORTEZA VISUAL DERECHA

Los axones se apartan del núcleo geniculado lateral e irradian a áreas de la corteza visual

HEMISFERIO DERECHO

Los nervios ópticos convergen en el quiasma óptico

Vista del objeto desde el ojo derecho

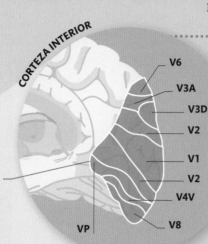

CORTEZA INTERIOR

- V6
- V3A
- V3D
- V2
- V1
- V2
- V4V
- V8
- VP

Algunas áreas de procesamiento visual se curvan en la parte posterior del cerebro formando un surco entre los hemisferios

LA **CORTEZA VISUAL** ES MUY DELGADA: SOLO MIDE **2 MM**

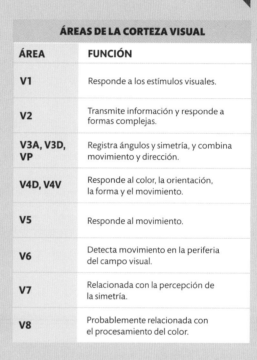

ÁREAS DE LA CORTEZA VISUAL	
ÁREA	**FUNCIÓN**
V1	Responde a los estímulos visuales.
V2	Transmite información y responde a formas complejas.
V3A, V3D, VP	Registra ángulos y simetría, y combina movimiento y dirección.
V4D, V4V	Responde al color, la orientación, la forma y el movimiento.
V5	Responde al movimiento.
V6	Detecta movimiento en la periferia del campo visual.
V7	Relacionada con la percepción de la simetría.
V8	Probablemente relacionada con el procesamiento del color.

CEREBRO POSTERIOR

- V7
- V3A
- V3
- V2
- V4D
- V1

Corteza visual, ubicada en el lóbulo occipital

2 **La corteza visual**
Las señales nerviosas atraviesan las distintas capas de la corteza y cada una agrega más información a la imagen. Se necesita medio segundo para evaluar la imagen y convertirla en una percepción consciente.

CAMPO VISUAL DEL OJO IZQUIERDO

Imagen formada por el cerebro tras combinar las imágenes de los campos visuales del ojo izquierdo y derecho

CAMPO VISUAL BINOCULAR

CAMPO VISUAL DEL OJO DERECHO

CAMPOS DE VISIÓN

Los primates tienen una gran visión estereoscópica y juzgan distancias mejor que aves o herbívoros, pero tienen una zona ciega detrás que solo ven girando la cabeza. Los animales con ojos a los lados o en la parte superior de la cabeza tienen un campo de visión de dos dimensiones, pero más amplitud y percepción general.

CONEJO

SER HUMANO

 Campo visual del ojo izquierdo

Campo visual del ojo derecho

 Campo visual binocular

Zona ciega

Cómo vemos

Ver puede ser una acción tanto consciente como inconsciente. Cada opción sigue su propia vía en el cerebro. La consciente ayuda a reconocer objetos, mientras que la inconsciente guía el movimiento.

UN **RECIÉN NACIDO** SOLO **VE EL BLANCO**, EL **NEGRO** Y EL **ROJO**

Área de células V1
Las señales procedentes de los ojos se reciben primero en la corteza visual primaria (V1). Estas neuronas son sensibles a señales visuales básicas, como la orientación y dirección de objetos en movimiento y el reconocimiento de patrones.

Área de células V2
En la corteza visual secundaria (V2), algunas neuronas mejoran las imágenes de V1, depurando las líneas y los contornos de las formas complejas. Otras neuronas afinan la interpretación inicial del color de los objetos.

Área de células V3
El área visual 3 (V3) se ocupa de analizar los ángulos, la posición, la profundidad y la orientación de las formas. También ayuda a procesar la dirección y velocidad de los objetos. Unas pocas células son sensibles al color.

VÍA DE LA CORTEZA VISUAL

Seguir el camino

A medida que las capas de la corteza visual procesan la información visual (ver pp. 68-69), esta se separa en dos vías conocidas como ruta superior, o dorsal, y ruta inferior, o ventral. No está claro dónde se separan, pero se sabe que la ruta dorsal se ocupa de nuestra conciencia espacial –de dónde estamos y cómo nos movemos en relación con los objetos que nos rodean–, mientras que la ruta ventral nos ayuda a identificar, categorizar y reconocer lo que vemos. La ruta dorsal es crucial para evaluar situaciones importantes, en particular si se requiere una acción instantánea para evitar un peligro, como alejarse de un objeto que se acerca por el aire. Cuando esto sucede, la vía ventral queda relegada a una posición secundaria, ya que su información no es tan crítica.

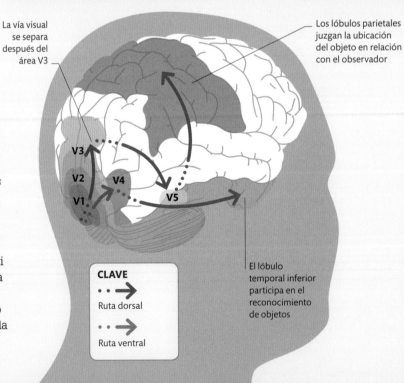

La vía visual se separa después del área V3

Los lóbulos parietales juzgan la ubicación del objeto en relación con el observador

El lóbulo temporal inferior participa en el reconocimiento de objetos

CLAVE

· · · → Ruta dorsal

· · · → Ruta ventral

Área de células V5

El área temporal media (V5) juzga la dirección general del movimiento de un objeto en lugar de la de sus componentes. Por ejemplo, procesa la dirección general de una bandada de pájaros, pero no el movimiento de cada uno de ellos. También analiza el movimiento de nuestro propio cuerpo.

Lóbulo parietal

El lóbulo parietal mide la profundidad y la posición de un objeto en relación con el observador. Esto permite que la persona pueda tomar medidas inmediatas, como esquivar un objeto que se acerca a gran velocidad.

VÍA DEL «DÓNDE» (RUTA DORSAL) →

Visión inconsciente
La ruta dorsal lleva información visual a los lóbulos parietales y pasa por áreas que calculan la ubicación, la duración y el movimiento de un objeto y elaboran un plan en relación con él. Todo esto sucede sin ningún pensamiento consciente.

Visión consciente
La ruta ventral agrega más información sobre el objeto, como el color y la forma, y la envía al lóbulo temporal, que la compara con recuerdos visuales para facilitar el reconocimiento. Allí, el estímulo visual se convierte en percepción consciente.

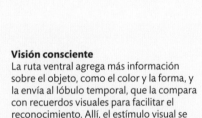

VÍA DEL «QUÉ» (RUTA VENTRAL) →

Área de células V4

El área visual 4 (V4) se ocupa de la percepción del color, la textura, la orientación, la forma y el movimiento. Esta región contiene la mayoría de las neuronas sensibles al color y es importante para interpretar el espacio entre objetos.

Lóbulo temporal inferior

Las señales se envían a la circunvolución fusiforme del lóbulo temporal inferior, que está relacionada con el reconocimiento de formas y objetos complejos, así como de los rostros. Junto con el hipocampo, participa en la formación de nuevos recuerdos.

¿QUÉ ES LA PROSOPAGNOSIA?

La incapacidad de reconocer rostros, incluso de familiares cercanos, en general por un daño en el lóbulo temporal inferior. Los afectados deben aprender a reconocer a las personas de otras maneras.

Percepción

El procesamiento visual tiene lugar en microsegundos y no es extraño que a veces al cerebro le cueste dar sentido a la información que le envían nuestros ojos. Por eso nos hace dudar de lo que vemos.

Procesar una escena

Al mirar una escena no lo captamos todo de golpe: los ojos examinan repetidamente una serie de áreas reducidas que el cerebro considera puntos de interés. El resto de la escena se vuelve borroso hasta que la atención recae en una nueva área. Los rostros tienden a ser el foco principal: el cerebro está programado para buscar rostros, de ahí la tendencia a verlos en los lugares más improbables, como las partes quemadas de una tostada. Mientras se escrutan los detalles enfocados, el cerebro consciente ensambla la historia de la escena y crea el contexto de cada objeto.

Buscando detalles

Mirar una imagen compleja, como esta escena en un café, activa procesos que diferencian entre fondo y objetivos, por ejemplo las personas, y seleccionan en qué partes centrar la atención.

El cerebro se siente tan atraído por los rostros que incluso estudia los cuadros

Se examinan las aberturas, quizá por la posibilidad de intrusos

Señalar llama la atención sobre un objeto y lleva a mirarlo

La vista recorre el suelo y se detiene brevemente ante un obstáculo potencial, pero no el tiempo suficiente para verlo

El cerebro busca pistas sobre las relaciones existentes observando tanto rostros individuales como la interacción entre personajes

¿POR QUÉ VEMOS ROSTROS EN OBJETOS INANIMADOS?

La pareidolia (ver rostros donde no los hay) puede ser un instinto de supervivencia que nos hace estar atentos a los rasgos hostiles de un enemigo o de un depredador.

Ilusiones

Una ilusión tiene lugar cuando el cerebro interpreta lo que ve el ojo de una manera que no coincide con la realidad física. Al cerebro le llegan multitud de señales que compiten entre sí, y este tiende a buscar estructuras familiares. También intenta predecir lo que sucederá a continuación para compensar el ligero desfase entre el estímulo y la percepción. Ambas cosas pueden llevar a nuestro cerebro a malinterpretar los estímulos visuales. Las ilusiones se dividen en tres clases principales: fisiológicas, cognitivas y físicas.

CUADRÍCULA DE HERMANN

TRIÁNGULO DE KANIZSA

Fisiológicas

Las ilusiones fisiológicas surgen de estímulos excesivos o que compiten entre sí (brillo, color, movimiento o posición). Si se ve de forma casual, esta cuadrícula parece tener puntos grises en las intersecciones, pero estos puntos desaparecen si se mira fijamente.

Cognitivas

Las ilusiones cognitivas ocurren cuando el cerebro hace suposiciones de movimiento o perspectiva al ver un objeto. A veces esto puede hacer que el cerebro alterne entre dos imágenes distintas o que vea una forma que no está presente.

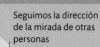

Seguimos la dirección de la mirada de otras personas

El cerebro dirige los ojos a partes de la escena que considera importantes, sobre todo los rostros.

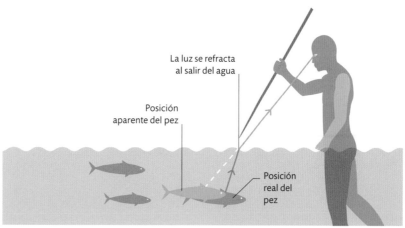

La luz se refracta al salir del agua

Posición aparente del pez

Posición real del pez

REFRACCIÓN

Físicas

Las ilusiones físicas son causadas por las propiedades ópticas del entorno físico, por ejemplo del agua. El cerebro no puede tener en cuenta la forma en que la luz se desvía al pasar del agua al aire, por lo que ve el pez más atrás de donde está en realidad.

MAMÍFEROS Y AVES TAMBIÉN **PUEDEN SUFRIR ILUSIONES** ÓPTICAS

Cómo oímos

El mundo está lleno de ruido. Este viaja por el aire en forma de ondas sonoras hasta llegar a nuestros oídos. Allí se convierte en impulsos eléctricos que viajan al cerebro, donde se descodifican en sonidos con sentido.

Captar el sonido

En la audición, una onda sonora se convierte en un impulso eléctrico que el cerebro puede interpretar. Las ondas sonoras viajan desde el oído externo hasta el oído medio, donde hacen vibrar una serie de huesos y membranas. Estas vibraciones llegan a la cóclea, donde se convierten en impulsos eléctricos. Estos pasan al tronco del encéfalo y al tálamo, donde se perciben la dirección, la frecuencia y la intensidad. Después, esta información se envía a los lados izquierdo y derecho de la corteza auditiva para ser procesada. El lado izquierdo identifica el sonido y le da significado, mientras que el lado derecho evalúa la calidad del sonido.

OÍDO EXTERNO

OÍDO EXTERNO

Las ondas sonoras viajan por el aire

CANAL AUDITIVO

Las vibraciones hacen que los huesos vibren unos contra otros

Las ondas sonoras hacen vibrar el tímpano

MARTILLO (MALLEUS)

YUNQUE (INCUS)

OSÍCULOS

TÍMPANO

ESTRIBO (ESTAPEDIO)

Ventana oval

Ventana redonda

OÍDO MEDIO

La trompa de Eustaquio conecta el oído medio con la nariz y la boca

1 El oído externo
Las ondas sonoras son captadas por el oído externo, que las canaliza hacia el interior de la cabeza a través del canal auditivo.

2 El canal auditivo
Las ondas sonoras viajan a lo largo del canal auditivo hasta el tímpano. El canal auditivo está revestido de pequeños pelos que no dejan pasar los objetos extraños.

3 El tímpano
El tímpano, o membrana timpánica, es una fina capa de tejido fibroso que forma una barrera entre el oído externo y el oído medio. Vibra cuando lo alcanzan las ondas sonoras que viajan por el canal auditivo.

4 Osículos
Las vibraciones pasan a través del tímpano a un conjunto de huesos conectados entre sí llamados osículos: el martillo, el yunque y el estribo. El estribo empuja y tira de otra membrana, la ventana oval. Esta transmite el sonido al oído interno.

FILTRAR EL RUIDO

En la calle, hay muchos sonidos que se solapan, pero podemos escuchar a alguien que habla a nuestro lado. Esto se debe a que la corteza auditiva primaria puede ignorar sonidos innecesarios y potenciar las señales que desea escuchar. Para ello, amortigua la respuesta a sonidos sostenidos, como el tráfico, y mejora los sonidos más dinámicos, como el habla, y los escucha activamente.

Se elimina el ruido de fondo

9 **La corteza auditiva primaria**
Después de un procesamiento intermedio en el tálamo, las características de cada sonido son interpretadas por la corteza auditiva primaria, que trabaja con otras áreas corticales para identificar el tipo de sonido.

El órgano de Corti (parte espiral central de la cóclea) descansa sobre una membrana basilar y contiene células ciliadas

La corteza auditiva primaria procesa el sonido

CÓCLEA

NERVIO COCLEAR

TÁLAMO

Las señales eléctricas pasan por el nervio coclear

El canal vestibular transporta vibraciones sonoras

TRONCO DEL ENCÉFALO

Las células especializadas en la parte superior del tronco del encéfalo ayudan a determinar la procedencia de los sonidos

CANAL VESTIBULAR

CANAL TIMPÁNICO

ÓRGANO DE CORTI

OÍDO INTERNO

Las vibraciones regresan a la ventana redonda

7 **El nervio coclear**
Las señales eléctricas se transportan desde cada célula ciliada a través de terminaciones nerviosas cocleares que se unen para formar el nervio coclear, responsable de transmitir las señales a grupos especializados de neuronas en el tronco del encéfalo.

8 **El tálamo**
Las señales se reciben primero en el tronco del encéfalo. Desde allí viajan hasta neuronas especializadas del tálamo para su procesamiento. Estas señales se envían después a la corteza auditiva primaria, que también envía información al tálamo.

5 **La cóclea**
La cóclea contiene tres conductos llenos de líquido. Las vibraciones viajan por el canal vestibular como movimientos ondulatorios que se transfieren a la membrana basilar, en el órgano de Corti. Las vibraciones residuales regresan por el canal timpánico a la ventana redonda.

6 **El órgano de Corti**
El movimiento de la membrana basilar dobla las células ciliadas del órgano de Corti (ver p. 76), que es el principal órgano de la audición. Las células ciliadas convierten entonces este movimiento físico en señales eléctricas.

EL **ESTRIBO** ES EL **HUESO MÁS PEQUEÑO** DEL CUERPO

Percibir el sonido

Cada sonido tiene varios componentes,
y el cerebro recibe todos los detalles de
sus frecuencias, intensidad y ritmo para
procesar, identificar y recordarlo.

Esta área recibe
señales de sonidos
de baja frecuencia

Corresponde al
ápice de la cóclea

PRIMARIA
SECUNDARIA
TERCIARIA

Corresponde a la
base de la cóclea

Recibe señales de
sonidos de alta
frecuencia

La corteza auditiva
La corteza auditiva es el principal
centro de procesamiento del sonido.
Está ubicada en el lóbulo temporal,
justo debajo de las sienes.

La corteza auditiva primaria
identifica la frecuencia y la
intensidad de los sonidos

La corteza auditiva secundaria
interpreta sonidos complejos,
como el lenguaje

CORTEZA
AUDITIVA

Las células ciliadas se
alteran cuando vibra
la membrana basilar

La parte más flexible
de la membrana basilar
vibra más fácilmente

La base de la cóclea
transmite sonidos de
baja frecuencia

El órgano de Corti es
el principal órgano de
la audición

La corteza auditiva
terciaria integra la
audición con otros
sistemas sensoriales

El ápice de la cóclea
transmite sonidos de
alta frecuencia

500 Hz
1 000 Hz
2 000 Hz
4 000 Hz
8 000 Hz
16 000 Hz

MEMBRANA BASILAR
CÓCLEA

Fila de
células
ciliadas

La corteza aditiva

Las señales del tálamo (ver p. 75) se envían a la
corteza auditiva primaria, dividida en secciones que
responden a diferentes frecuencias. Algunas se
centran en la intensidad más que en la frecuencia,
mientras que otras captan sonidos más complejos
y distintivos, como silbidos, golpes o ruidos de
animales. Después, las señales pasan a la corteza
auditiva secundaria, que se centra en la armonía,
el ritmo y la melodía. La corteza auditiva terciaria
integra todas las señales para dar una impresión
global de los sonidos captados por los oídos.

La cóclea
Las áreas de la curvatura de la cóclea
responden a diferentes frecuencias de sonido,
desde tonos agudos en el ápice hasta notas
graves y bajas en la base, que se reflejan en
áreas correspondientes de la corteza auditiva.

La música y el cerebro

La música activa muchas áreas del cerebro. Escuchar música pone en funcionamiento los centros de memoria y de emoción, y recordar la letra de una canción activa los centros del lenguaje. Tocar música plantea exigencias aún mayores: la corteza visual se estimula al leer música, el lóbulo frontal participa en la planificación de acciones y la corteza motora coordina el movimiento. Los músicos tienen una mayor capacidad para usar ambas manos porque la música requiere coordinación del control motor, tacto somatosensorial e información auditiva. A diferencia de los oyentes, que procesan la música en el hemisferio derecho, los músicos profesionales utilizan el izquierdo. También tienen un cuerpo calloso más grueso (la región que une los dos hemisferios) y tienden a tener cortezas auditiva y motora mayores.

30 000
FIBRAS COMPONEN EL NERVIO COCLEAR

Localizar la música

Los escáneres muestran que varias áreas del cerebro están activas cuando escuchamos música, y aún más cuando tocamos un instrumento o bailamos.

Coordina el movimiento mientras bailamos o tocamos un instrumento

Procesa las sensaciones táctiles mientras bailamos o tocamos un instrumento

Pone los sonidos en el contexto de los recuerdos y experiencias

CORTEZA PREFRONTAL

CORTEZA MOTORA

CORTEZA SENSORIAL

CUERPO CALLOSO

CORTEZA AUDITIVA

CORTEZA VISUAL

HIPOCAMPO

CEREBELO

Se ocupa de la planificación y el control de la expresión

Se activa al leer música o ver danza

Conecta los hemisferios del cerebro

El cuerpo amigdalino (naranja) y el núcleo accumbens (rojo oscuro) están relacionados con las reacciones emocionales a la música

Involucrado en el movimiento y la reacción emocional a la música

AGUDOS Y GRAVES

Podemos detectar una gran gama de frecuencias, pero otros animales pueden oír mucho más allá de nuestros límites. Los murciélagos y los delfines utilizan altas frecuencias en la ecolocalización, y los elefantes y las ballenas producen sonidos graves que llegan muy lejos. Somos más sensibles a las frecuencias entre 2 y 5 kHz, que no requieren gran intensidad para ser escuchadas. Los jóvenes tienen el mejor rango de audición, de 20 Hz a 20 kHz, y hay una pérdida gradual de frecuencias más altas con la edad: las personas mayores tienen un límite de alrededor de 15 kHz.

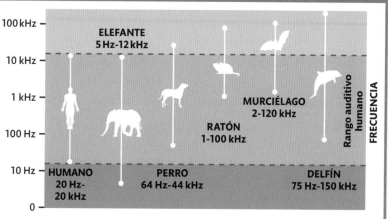

ELEFANTE
5 Hz-12 kHz

MURCIÉLAGO
2-120 kHz

RATÓN
1-100 kHz

HUMANO
20 Hz-20 kHz

PERRO
64 Hz-44 kHz

DELFÍN
75 Hz-150 kHz

Rango auditivo humano

FRECUENCIA

3 Dentro del cerebro

Después, las señales viajan a lo largo del tracto olfatorio hasta la corteza olfativa. La corteza está ubicada en el sistema límbico, responsable de las emociones y la memoria. También se envían señales al cuerpo amigdalino y a la corteza orbitofrontal.

La corteza olfativa procesa aún más las señales enviadas por el bulbo olfativo

La corteza orbitofrontal está implicada en la toma de decisiones y en las emociones, así como en el procesamiento de los olores

Tracto olfatorio, conjunto de nervios que transportan señales desde el bulbo olfatorio hasta la corteza olfatoria

El cuerpo amigdalino envía mensajes de advertencia si el olor está asociado a un peligro

El bulbo olfatorio procesa señales antes de pasar a la corteza olfatoria

CORTEZA OLFATORIA

CUERPO AMIGDALINO

CORTEZA ORBITO-FRONTAL

BULBO OLFATIVO

CAVIDAD NASAL

Los axones de las células receptoras detectan el olor y envían información al bulbo olfatorio

Captar un aroma

Al inhalar, las moléculas de olor activan las células receptoras de la cavidad nasal, lo que desencadena el reflejo de respirar profundamente. En la cavidad nasal, los olores se disuelven en la mucosa que cubre una capa de neuronas y células de soporte llamada epitelio olfativo. Las moléculas se propagan por la mucosa hasta unas estructuras parecidas a pelos llamadas cilios que están adheridas a las células receptoras y envían señales al bulbo olfatorio, una estructura del prosencéfalo que forma parte del sistema límbico del cerebro. Luego, los datos se envían a varias partes del cerebro, particularmente a la corteza olfatoria.

EPITELIO OLFATIVO

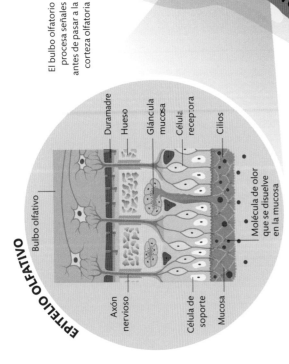

Bulbo olfativo

Duramadre

Hueso

Glándula mucosa

Célula receptora

Cilios

Axón nervioso

Célula de soporte

Mucosa

Molécula de olor que se disuelve en la mucosa

2 Receptores olfatorios

Cada molécula de olor activa una combinación particular de receptores olfativos. Las células receptoras activadas envían impulsos a través de los axones nerviosos al bulbo olfatorio para su procesamiento.

1 El olor entra por la nariz

Las moléculas de olor se aspiran a través de la nariz y se calientan para realzar el aroma. Las moléculas se disuelven en la mucosa producida por el epitelio olfativo y estimulan los cilios conectados a las células receptoras.

Las moléculas de olor en el aire entran en las fosas nasales

12 MILLONES
DE **CÉLULAS OLFATORIAS** TIENE EL **CUERPO HUMANO**

Olfato

Identificar un olor entre los muchos olores del mundo que nos rodea es la tarea del sistema olfativo, que aísla diferentes sustancias químicas y luego envía señales al cerebro para determinar si son «buenas» o «malas».

¿De qué está hecho un olor?

La forma en que identificamos los olores sigue siendo objeto de debate. Las investigaciones sugieren que la mayoría de los olores se dividen en diez grupos (u olores primarios) y que cada uno de ellos nos alerta sobre algo en nuestro entorno. La mayoría de los olores se componen de una combinación de estos grupos. El olfato es clave en la supervivencia, pues nos dice si algo es peligroso.

¿POR QUÉ LOS OLORES DESPIERTAN RECUERDOS?

A diferencia de otros sentidos, los olores pasan por alto el tálamo y van directamente al sistema límbico. Allí se procesan y almacenan las emociones y los recuerdos, especialmente en el cuerpo amigdalino.

Fragante
Aromas ligeros y naturales, como flores y hierbas, que se utilizan en perfumería.

Afrutado
En general se incluyen frutas maduras y otros aromas frescos que producen una sensación de suavidad en la nariz.

Cítrico
Los cítricos, diferentes de otras frutas, tienen aromas frescos, limpios y ácidos con un toque de dulzor.

Leñoso o resinoso
Olores terrosos y naturales, como el compost, las setas, algunas especias, el cedro, el pino y el moho.

Químico
Incluye olores sintéticos, de medicinas, disolventes y carburantes que son fácilmente identificables.

Dulce
Olores cálidos, ricos y azucarados con un toque de cremosidad, como el chocolate, la malta y la vainilla.

Mentolado
Fresco y vigorizante, como la menta, el eucalipto y el alcanfor.

Tostado y ahumado
Ligeramente quemado y caramelizado, con matices cálidos y grasos, como las palomitas y la crema de cacahuete.

Acre
Olores a menudo desagradables, como el estiércol o la leche agria, también la cebolla, el ajo y los encurtidos.

Podrido
Más allá de lo acre están los olores a comida podrida, alcantarilla, gas y otras sustancias «repugnantes».

¿MALOLIENTE O DULCE?

El dimetilsulfuro (DMS) es un compuesto muy maloliente. Un poco de esta sustancia pura puede hacernos creer que algo se pudre o que hay un queso muy fuerte en la habitación. Pero los químicos lo utilizan para producir todo tipo de sabores. Se emplea en aromas de carne, marisco, leche, huevo, vino, cerveza, verduras y frutas, normalmente en concentraciones minúsculas.

Gusto

Alimentarse requiere ingerir alimentos. La elección de lo que es seguro para comer está influida en gran medida por nuestros sentidos del gusto y del olfato.

Captar un sabor

El gusto es un sentido limitado; solo detecta cinco sabores básicos. Como el olfato, es un quimiosentido. Las sustancias químicas de los alimentos son captadas por las papilas gustativas, principalmente en la lengua. Las células receptoras, en unas estructuras llamadas microvellosidades en las papilas gustativas, las detectan y envían señales al cerebro para que las procese.

Los cinco sabores básicos

El gusto es una adaptación evolutiva para la supervivencia. Saber si algo es nutritivo o potencialmente venenoso antes de introducirlo en el cuerpo es de enorme importancia. Hasta el momento solo se han descubierto cinco sabores básicos, aunque podría haber otros.

Dulce
Se encarga de señalar la presencia de carbohidratos, que son fuentes de azúcares vitales.

Salado
Detecta sales y minerales químicos que el cuerpo necesita.

Ácido
Advierte sobre alimentos que pueden estar inmaduros o pudriéndose.

Amargo
Los venenos y otras toxinas son a menudo amargos o desagradables.

Umami
Detecta sales de glutamato y aminoácidos, que se encuentran en la carne, el queso y otros alimentos añejos o fermentados.

1 Lengua
La lengua es un músculo fuerte y flexible. Se utiliza para empujar la comida por la boca y para hablar. Su superficie superior está cubierta de pequeñas proyecciones llamadas papilas. La mayoría de las papilas son estructuras filiformes, en forma de hilo, y no contienen corpúsculos gustativos. Ayudan a agarrar y desgastar los alimentos mientras los masticamos.

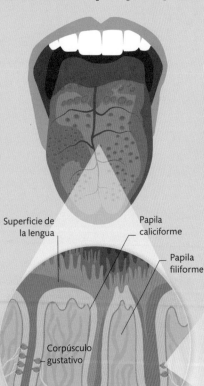

Superficie de la lengua

Papila caliciforme

Papila filiforme

Corpúsculo gustativo

Poro gustativo

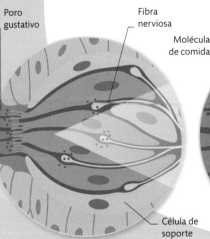

Fibra nerviosa

Célula de soporte

Las microvellosidades contienen proteínas receptoras que se unen a las sustancias químicas de los alimentos

Molécula de comida

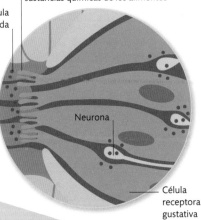

Neurona

Célula receptora gustativa

2 Papilas
Además de las filiformes, en la lengua hay papilas fungiformes (como hongos), foliadas (como hojas) y caliciformes (como paredes). La mayoría de los corpúsculos gustativos están en las papilas foliadas de las partes posterior y laterales de la lengua.

3 Corpúsculos gustativos
Un corpúsculo gustativo es un conjunto de entre 50 y 100 células agrupadas como los gajos de una naranja. Están en las paredes de las papilas. Un extremo de cada célula sobresale del corpúsculo, donde se empapa de saliva que contiene moléculas de alimento.

4 Células de corpúsculo gustativo
Cuando las moléculas de los alimentos llegan a las células, interactúan con proteínas receptoras o con unas proteínas parecidas a poros llamadas canales iónicos. Esto provoca cambios eléctricos que hacen que las neuronas en la base de la célula envíen señales al cerebro.

Gusto y olfato

La detección de los sabores depende tanto de la nariz como de las papilas gustativas. La nariz capta el olor externo de los alimentos (ver pp. 78-79), pero esto aumenta mucho por los olores de las partículas de los alimentos transportadas a la cavidad nasal por el aire espirado de los pulmones (olfato retronasal). También se han encontrado receptores del olfato en las papilas gustativas. El cerebro combina la información de la nariz y las papilas gustativas, y percibe los distintos sabores de la comida. No son las únicas sensaciones que contribuyen a la experiencia gustativa: la corteza somatosensorial detecta la textura y la temperatura de los alimentos, añadiendo contexto al sabor.

El olor de las partículas de comida ingeridas se envía al bulbo olfatorio para su procesamiento

La vía del gusto
La información de los corpúsculos gustativos viaja al cerebro por los nervios craneales de la mandíbula y la garganta. Los impulsos viajan por el tronco encefálico hasta el tálamo y se envían a las regiones gustativas de la corteza frontal y la ínsula, un pliegue de la corteza en lo profundo del cerebro.

¿POR QUÉ A LOS BEBÉS NO LES GUSTAN LAS COSAS AMARGAS?

Los bebés tienen muchos más corpúsculos gustativos que los adultos y notan con más intensidad los sabores amargos. De forma instintiva rechazan alimentos no tan dulces o grasos como la leche materna.

Las señales viajan al área gustativa secundaria, situada en la corteza orbitofrontal

Señales enviadas al área gustativa primaria, en la ínsula

Las señales viajan hacia la corteza somatosensorial

CORTEZA SOMATOSENSORIAL

CORTEZA ORBITOFRONTAL

Señales de la corteza olfativa enviadas a la corteza orbitofrontal

TÁLAMO

Corteza olfatoria

BULBO OLFATORIO

CAVIDAD NASAL

CUERPO AMIGDALINO

El cuerpo amigdalino asigna valores positivos o negativos al gusto y al olfato

BULBO RAQUÍDEO

Partícula de comida

Los nervios craneales trigémino y glosofaríngeo transportan señales al bulbo raquídeo, en el tronco del encéfalo

El aire espirado de los pulmones empuja las partículas de comida desde la boca hasta la cavidad nasal

CLAVE
- ··→ Señales de sabor
- ··→ Olfato retronasal
- ··→ Aire espirado

EN PROMEDIO, UN **ADULTO** TIENE ENTRE **2000** Y **8000** **CORPÚSCULOS GUSTATIVOS**

BRISA LIGERA

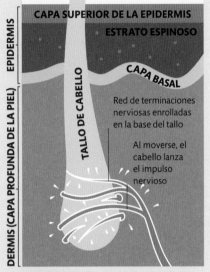

EPIDERMIS

CAPA SUPERIOR DE LA EPIDERMIS

ESTRATO ESPINOSO

CAPA BASAL

TALLO DE CABELLO

DERMIS (CAPA PROFUNDA DE LA PIEL)

Red de terminaciones nerviosas enrolladas en la base del tallo

Al moverse, el cabello lanza el impulso nervioso

Bulbo capilar
Los nervios que rodean la base del tallo del cabello se pueden activar por cosas que no han tocado la piel, como corrientes de aire u objetos que rozan el cabello.

CAMBIO DE TEMPERATURA

Las terminaciones nerviosas libres se extienden hasta la capa superficial de la piel

Terminaciones nerviosas libres
Estas terminaciones nerviosas, en forma de raíces, se extienden hasta el estrato espinoso de la epidermis y son sensibles al frío, al calor, al tacto ligero y al dolor.

ROCE DE UNA PLUMA

Los bordes bien definidos hacen que los discos de Merkel sean sensibles a las formas y los contornos

Discos de Merkel
Los discos de Merkel, algo más abajo que las terminaciones nerviosas libres, son densos en los labios y las yemas de los dedos. Notan toques muy ligeros.

Tacto

La piel es el órgano más grande del cuerpo y también el órgano sensorial más grande. Nos permite experimentar gran variedad de sensaciones, así como la conciencia de dónde estamos.

Receptores en la piel

Los sensores de la piel consisten en receptores conectados por axones. Se encuentran en varios niveles de la piel y hay unos 20 tipos que responden a varios tipos de estímulos. Los receptores registran estímulos mecánicos, térmicos y, en algunos casos, químicos y los convierten en señales eléctricas. Estas van por los nervios periféricos a la médula espinal, luego al tronco del encéfalo y finalmente a la corteza somatosensorial, donde se traducen en sensaciones táctiles.

RECEPTORES	FUNCIÓN
Mecanorreceptores	Receptores sensoriales que responden a la presión mecánica o la distorsión. Esto puede ir desde un toque ligero a una presión profunda.
Propioceptores	Reciben estímulos desde el interior del cuerpo, sobre todo en relación con la posición y el movimiento.
Nociceptores	Neuronas sensoriales que responden a estímulos dañinos y envían señales de «posible amenaza» a la médula espinal y al cerebro.
Termorreceptores	Células nerviosas especializadas capaces de detectar diferencias de temperatura. Se encuentran en toda la piel y en algunas zonas internas.
Quimiorreceptores	Extensiones del sistema nervioso periférico que detectan cambios para mantener la homeostasis sanguínea (ver pp. 90-91).

PRESIÓN SUAVE

Corpúsculos de Meissner
Estos receptores se adaptan en seguida y responden rápidamente a la estimulación pero dejan de activarse si el estímulo sigue. Esto proporciona información precisa.

Receptores llenos de líquido que llegan hasta la dermis superior

MASAJE FUERTE

Receptor encapsulado e hinchado

Corpúsculos de Ruffini
Estas células blandas en forma de cápsula, en lo profundo de la dermis, responden cuando la piel o las articulaciones se estiran o distorsionan por la presión.

VIBRACIÓN

Gran receptor en la base de la dermis

Corpúsculo de Pacini
Estos mecanorreceptores de acción rápida son el tipo de receptor táctil más grande y profundo y responden tanto a la presión continua como a las vibraciones.

La corteza somatosensorial

La información de los receptores táctiles se procesa en la corteza somatosensorial, en la parte superior del cerebro y tiene forma de diadema. Los datos del lado derecho del cuerpo viajan al lado izquierdo del cerebro y viceversa. Cada parte del cuerpo se conecta a su propia área de la corteza.

Mapa de tacto
Las áreas del cuerpo ricas en receptores táctiles, como las manos, requieren más procesamiento que otras, por lo que ocupan una mayor proporción de la corteza somatosensorial.

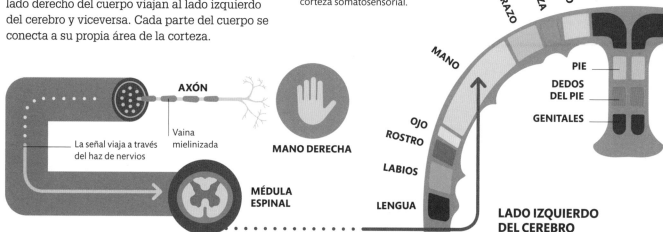

AXÓN

Vaina mielinizada

La señal viaja a través del haz de nervios

MANO DERECHA

MÉDULA ESPINAL

BRAZO · CABEZA · TRONCO · PIERNA

MANO

PIE
DEDOS DEL PIE
GENITALES

OJO
ROSTRO

LABIOS

LENGUA

LADO IZQUIERDO DEL CEREBRO

Propiocepción

El cuerpo tiene su propio sentido de dónde está y de cómo se mueve en el espacio. Este proceso es casi inconsciente, lo que lo convierte, en esencia, en el sexto sentido del cuerpo.

Sentido de la posición corporal

En los músculos, los tendones y las articulaciones hay receptores de movimiento: los propioceptores. Cuando nos movemos, miden los cambios de longitud, tensión y presión relacionados con dicho movimiento y envían impulsos al cerebro. La información es procesada y se toma la decisión de dejar de moverse o cambiar de posición. Después, los mensajes se transmiten a los músculos para que lleven a cabo la decisión. Todo esto sucede sin que tengamos que pensar en ello.

Tipos de propiocepción

La mayor parte de la información que recibe el cerebro sobre la posición del cuerpo se procesa inconscientemente. Así, ajustamos constantemente la posición del cuerpo para mantener el equilibrio. La información propioceptiva puede volverse consciente si necesitamos tomar una decisión, por ejemplo ajustar el movimiento muscular para un movimiento que requiere agilidad.

Vías de propiocepción

Las señales de la propiocepción consciente viajan por el tronco del encéfalo hasta el tálamo y terminan en el lóbulo parietal, que forma parte de la corteza cerebral. La vía inconsciente regresa al cerebelo, que controla el movimiento.

Saber cuál es nuestro lugar

La autoconciencia física proviene de una combinación de propiocepción con otras sensaciones: la sensación de fuerza, la sensación de esfuerzo o peso, la vista y la información de los órganos del equilibrio, que están en los oídos.

NERVIO PERIFÉRICO

Señal nerviosa de los propioceptores

Los receptores de estiramiento en la piel, los músculos y las articulaciones envían información sobre la posición de las partes del cuerpo

COLUMNA VERTEBRAL

Las señales viajan a lo largo de la columna vertebral hasta el cerebro

Lóbulo parietal

El oído interno envía información sobre rotación, aceleración y gravedad

Los ojos envían información visual sobre la posición

Información de los sensores de presión y tensión en los brazos

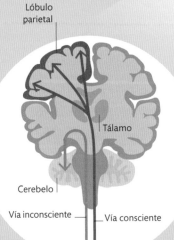

Lóbulo parietal

Tálamo

Cerebelo

Vía inconsciente

Vía consciente

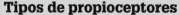

Tipos de propioceptores

El cuerpo contiene diferentes propioceptores, y la información combinada de estos receptores permite al cerebro construir una imagen general de la posición del cuerpo. Hay tres tipos principales de propioceptores: las fibras del huso neuromuscular, que están en el interior del músculo; los órganos tendinosos de Golgi, en la unión entre tendones y músculos, y los receptores articulares, en las articulaciones. Los receptores especiales de la piel también pueden detectar el estiramiento (ver p. 83).

EL **CRECIMIENTO RÁPIDO** PUEDE **CONFUNDIR** AL CEREBRO, QUE NO **PERCIBE A TIEMPO** LOS **CAMBIOS** EN **LAS DIMENSIONES DE LOS MIEMBROS**

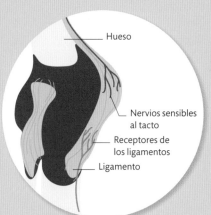

Hueso

Nervios sensibles al tacto

Receptores de los ligamentos

Ligamento

Músculo

El órgano tendinoso de Golgi detecta cambios en la tensión muscular

Hueso

Tendón

Músculo

Fibras del huso muscular

La señal viaja hasta el axón

Receptores articulares
Las terminaciones nerviosas en nuestras articulaciones detectan su posición. Estos receptores ayudan a prevenir daños causados por una extensión excesiva, así como a detectar la posición en movimiento normal.

Receptores de los tendones
Los órganos tendinosos de Golgi están dentro de los tendones, en los extremos de los músculos. Controlan la tensión muscular para asegurarse de que no estiramos demasiado los músculos.

Receptores de los músculos
Los músculos tienen sensores de posición llamados fibras del huso en su interior. A medida que se estiran, los husos envían información al cerebro sobre la posición de los músculos.

LA ILUSIÓN DE PINOCHO

A veces la propiocepción puede confundirse, haciendo que el cuerpo sienta que algo está sucediendo cuando no es así. Uno de esos efectos es la llamada ilusión de Pinocho. Se fija un vibrador al bíceps de una persona. Si la persona se toca la nariz mientras el vibrador está encendido, sentirá como si su brazo se alejara de la nariz. Esto sucede porque el vibrador estimula las fibras del huso muscular del bíceps de la misma forma que si el músculo se estuviera estirando, y como los dedos todavía tocan la nariz, nos parece como si la nariz estuviera estirándose.

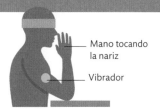

Mano tocando la nariz

Vibrador

El cerebro cree que la mano se aleja de la cara

Se enciende el vibrador

Antes de la estimulación
El cerebro es consciente de que los dedos tocan la nariz, pero no hay movimiento del brazo.

Durante la estimulación
Las vibraciones indican al cerebro que el brazo se está moviendo, creando la sensación de que la nariz crece.

Sentir dolor

Aunque el dolor es desagradable, es una señal de advertencia útil de que algo no va bien en el cuerpo y que debemos actuar para evitar más lesiones.

Señales del dolor

Los receptores del dolor están en todo el cuerpo y responden al calor, al frío, al estiramiento excesivo, a las vibraciones y a las sustancias químicas que libera una herida. Las señales eléctricas se envían desde el lugar de la lesión a la médula espinal, donde cambian de lado y viajan al lado del cerebro opuesto al de la lesión. Si se experimenta un dolor fuerte y repentino, se produce una reacción refleja (ver p. 101) en la médula espinal para alejarnos de lo que causa el dolor, incluso antes de darnos cuenta.

(ver p. 101)

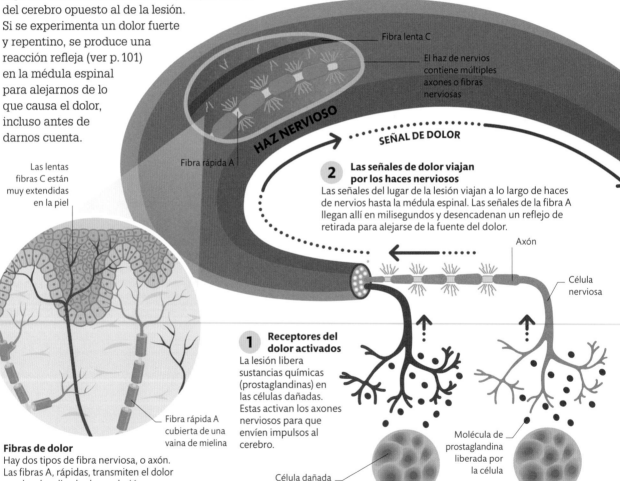

¿QUIÉN SIENTE MÁS DOLOR?

Las mujeres sienten el dolor de una manera más intensa que los hombres porque tienen más receptores nerviosos.

Fibra lenta C

El haz de nervios contiene múltiples axones o fibras nerviosas

HAZ NERVIOSO

SEÑAL DE DOLOR

Fibra rápida A

2 **Las señales de dolor viajan por los haces nerviosos**
Las señales del lugar de la lesión viajan a lo largo de haces de nervios hasta la médula espinal. Las señales de la fibra A llegan allí en milisegundos y desencadenan un reflejo de retirada para alejarse de la fuente del dolor.

Axón

Célula nerviosa

Las lentas fibras C están muy extendidas en la piel

1 **Receptores del dolor activados**
La lesión libera sustancias químicas (prostaglandinas) en las células dañadas. Estas activan los axones nerviosos para que envíen impulsos al cerebro.

Molécula de prostaglandina liberada por la célula

Célula dañada

Fibra rápida A cubierta de una vaina de mielina

Fibras de dolor

Hay dos tipos de fibra nerviosa, o axón. Las fibras A, rápidas, transmiten el dolor agudo y localizado de una lesión como un corte. Las fibras C, más lentas, las sensaciones menores y persistentes del área alrededor de la lesión.

PIEL

CARDENAL

CORTE

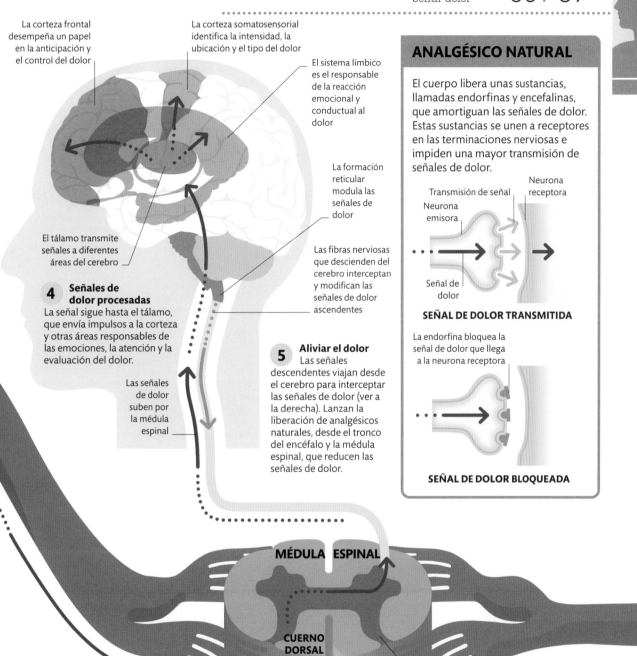

La corteza frontal desempeña un papel en la anticipación y el control del dolor

La corteza somatosensorial identifica la intensidad, la ubicación y el tipo del dolor

El sistema límbico es el responsable de la reacción emocional y conductual al dolor

La formación reticular modula las señales de dolor

El tálamo transmite señales a diferentes áreas del cerebro

Las fibras nerviosas que descienden del cerebro interceptan y modifican las señales de dolor ascendentes

4 **Señales de dolor procesadas**
La señal sigue hasta el tálamo, que envía impulsos a la corteza y otras áreas responsables de las emociones, la atención y la evaluación del dolor.

Las señales de dolor suben por la médula espinal

5 **Aliviar el dolor**
Las señales descendentes viajan desde el cerebro para interceptar las señales de dolor (ver a la derecha). Lanzan la liberación de analgésicos naturales, desde el tronco del encéfalo y la médula espinal, que reducen las señales de dolor.

ANALGÉSICO NATURAL

El cuerpo libera unas sustancias, llamadas endorfinas y encefalinas, que amortiguan las señales de dolor. Estas sustancias se unen a receptores en las terminaciones nerviosas e impiden una mayor transmisión de señales de dolor.

Transmisión de señal

Neurona receptora

Neurona emisora

Señal de dolor

SEÑAL DE DOLOR TRANSMITIDA

La endorfina bloquea la señal de dolor que llega a la neurona receptora

SEÑAL DE DOLOR BLOQUEADA

MÉDULA ESPINAL

CUERNO DORSAL

3 **Las señales de dolor llegan a la columna vertebral**
El haz de nervios entra en la médula espinal a través del cuerno dorsal. Las señales de dolor pasan al otro lado de la médula espinal para continuar su viaje hasta el cerebro.

La mayoría de los haces nerviosos entran por la parte posterior de la columna, el cuerno dorsal

Cómo usar el cerebro para controlar el dolor

Cuando sentimos dolor, lo habitual es buscar tratamiento médico o tomar un analgésico. Pero también podemos controlar el dolor nosotros mismos regulando nuestra respuesta mental, tanto al dolor como al estrés que causa.

El dolor es una respuesta emocional y física a una lesión o enfermedad. El miedo o la ansiedad intensos son reacciones inmediatas vitales que nos hacen evitar las fuentes de dolor. A veces, sin embargo, el dolor persiste aunque la lesión o la enfermedad ya no existan. Una sensación dolorosa puede asociarse con estrés, recuerdos desagradables recurrentes de lo que causó el dolor o miedo a que persista o se repita.

Estos sentimientos pueden ser fuertes e inquietantes. Y, aunque siempre debemos acudir al médico si el dolor es intenso o prolongado, también podemos utilizar ciertas técnicas para regularlo entrenando nuestra mente.

Tomar analgésicos

Los analgésicos son a menudo esenciales para controlar el dolor a corto plazo, pero tomarlos durante un periodo prolongado puede causar problemas de adicción o efectos secundarios físicos graves, como úlceras de estómago y enfermedades hepáticas. El cuerpo también puede desarrollar tolerancia a ellos, con lo que tienden a perder efectividad con el tiempo.

Terapias mente-cuerpo

Además de los medicamentos, podemos usar técnicas cuerpo-mente, como la relajación y la visualización, para reducir o controlar el dolor sin riesgo de efectos secundarios. La más usada es la relajación con respiración profunda y controlada para reducir la tensión que acompaña al dolor y que a menudo lo empeora. Intenta recostarte tranquilamente en una habitación a oscuras; inhala profundamente mientras cuentas hasta diez, contén la respiración un momento y después exhala lentamente contando hasta diez. Hazlo durante 10-20 minutos.

Desviar la atención a menudo reduce la gravedad del dolor. Intenta desviar tu atención del área dolorida y céntrate en una parte del cuerpo que no te duela. Otra técnica es imaginar el dolor como una gran bola de energía fuera de tu cuerpo y «reducirlo» con la mente. La terapia cognitivo-conductual (TCC) utiliza un enfoque similar: nos enseña a reemplazar nuestros pensamientos negativos —como «este dolor es insoportable» o «no puedo parar el dolor»— por otros pensamientos de carácter positivo, como «este dolor solo es temporal».

Practicar el *mindfulness* reduce el estrés y nos permite afrontar mejor el dolor. En esta práctica, adaptada de las enseñanzas budistas, uno debe simplemente aceptar el dolor, en lugar de permitir que domine nuestros pensamientos o agotarnos luchando activamente contra él.

En resumen, nuestro cerebro puede ser una buena herramienta para controlar el dolor si:
- **Practicamos las técnicas de relajación y respiración profunda para reducir los niveles de estrés.**
- **Empleamos ejercicios mentales para desviar la atención del dolor.**
- **Utilizamos técnicas de TCC para centrarnos en pensamientos positivos.**
- **Practicamos el *mindfulness*.**

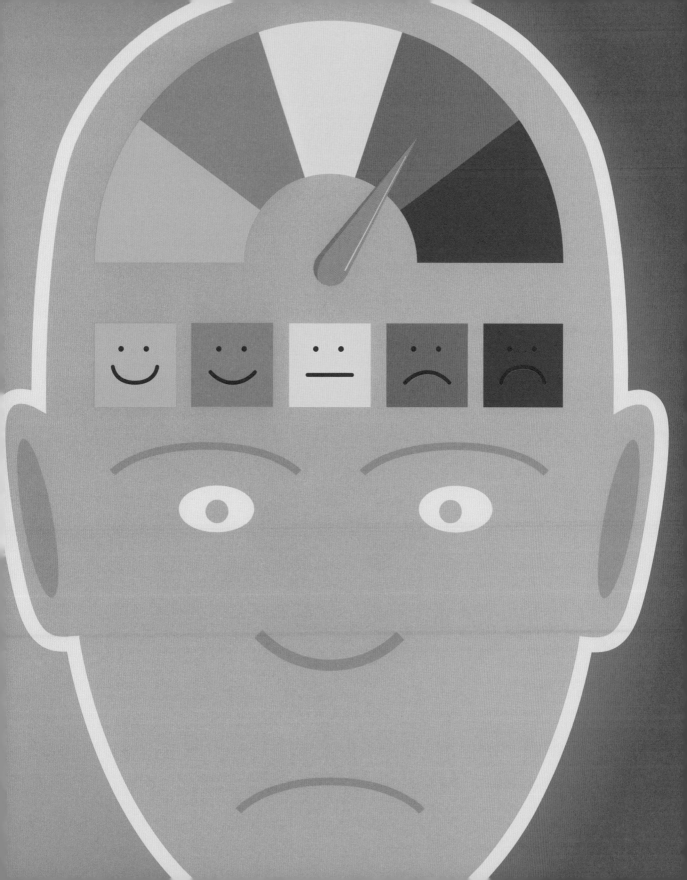

Sistema regulatorio

El cuerpo humano es un conjunto de 38 billones de células organizadas en sistemas. Para que funcionen bien hay un sistema de mecanismos de respuesta controlados por el cerebro.

Mantener la estabilidad

La homeostasis es el proceso de mantener un entorno interior estable. Funciones clave como la respiración, la frecuencia cardíaca, el pH, la temperatura y el equilibrio iónico deben mantenerse dentro de límites operativos estrictos para evitar que nos pongamos enfermos. Mientras el cuerpo funciona, sus sistemas se alejan constantemente de su equilibrio o punto de ajuste (el valor en el que un sistema funciona mejor). Cuando la diferencia es demasiado grande, el cuerpo inicia un ciclo de retroalimentación que devuelve el sistema a su nivel ideal. Muchas de estas funciones están controladas por una parte del tronco del encéfalo llamada formación reticular.

3 **Señales enviadas**
Después, las señales se envían directamente al tálamo y al hipotálamo, así como a las áreas apropiadas de la corteza cerebral, para tomar una decisión y responder al estímulo.

El área excitadora de la formación reticular amplifica señales importantes

¿QUÉ ES LA FORMACIÓN RETICULAR?

La formación reticular consta de unos 100 núcleos que se proyectan hacia el prosencéfalo, el cerebelo y el tronco del encéfalo y controlan funciones vitales.

ANESTESIA GENERAL

El funcionamiento de la anestesia general, una parte vital de la cirugía moderna, aún no se entiende del todo. Se sabe que actúa sobre el sistema activador reticular (que comprende la formación reticular y sus conexiones) para suprimir la conciencia, y sobre el hipocampo para suspender temporalmente la formación de recuerdos. Los anestésicos también afectan a los núcleos del tálamo, impidiendo el flujo de información sensorial desde el cuerpo al cerebro.

Las señales viajan a varias áreas de la corteza cerebral

TÁLAMO

El hipotálamo regula el sueño, el hambre y la temperatura corporal

El tálamo transmite señales sensoriales a la corteza cerebral

2 **Señales procesadas**
En la formación reticular, las señales no deseadas se suprimen en el área inhibidora, mientras que otras se amplifican en el área excitadora.

El área inhibidora de la formación reticular amortigua las señales no deseadas

BULBO RAQUÍDEO

MÉDULA ESPINAL

1 **Las señales suben por la columna vertebral**
Las señales sensoriales entrantes de todo el cuerpo viajan hasta la formación reticular.

Los impulsos suben por la médula espinal

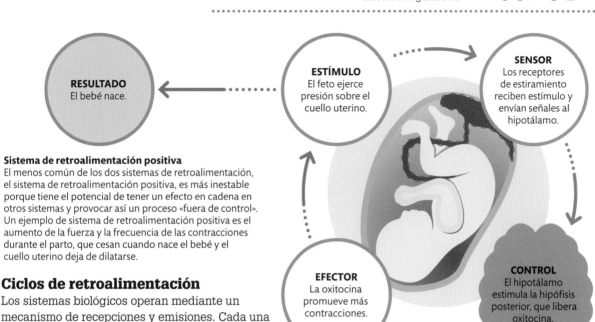

RESULTADO
El bebé nace.

ESTÍMULO
El feto ejerce presión sobre el cuello uterino.

SENSOR
Los receptores de estiramiento reciben estímulo y envían señales al hipotálamo.

EFECTOR
La oxitocina promueve más contracciones.

CONTROL
El hipotálamo estimula la hipófisis posterior, que libera oxitocina.

Sistema de retroalimentación positiva

El menos común de los dos sistemas de retroalimentación, el sistema de retroalimentación positiva, es más inestable porque tiene el potencial de tener un efecto en cadena en otros sistemas y provocar así un proceso «fuera de control». Un ejemplo de sistema de retroalimentación positiva es el aumento de la fuerza y la frecuencia de las contracciones durante el parto, que cesan cuando nace el bebé y el cuello uterino deja de dilatarse.

Ciclos de retroalimentación

Los sistemas biológicos operan mediante un mecanismo de recepciones y emisiones. Cada una de estas está causada por un evento y causa otro a su vez. Los ciclos de retroalimentación amplifican la emisión de información de un sistema (retroalimentación positiva) o inhiben la emisión de información del sistema (retroalimentación negativa). Los ciclos de retroalimentación son importantes porque permiten que los organismos vivos mantengan la homeostasis.

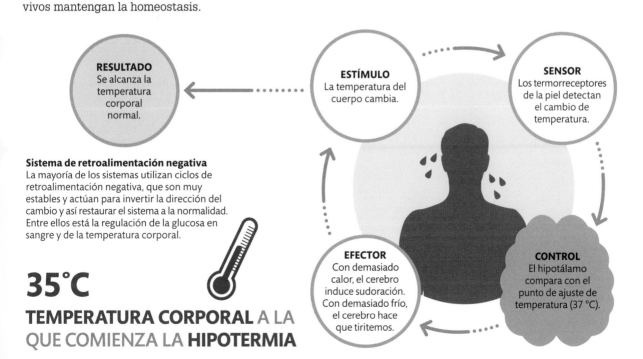

RESULTADO
Se alcanza la temperatura corporal normal.

ESTÍMULO
La temperatura del cuerpo cambia.

SENSOR
Los termorreceptores de la piel detectan el cambio de temperatura.

EFECTOR
Con demasiado calor, el cerebro induce sudoración. Con demasiado frío, el cerebro hace que tiritemos.

CONTROL
El hipotálamo compara con el punto de ajuste de temperatura (37 °C).

Sistema de retroalimentación negativa

La mayoría de los sistemas utilizan ciclos de retroalimentación negativa, que son muy estables y actúan para invertir la dirección del cambio y así restaurar el sistema a la normalidad. Entre ellos está la regulación de la glucosa en sangre y de la temperatura corporal.

35°C
TEMPERATURA CORPORAL A LA QUE COMIENZA LA HIPOTERMIA

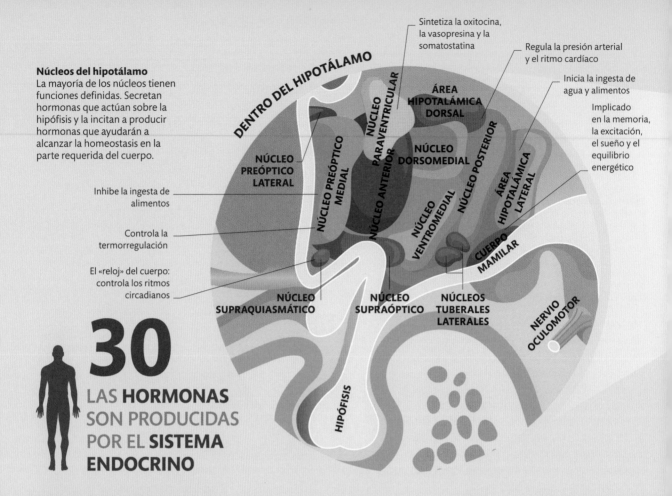

Núcleos del hipotálamo
La mayoría de los núcleos tienen funciones definidas. Secretan hormonas que actúan sobre la hipófisis y la incitan a producir hormonas que ayudarán a alcanzar la homeostasis en la parte requerida del cuerpo.

DENTRO DEL HIPOTÁLAMO

Sintetiza la oxitocina, la vasopresina y la somatostatina

Regula la presión arterial y el ritmo cardíaco

Inicia la ingesta de agua y alimentos

Implicado en la memoria, la excitación, el sueño y el equilibrio energético

ÁREA HIPOTALÁMICA DORSAL

NÚCLEO PARAVENTRICULAR

NÚCLEO DORSOMEDIAL

NÚCLEO POSTERIOR

ÁREA HIPOTALÁMICA LATERAL

NÚCLEO PREÓPTICO MEDIAL

NÚCLEO PREÓPTICO LATERAL

NÚCLEO ANTERIOR

NÚCLEO VENTROMEDIAL

NÚCLEO DORSOMEDIAL

CUERPO MAMILAR

Inhibe la ingesta de alimentos

Controla la termorregulación

El «reloj» del cuerpo: controla los ritmos circadianos

NÚCLEO SUPRAQUIASMÁTICO

NÚCLEO SUPRAÓPTICO

NÚCLEOS TUBERALES LATERALES

NERVIO OCULOMOTOR

HIPÓFISIS

30

LAS **HORMONAS** SON PRODUCIDAS POR EL **SISTEMA ENDOCRINO**

Sistema neuroendocrino

Mantener la homeostasis (ver p. 90) requiere que el cerebro y el cuerpo se comuniquen. Esto tiene lugar con unos mensajeros químicos llamados hormonas.

El hipotálamo

En el centro del sistema de homeostasis del cerebro está el hipotálamo (ver p. 34). Contiene grupos de neuronas, llamados núcleos, que realizan funciones específicas y tiene conexiones con el sistema nervioso autónomo (ver p. 13), a través del cual envía mensajes para controlar la frecuencia cardíaca, la digestión y la respiración. Cuando el hipotálamo recibe una señal del sistema nervioso, secreta neurohormonas, que estimulan la hipófisis para que secrete hormonas. Estas afectan a órganos de todo el cuerpo y los incitan a aumentar o suprimir su propia producción hormonal.

DESEQUILIBRIO

Si la homeostasis se altera, puede provocar enfermedades y el mal funcionamiento de las células. El cuerpo intenta corregir el problema, pero puede empeorarlo, según lo que provoque el desequilibrio. Genética, estilo de vida y toxinas pueden afectar a la homeostasis.

Productores de hormonas

Las hormonas se usan para dos tipos de comunicación. El primero es entre dos glándulas endocrinas, donde se libera una hormona para estimular a una glándula objetivo a alterar la cantidad de hormona que secreta. El segundo es entre una glándula y un órgano objetivo, como la liberación de insulina del páncreas, que hace que las células musculares absorban glucosa.

El hipotálamo une el sistema nervioso con el sistema endocrino

La glándula pineal libera melatonina en respuesta a los niveles de luz; la melatonina gobierna el ritmo circadiano del cuerpo y regula algunas hormonas reproductivas

La hipófisis, controlada por el hipotálamo, actúa como «glándula maestra»: secreta sus propias hormonas que controlan las demás glándulas

La glándula tiroides y las glándulas paratiroides regulan el metabolismo, el nivel de calcio en sangre y la frecuencia cardíaca

GLÁNDULA PARATIROIDEA

GLÁNDULA TIROIDES

Produce cortisol (regula el metabolismo, la respuesta inmune y la conversión de energía), aldosterona (controla la presión arterial y el equilibrio de sal) y adrenalina (hormona de lucha o huida)

TIMO

Produce glóbulos blancos, que defienden contra virus e infecciones

Libera la hormona grelina, que produce hambre, y la hormona gastrina, que estimula la producción de ácido

Secreta renina y angiotensina, que controlan la presión arterial, así como eritropoyetina, que estimula la producción de glóbulos rojos

GLÁNDULA SUPRARRENAL

ESTÓMAGO

RIÑÓN

RIÑÓN

Secreta insulina, glucagón y somatostatina, que controlan el azúcar en sangre; gastrina, que estimula las células del estómago para que produzcan ácido, y una hormona que controla la secreción y absorción de agua en el intestino

PÁNCREAS

Producir hormonas

El sistema endocrino está formado por glándulas que se dedican específicamente a secretar hormonas y órganos –como el estómago– que no son glándulas pero que son capaces de producir, almacenar y liberar hormonas. Ambos reaccionan a las señales del cerebro aumentando o disminuyendo la producción de hormonas, que luego viajan por el torrente sanguíneo hasta un órgano, donde se fijan en receptores especializados en la superficie de las células. Esto desencadena un cambio fisiológico que restablece la homeostasis.

Produce hormonas reproductivas femeninas, estrógeno y progesterona, que preparan el útero para la menstruación o el embarazo

OVARIO

Producen testosterona, esencial en la producción de esperma, en el mantenimiento de la masa y fuerza muscular, en la libido y en la densidad ósea

TESTÍCULOS

Hambre y sed

Comer y beber es esencial para vivir. Las indicaciones de las hormonas para comer y beber son experimentadas por nuestro cuerpo como hambre y sed.

Hambre

Hay dos tipos de hambre. El hambre hedónica nos hace comer cuando estamos llenos —sobre todo alimentos ricos en grasas, azúcar y sal— y el hambre homeostática (ver derecha) es una respuesta al agotamiento de las reservas de energía. Una vez que los alimentos han pasado por el estómago y el intestino, el estómago vacío libera una hormona llamada grelina. Esta actúa sobre las neuronas del hipotálamo para decirnos que tenemos hambre e incitándonos a comer. Después, el tejido adiposo (que contiene grasa) libera una hormona inhibidora del hambre llamada leptina para evitar que comamos en exceso.

La sensación de hambre

El cerebro, el sistema digestivo y las reservas de grasa forman un sistema interconectado que regula nuestra sensación de hambre. La sensación de hambre puede ser causada por factores internos, como tener el estómago vacío o el descenso de los niveles de azúcar en sangre, o por desencadenantes externos, como ver u oler comida.

LA **DESHIDRATACIÓN** AFECTA A LA **MEMORIA A CORTO PLAZO**, LA **CONCENTRACIÓN** Y EL **NIVEL DE ANSIEDAD**

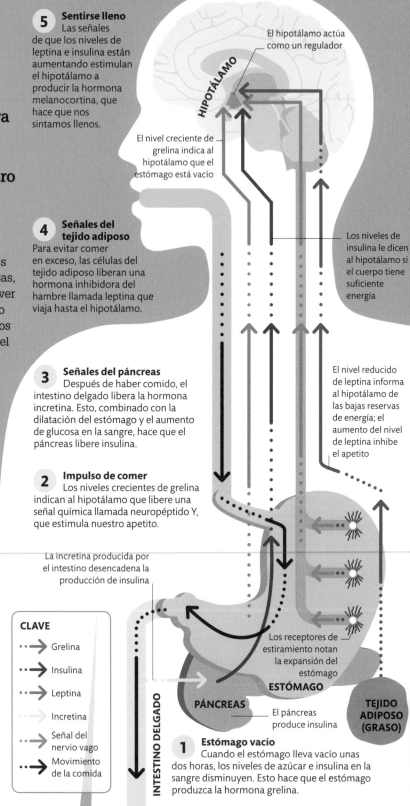

5 Sentirse lleno
Las señales de que los niveles de leptina e insulina están aumentando estimulan el hipotálamo a producir la hormona melanocortina, que hace que nos sintamos llenos.

El hipotálamo actúa como un regulador

El nivel creciente de grelina indica al hipotálamo que el estómago está vacío

4 Señales del tejido adiposo
Para evitar comer en exceso, las células del tejido adiposo liberan una hormona inhibidora del hambre llamada leptina que viaja hasta el hipotálamo.

Los niveles de insulina le dicen al hipotálamo si el cuerpo tiene suficiente energía

3 Señales del páncreas
Después de haber comido, el intestino delgado libera la hormona incretina. Esto, combinado con la dilatación del estómago y el aumento de glucosa en la sangre, hace que el páncreas libere insulina.

El nivel reducido de leptina informa al hipotálamo de las bajas reservas de energía; el aumento del nivel de leptina inhibe el apetito

2 Impulso de comer
Los niveles crecientes de grelina indican al hipotálamo que libere una señal química llamada neuropéptido Y, que estimula nuestro apetito.

La incretina producida por el intestino desencadena la producción de insulina

Los receptores de estiramiento notan la expansión del estómago

ESTÓMAGO

CLAVE
- ⋯→ Grelina
- ⋯→ Insulina
- ⋯→ Leptina
- ⋯→ Incretina
- ⋯→ Señal del nervio vago
- ⋯→ Movimiento de la comida

PÁNCREAS

El páncreas produce insulina

TEJIDO ADIPOSO (GRASO)

INTESTINO DELGADO

1 Estómago vacío
Cuando el estómago lleva vacío unas dos horas, los niveles de azúcar e insulina en la sangre disminuyen. Esto hace que el estómago produzca la hormona grelina.

HIPOTÁLAMO

Sed

Cuando el nivel de agua del cuerpo baja, el de sal aumenta. Las áreas de la sed en el cerebro detectan este aumento y le ordenan al cuerpo que incremente el nivel de agua reduciendo la producción de orina e ingiriendo más líquidos. Después de beber, pasan unos 15 minutos antes de que la concentración de sal en la sangre vuelva a la normalidad. Se cree que la acción de tragar de la garganta al ingerir líquidos envía señales para dejar de beber.

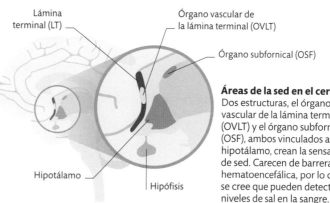

Lámina terminal (LT)
Órgano vascular de la lámina terminal (OVLT)
Órgano subfornical (OSF)
Hipotálamo
Hipófisis

Áreas de la sed en el cerebro

Dos estructuras, el órgano vascular de la lámina terminal (OVLT) y el órgano subfornical (OSF), ambos vinculados al hipotálamo, crean la sensación de sed. Carecen de barrera hematoencefálica, por lo que se cree que pueden detectar niveles de sal en la sangre.

1 Los receptores cardíacos y renales detectan la disminución del volumen sanguíneo y el aumento de sal y alertan al cerebro.

2 El OSF y el OVLT también reciben señales sobre el volumen sanguíneo y la concentración de sal y envían señales al hipotálamo.

3 El hipotálamo transmite estas señales a la hipófisis, que produce la hormona antidiurética (ADH, por sus siglas en inglés).

4 Los niveles altos de ADH indican a los riñones que deben retener agua y secretar renina. Esto a su vez forma la hormona angiotensina II.

5 El OSF detecta la angiotensina II y estimula el hipotálamo para provocar la formación de más ADH.

6 El hipotálamo crea la sensación de sed, provocando la necesidad de beber para restablecer los niveles de agua.

7 Las neuronas inhibidoras de la LT se activan mediante movimientos de deglución en la garganta e impiden mayor ingesta de agua.

¿CUÁNTO SE PUEDE SOBREVIVIR SIN COMIDA NI AGUA?

El promedio es de tres a cuatro días sin agua, pero en determinadas circunstancias se puede pasar hasta dos meses sin comer.

¿ESTÁS DESHIDRATADO?

Los síntomas más evidentes de la deshidratación son sequedad de boca y ojos, y quizá un ligero dolor de cabeza. Otra forma de saberlo es por el color de la orina. Es de color amarillo pálido si estamos bien hidratados. Un color ámbar más oscuro denota una deshidratación severa. Los adultos deben ingerir entre 2 y 2,5 litros de líquido al día.

MUY HIDRATADO

HIDRATADO

MODERADAMENTE DESHIDRATADO

MUY DESHIDRATADO

CRÍTICAMENTE DESHIDRATADO

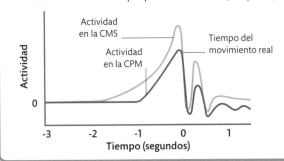
El putamen envía la información almacenada a la corteza parietal posterior

La corteza parietal posterior recibe información del putamen y también evalúa la posición del cuerpo en relación con el entorno

CORTEZA FRONTAL DORSOLATERAL

CORTEZA PARIETAL POSTERIOR

GANGLIOS BASALES

PUTAMEN

TÁLAMO

CORTEZA VISUAL

MÉDULA ESPINAL

La información sensorial va de la corteza visual por el tálamo a la corteza frontal dorsolateral

1 **Recopilar información**
Las áreas sensoriales, como la corteza visual, envían señales a la corteza frontal. El putamen, que almacena las acciones aprendidas, envía información a la corteza parietal, que evalúa si aquellas podrían utilizarse en la nueva situación.

EL **CEREBELO** CONTIENE MÁS DEL **50 POR CIENTO** DE LAS **NEURONAS** DEL CEREBRO

Planear el movimiento

Los movimientos conscientes son los que hacemos de forma deliberada. Implican varias regiones del cerebro e incluyen procesos que están fuera de nuestra conciencia.

El proceso de planificación

Hay varias etapas involucradas en la realización de un movimiento, desde la percepción inicial del entorno hasta la planificación y los ajustes durante el movimiento. Estas etapas ponen en marcha áreas distintas del cerebro, que trabajan en conjunto para producir una respuesta. El área que impulsa el movimiento es la corteza motora, que envía señales a diferentes partes del cuerpo (ver p. 98). Antes de que comience una acción, la corteza frontal dorsolateral y la corteza parietal posterior crean un plan de acción que pasa por dos áreas de la corteza motora: la corteza motora suplementaria (CMS) y la corteza premotora (CPM). El cerebelo coordina el movimiento a medida que este tiene lugar. Los pasos anteriores muestran las áreas del cerebro involucradas y la secuencia de señales en un movimiento típico.

¿POR QUÉ NO SE NOS OLVIDA CÓMO MONTAR EN BICICLETA?

Las células nerviosas del putamen codifican la secuencia de movimientos musculares en nuestra memoria a largo plazo para que sean fácilmente accesibles incluso años después.

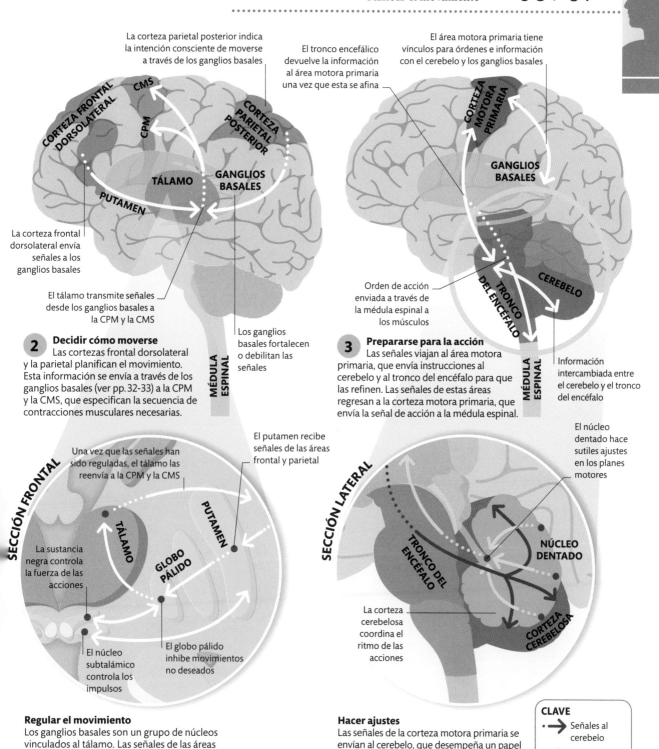

La corteza parietal posterior indica la intención consciente de moverse a través de los ganglios basales

El tronco encefálico devuelve la información al área motora primaria una vez que esta se afina

El área motora primaria tiene vínculos para órdenes e información con el cerebelo y los ganglios basales

CMS

CORTEZA FRONTAL DORSOLATERAL

CPM

CORTEZA PARIETAL POSTERIOR

CORTEZA MOTORA PRIMARIA

GANGLIOS BASALES

TÁLAMO

GANGLIOS BASALES

PUTAMEN

CEREBELO

TRONCO DEL ENCÉFALO

La corteza frontal dorsolateral envía señales a los ganglios basales

El tálamo transmite señales desde los ganglios basales a la CPM y la CMS

Los ganglios basales fortalecen o debilitan las señales

MÉDULA ESPINAL

Orden de acción enviada a través de la médula espinal a los músculos

MÉDULA ESPINAL

Información intercambiada entre el cerebelo y el tronco del encéfalo

2 Decidir cómo moverse
Las cortezas frontal dorsolateral y la parietal planifican el movimiento. Esta información se envía a través de los ganglios basales (ver pp. 32-33) a la CPM y la CMS, que especifican la secuencia de contracciones musculares necesarias.

3 Prepararse para la acción
Las señales viajan al área motora primaria, que envía instrucciones al cerebelo y al tronco del encéfalo para que las refinen. Las señales de estas áreas regresan a la corteza motora primaria, que envía la señal de acción a la médula espinal.

El núcleo dentado hace sutiles ajustes en los planes motores

SECCIÓN FRONTAL

Una vez que las señales han sido reguladas, el tálamo las reenvía a la CPM y la CMS

El putamen recibe señales de las áreas frontal y parietal

PUTAMEN

TÁLAMO

SECCIÓN LATERAL

NÚCLEO DENTADO

La sustancia negra controla la fuerza de las acciones

GLOBO PÁLIDO

TRONCO DEL ENCÉFALO

El núcleo subtalámico controla los impulsos

El globo pálido inhibe movimientos no deseados

La corteza cerebelosa coordina el ritmo de las acciones

CORTEZA CEREBELOSA

Regular el movimiento
Los ganglios basales son un grupo de núcleos vinculados al tálamo. Las señales de las áreas frontal y parietal son procesadas por circuitos en los ganglios basales que amplifican o inhiben las señales de movimiento.

Hacer ajustes
Las señales de la corteza motora primaria se envían al cerebelo, que desempeña un papel en la medición del tiempo. También realiza ajustes en tiempo real de los movimientos en respuesta a nuestro entorno.

CLAVE
Señales al cerebelo
Señales del cerebelo

Moverse

Cuando el cerebro ha planeado un movimiento (ver pp. 96-97), envía señales a los músculos por el sistema nervioso para hacerlo realidad.

Desde el cerebro a la médula espinal

Las señales de las áreas motora y parietal de la corteza se envían por los axones de las neuronas, a través del tronco del encéfalo, para comunicarse con las neuronas motoras de la médula espinal. La mayoría de los axones forman parte del tracto corticoespinal lateral, que se cruza en la base del tronco del encéfalo para que los axones de un hemisferio cerebral conecten con los nervios motores del otro lado del cuerpo. Otros tractos nerviosos se originan en diferentes partes del mesencéfalo y tienen funciones específicas.

MOVIMIENTOS SIMPLES Y COMPLEJOS

CORTEZA MOTORA PRIMARIA

HOMÚNCULO MOTOR

Este homúnculo motor muestra qué áreas de la corteza motora controlan qué áreas del cuerpo. Las áreas de partes adyacentes del cuerpo, como el brazo y la mano, suelen estar agrupadas. Las partes del cuerpo se muestran en proporción; las que realizan movimientos complejos, como el rostro y la mano, ocupan más espacio en la corteza que las que se ocupan de movimientos simples, como el pie.

LADO IZQUIERDO DEL CEREBRO

CORTEZA PARIETAL

CEREBELO

CORTEZA MOTORA PRIMARIA

MÉDULA ESPINAL

MESENCÉFALO

La mayoría de las señales se originan en la corteza motora primaria

Los axones se acumulan en el mesencéfalo y se unen a la médula espinal

Las neuronas motoras superiores envían señales a la médula espinal

---

TRACTOS ESPINALES

El tracto corticoespinal lateral se inicia en la corteza y atraviesa el tálamo

El tracto rubroespinal ayuda al control motor fino

Los axones cruzan al otro lado debajo del tronco encefálico

El tracto reticuloespinal ayuda a coordinar el movimiento

PUENTE TRONCO-ENCEFÁLICO

TÁLAMO

MÉDULA ESPINAL

Núcleo rojo

Formación reticular

Los axones cruzan al lado opuesto del cuerpo en el mesencéfalo

El tracto vestibuloespinal se inicia en el tronco del encéfalo y ayuda a regular el equilibrio y la orientación

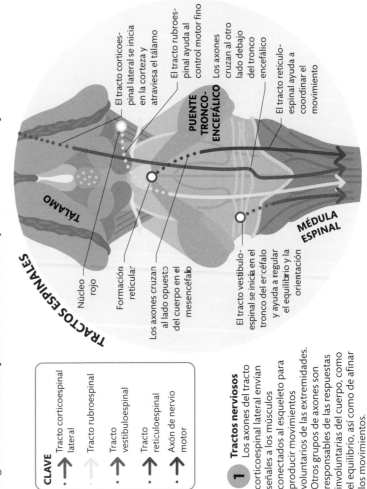

CLAVE

- Tracto corticoespinal lateral
- Tracto rubroespinal
- Tracto vestibuloespinal
- Tracto reticuloespinal
- Axón de nervio motor

1 Tractos nerviosos

Los axones del tracto corticoespinal lateral envían señales a los músculos conectados al esqueleto para producir movimientos voluntarios de las extremidades. Otros grupos de axones son responsables de las respuestas involuntarias del cuerpo, como el equilibrio y la de afinar los movimientos.

MÉDULA ESPINAL

Neuronas motoras superiores

MATERIA BLANCA

MATERIA GRIS

CUERNO VENTRAL

Neuronas motoras inferiores

2 Las neuronas motoras superiores e inferiores están en el cuerno ventral de la médula espinal. La parte exterior de este lleva nervios hasta las manos y los pies; la parte central los lleva a la parte superior de los brazos y los muslos.

Las neuronas motoras inferiores transmiten señales desde la médula espinal a los músculos

NERVIO RADIAL

MÚSCULO

BRAZO DERECHO

El músculo se contrae y mueve la articulación, lo que hace que el brazo se doble

¿CUÁNTO TARDA UNA SEÑAL EN VIAJAR DEL CEREBRO AL MÚSCULO?

Las señales pueden viajar desde el cerebro hasta nuestros músculos a una velocidad de hasta **120 m/s.**

UNIÓN NEUROMUSCULAR

Dirección de la señal

Acetilcolina

FIBRA MUSCULAR

HENDIDURA SINÁPTICA

TERMINAL DEL AXÓN

Receptor de acetilcolina

3 En la unión neuromuscular, el extremo del axón libera acetilcolina, un neurotransmisor (ver p. 24). La acetilcolina se une a receptores en la membrana de las células musculares. Esto desencadena reacciones químicas que hacen que la fibra muscular se contraiga.

Ejecutar el movimiento

Las señales nerviosas hacen contraer un músculo para que tire de su articulación y mueva una parte de la extremidad. Los músculos utilizados en movimientos finos tienen más terminaciones nerviosas que los usados para movimientos simples.

De la médula al músculo

En la médula espinal, los axones del tracto corticoespinal, cubiertos por una vaina de mielina, forman la materia blanca. La materia gris del centro de la médula espinal está formada por los cuerpos celulares de las neuronas motoras. Los extremos de los axones corticoespinales (neuronas motoras superiores) hacen sinapsis con las neuronas motoras (neuronas motoras inferiores) en el cuerno ventral de la sustancia gris. Los axones de las neuronas inferiores salen de la médula por espacios en las vértebras (ver p. 12) y van a las fibras musculares. El punto donde las terminaciones nerviosas activan las fibras musculares para completar el movimiento se llama unión neuromuscular.

Movimientos inconscientes

Muchas acciones voluntarias las realizamos sin pensar porque estamos muy acostumbrados a ellas. Otro tipo de movimiento inconsciente es la acción refleja, una respuesta instintiva al peligro.

¿POR QUÉ AUMENTA EL TIEMPO DE REACCIÓN SI ESTAMOS CANSADOS?

Cuando estamos cansados, las neuronas se ralentizan, lo que afecta a la percepción visual y la memoria. Esto significa que respondemos a los eventos más despacio.

Vías de reacción

La información visual es clave para planear los movimientos. La información procedente de la corteza visual sigue dos rutas en el cerebro (ver pp. 70-71). La ruta superior (o dorsal), que va al lóbulo parietal, guía nuestras acciones en tiempo real, y la ruta inferior (o ventral), que termina en el lóbulo temporal, desencadena experiencias visuales almacenadas para ayudarnos a interpretar lo que vemos y a responder.

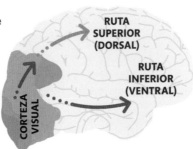

Vías visuales en el cerebro
La ruta dorsal transporta información sobre la posición del cuerpo y de otros objetos, mientras que la ruta ventral recurre a la percepción y la memoria para identificar objetos. El cerebro utiliza esta información para juzgar la fuerza y la dirección necesarias para un movimiento.

Acciones coordinadas

Cualquier secuencia de acciones exige coordinación entre diferentes partes del cerebro: primero, hay que centrar la atención en la tarea; después, integrar la información sensorial y la memoria para crear un plan, y luego activar el área motora para actuar. Adquirir una nueva habilidad, como conducir o practicar un deporte, implica aprender y practicar secuencias de movimientos de modo que se vuelvan casi inconscientes. Cuando aprendemos una habilidad, nuestras células cerebrales forman nuevas conexiones. Al dominar una habilidad (ver cuadro a la derecha), hay mucha menos actividad cortical asociada a esa tarea que cuando éramos novatos. Como resultado, las acciones de una persona experta (como un tenista profesional) son más rápidas, precisas y sutiles.

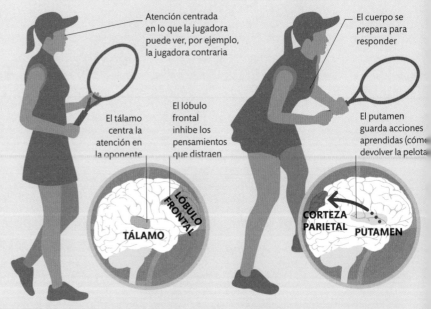

Atención centrada en lo que la jugadora puede ver, por ejemplo, la jugadora contraria

El cuerpo se prepara para responder

El tálamo centra la atención en la oponente

El lóbulo frontal inhibe los pensamientos que distraen

El putamen guarda acciones aprendidas (cómo devolver la pelota)

1 Atención
Al prepararse para la acción, el tálamo dirige la atención al área donde ocurrirá la actividad (como la jugadora contraria) y los lóbulos frontales bloquean pensamientos que distraen para que la jugadora se concentre en señales visuales.

2 Memoria
Las señales visuales activan la corteza parietal para invocar recuerdos de secuencias de acción del putamen. La corteza parietal utiliza esta información para evaluar el contexto y crear un modelo interno para la acción.

Acciones reflejas

Los reflejos son respuestas de una fracción de segundo ante un peligro, y no tenemos que aprenderlos ni pensarlos; el cuerpo reacciona automáticamente. Las acciones reflejas involucran a los mismos músculos de los movimientos voluntarios, pero el cerebro no participa en la respuesta inicial instantánea, sino que la señal de los nervios sensoriales viaja a la médula espinal, lo cual desencadena una respuesta que viaja a lo largo de los nervios motores. Después se envían señales adicionales al cerebro para codificar la memoria en caso de que el peligro vuelva a ocurrir.

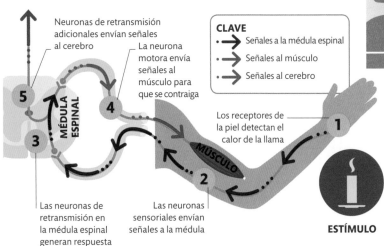

Neuronas de retransmisión adicionales envían señales al cerebro

La neurona motora envía señales al músculo para que se contraiga

CLAVE
- Señales a la médula espinal
- Señales al músculo
- Señales al cerebro

Los receptores de la piel detectan el calor de la llama

MÉDULA ESPINAL

MÚSCULO

Las neuronas de retransmisión en la médula espinal generan respuesta

Las neuronas sensoriales envían señales a la médula

ESTÍMULO

LAS NEURONAS Y VÍAS NERVIOSAS CAMBIAN CONSTANTEMENTE EN RESPUESTA A LAS EXPERIENCIAS

Ignorar el cerebro

Los reflejos son una respuesta neuronal simple: el arco reflejo. Los receptores de la piel y los músculos envían una señal de peligro por las neuronas sensoriales hasta la médula espinal; allí, las neuronas de retransmisión hacen sinapsis con las motoras para desencadenar la respuesta.

Comienza la secuencia de movimiento

La pelota va hacia la jugadora

La corteza motora primaria planifica y ejecuta el movimiento

La corteza premotora planifica el movimiento

CORTEZA MOTORA

CORTEZA VISUAL

3 Planificación
A la hora de crear un plan de acción, el cerebro combina información visual en tiempo real y patrones para secuencias de movimiento almacenados. Esto se ensaya primero en la corteza premotora y luego se envía a la corteza motora primaria.

4 Acción consciente
Cuando la jugadora es consciente de que está actuando, la secuencia de movimiento ya está en marcha. Es más probable que la acción sea efectiva si la jugadora tiene suficiente habilidad, conocimientos almacenados e información.

DESARROLLAR COMPETENCIA

Al aprender una nueva habilidad se pasa por varias etapas. Un principiante debe trabajar duro para adquirir pericia. Con la práctica, las vías neuronales se desarrollan de manera que puede desempeñarse bien sin pensar en ello.

Competencia inconsciente
Realizar la acción es automático

Competencia consciente
Capaz de usar la habilidad, pero solo con esfuerzo

Incompetencia consciente
Consciente de la habilidad necesaria pero sin competencia

Incompetencia inconsciente
Desconocimiento de la habilidad necesaria y falta de competencia

Neuronas espejo

No solo se aprende practicando una nueva habilidad, también aprendemos observando a los demás. Se cree que este tipo de aprendizaje involucra unas células nerviosas en el cerebro llamadas neuronas espejo que nos permiten experimentar acciones sin realmente realizarlas.

¿Qué son las neuronas espejo?

Las neuronas espejo se activan cuando realizamos una acción y cuando vemos realizarla a otra persona. Se descubrieron en monos, pero también se han encontrado en humanos. La mayoría de los estudios han utilizado imágenes por resonancia magnética funcional (IRMf, ver p. 43), pero un estudio observó a personas con electrodos implantados en el cerebro. En este caso, se detectaron neuronas espejo en la corteza motora suplementaria, donde se planifican las secuencias de movimiento, así como en el hipocampo, que gobierna la memoria y la orientación.

¿Dónde están?
Se han encontrado neuronas espejo en varias áreas de la corteza, así como en estructuras más profundas del cerebro, como el hipocampo.

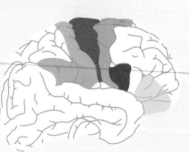

CLAVE

- ⬤ Corteza premotora
- ⬤ Parte del área de Broca
- ○ Circunvolución frontal inferior
- ⬤ Corteza motora suplementaria
- ⬤ Corteza motora primaria
- ⬤ Corteza somatosensorial
- ⬤ Corteza parietal inferior

Imitar el movimiento

Los científicos sugieren que las neuronas espejo ayudan a imitar el movimiento. Según esta teoría, la información sobre el propósito de una acción se transmite a las neuronas espejo de áreas del cerebro como la corteza prefrontal, responsable del análisis. Las neuronas espejo de varias áreas motoras codifican una simulación de la acción, que se convierte en parte de nuestra propia programación motora. Luego podemos utilizar este «programa» para realizar la acción nosotros mismos.

Observar una acción
Las neuronas espejo responden de manera distinta a diversas acciones de la cara y las extremidades. Así, las neuronas de diferentes áreas del cerebro se activan para los movimientos del propio cuerpo, como masticar, y los enfocados a un objeto visible, como morder una fruta.

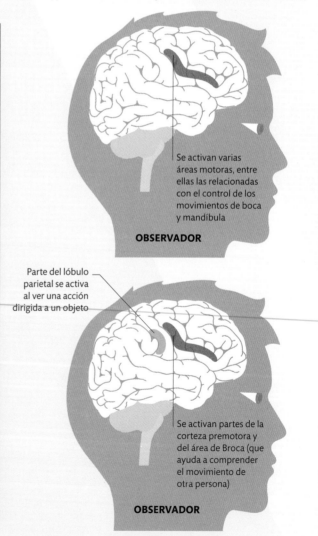

Se activan varias áreas motoras, entre ellas las relacionadas con el control de los movimientos de boca y mandíbula

OBSERVADOR

Parte del lóbulo parietal se activa al ver una acción dirigida a un objeto

Se activan partes de la corteza premotora y del área de Broca (que ayuda a comprender el movimiento de otra persona)

OBSERVADOR

¿OTROS ANIMALES TIENEN NEURONAS ESPEJO?

Las neuronas espejo se descubrieron por primera vez en macacos. También se han encontrado en algunas aves, sobre todo aves cantoras, y más recientemente en ratas.

1 Observar un movimiento corporal

Observar a una persona realizar una acción no vinculada a un objeto, como masticar, activa en el observador la corteza premotora, área vinculada al ensayo de secuencias de acción planificadas. También activa áreas en la corteza motora primaria asociadas con los movimientos de la boca y la mandíbula.

ACCIÓN SIN OBJETO

2 Observar una acción sobre un objeto

Observar una acción practicada sobre un objeto, como una persona que muerde una fruta, activa áreas similares de la corteza motora. Sin embargo, las neuronas espejo también se activan en un área adicional, la corteza parietal, que participa en la interpretación de la información sensorial y en el suministro de información sobre la posición del cuerpo.

ACCIÓN CON UN OBJETO

BOSTEZAR

Las neuronas espejo explican el «bostezo contagioso» (impulso de bostezar cuando vemos hacerlo a otra persona). Las exploraciones por IRMf de personas a las que se enseñó vídeos de otros bostezando mostraron actividad en la circunvolución frontal inferior derecha, asociada con las neuronas espejo.

Comprender la intención

Las neuronas espejo se activan de varias maneras cuando vemos a otros realizando ciertas acciones, lo que sugiere que podrían desempeñar un papel en la decodificación de la intención. Observar acciones similares en diferentes contextos (como ver a alguien coger una taza para beber o para guardarla) desencadena diferentes niveles de actividad neuronal en la circunvolución frontal inferior, un área del cerebro que dirige nuestra atención a los objetos de nuestro entorno.

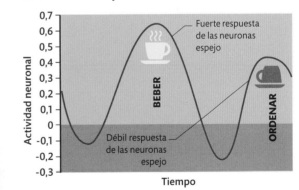

Intención y actividad cerebral
La actividad del cerebro es mayor cuando vemos a alguien que agarra una taza para beber que cuando lo vemos agarrarla para guardarla. Algunos científicos sugieren que esto puede deberse a que beber tiene una función biológica mayor que ordenar.

LAS ONDAS CEREBRALES DE LOS MÚSICOS SE SINCRONIZAN CUANDO TOCAN JUNTOS

COMUNICACIÓN

Emociones

Las emociones son respuestas fisiológicas a eventos externos fruto de la experiencia acompañadas de sentimientos distintivos. Evolucionaron para evitar el peligro y acercarnos a la recompensa.

Emociones básicas

Existen cuatro sentimientos conscientes distintos: ira, miedo, felicidad y tristeza. Pueden combinarse y nos hacen sentir una variedad de emociones. En general, las emociones son experiencias positivas o negativas de intensidad variable. Los estados emocionales están asociados con cambios fisiológicos que afectan a la forma en que pensamos y nos comportamos. Por ejemplo, vemos el mundo de manera diferente si estamos relajados o si tenemos miedo. Esta coordinación de la fisiología, la conducta y el pensamiento con el sentimiento es lo que nos hace adaptar una conducta en respuesta a los acontecimientos.

Emociones

De las cuatro experiencias emocionales clave surgen otras. Un estudio reciente descubrió que puede haber 27 tipos de experiencia emocional, algunas de las cuales se muestran aquí. Ciertas emociones se localizan en gradientes, como pasar de la ansiedad al miedo y al horror.

LAS **HORMONAS** QUE LANZAN UNA RESPUESTA **EMOCIONAL** TARDAN EN ABSORBERSE **6 SEGUNDOS**

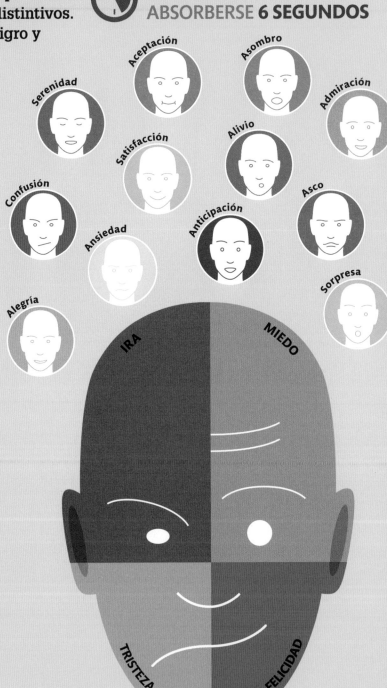

¿POR QUÉ LLORAMOS?

Solo los humanos lloramos, y no se sabe por qué. Tanto la tristeza como la alegría pueden provocar lágrimas. El llanto cumple una función interpersonal, indica que sentimos angustia emocional para evocar respuestas sociales apropiadas. Es catártico, pues permite una participación y un procesamiento emocional total beneficioso para la salud mental.

Anatomía de la emoción

En respuesta a un estímulo, el cerebro inicia cambios hormonales que desencadenan cambios fisiológicos que nos preparan para responder de manera adecuada al estado emocional actual. Los cambios de la frecuencia cardíaca, la alteración del flujo sanguíneo y la sudoración se asocian con emociones intensas y se pueden sentir conscientemente, aumentando la intensidad emocional.

¿DE QUÉ SIRVE LA RISA?

La relajación que resulta de un ataque de risa inhibe la respuesta biológica de lucha o huida.

Felicidad y tristeza

La serotonina, la dopamina, la oxitocina y las endorfinas son hormonas que afectan profundamente a nuestra felicidad. Las emociones se sienten en todo el cuerpo, y diferentes emociones se sienten en diferentes lugares. Aquí se muestran los efectos de la serotonina.

SEROTONINA

El cerebro produce la mayoría de las hormonas relacionadas con la felicidad

El ritmo cardíaco desciende

Gran cantidad de serotonina producida por el intestino grueso

Sensación de bienestar en todo el cuerpo

FELICIDAD

Niveles bajos de serotonina en el cerebro

Sensación física aumentada en el cuello y el pecho

Menor producción de serotonina

Sensación de menor actividad de las extremidades

TRISTEZA

CLAVE

◯ Sentimientos positivos
⬤ Sentimientos negativos

Emociones inconscientes

En las respuestas automáticas primitivas, como el reflejo de lucha o huida, la velocidad es fundamental. Algunos estímulos llenos de emociones que aparecen demasiado rápido para ser percibidos conscientemente pueden evocar respuestas emocionales y activar el cuerpo amigdalino. Estas respuestas iniciales dan forma a cómo procesa la corteza la información. El cuerpo amigdalino participa en el recuerdo emocional, que puede activarse automáticamente en el futuro.

Corteza sensorial
La información sensorial transmitida a la corteza sensorial se procesa ampliamente para crear percepción consciente y se integra con información almacenada. Esto lleva tiempo.

Hipocampo
El hipocampo procesa la información percibida de forma consciente y crea recuerdos. También compara las señales entrantes con recuerdos anteriores y ajusta las respuestas emocionales.

VÍA LENTA Y PRECISA

Tálamo
La información entrante se transmite al cuerpo amigdalino para una evaluación y acción rápidas, y también a las áreas corticales, donde ingresa a la conciencia.

Cuerpo amigdalino
El cuerpo amigdalino evalúa instantáneamente la importancia emocional de la información entrante y envía rápidamente señales a otras áreas para una acción física inmediata.

VÍA RÁPIDA

Hipotálamo
Las señales del cuerpo amigdalino provocan cambios hormonales y señales del sistema nervioso autónomo que preparan el cuerpo para responder a estímulos emocionales.

Dos vías

El proceso consciente de las emociones implica integrar información sensorial con recuerdos almacenados y razonados de una situación; esta es la «vía lenta y precisa». Por el contrario, las respuestas inconscientes, por la «vía rápida», ocurren mucho más rápido. La corteza prefrontal es importante en la regulación emocional consciente.

Miedo e ira

El miedo y la ira desencadenan la liberación de hormonas en el cuerpo que nos preparan para afrontar las amenazas. Sin embargo, en el mundo moderno, la ansiedad prolongada puede provocar una sobreactivación del sistema nervioso simpático y provocar problemas de salud.

Lucha o huida

Cuando vemos una posible amenaza, la información visual viaja al cuerpo amigdalino, una pequeña parte del cerebro que procesa las emociones. El cuerpo amigdalino envía una señal al hipotálamo, que activa el sistema nervioso simpático y prepara al cuerpo para reaccionar ante el peligro (ver p. 13). El hipotálamo también envía señales a la hipófisis y a las glándulas suprarrenales, que secretan hormonas como cortisol y adrenalina. El efecto combinado de estos procesos es iniciar nuestro reflejo de lucha o huida, que prepara a nuestro cuerpo para atacar o para escapar.

Hipotálamo
Tálamo
Corteza visual
Cuerpo amigdalino

Responder al peligro
Las señales viajan al tálamo y al cuerpo amigdalino, y el hipotálamo produce hormonas de lucha o huida. Una vía más lenta y consciente, en la que participa la corteza, también evalúa la situación (ver p. 107).

Las pupilas se dilatan
Nuestras pupilas se agrandan, dejando entrar más luz para que podamos ver la amenaza con mayor claridad.

Las venas se contraen
El flujo sanguíneo se dirige lejos de la superficie de la piel, por lo que nos ponemos pálidos.

Se produce menos saliva
La secreción de saliva se ralentiza cuando tenemos miedo. Esto causa sequedad en la boca.

Aumenta la sudoración
Nuestras glándulas sudoríparas se activan y comenzamos a sudar para mantenernos frescos en caso de que sea necesario realizar un esfuerzo físico.

Aumenta el ritmo cardiaco
El corazón late más rápido para bombear sangre rica en oxígeno y nutrientes a donde se necesita en el cuerpo.

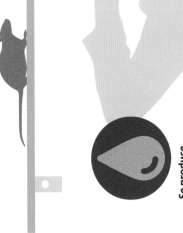

La frecuencia respiratoria aumenta
Esto oxigena nuestros músculos y los prepara para la acción, pero puede provocar síntomas de hiperventilación.

La digestión se ralentiza
Para no desperdiciar energía, la actividad digestiva se reduce. En casos extremos, podemos llegar a vomitar para expulsar los alimentos no digeridos.

Los músculos se tensan
Los músculos de brazos, piernas y hombros se preparan para la acción. Es posible que estemos tensos o «agarrotados».

EL
4 POR CIENTO
DE TODAS LAS PERSONAS TIENEN **ARACNOFOBIA**, O **MIEDO** A LAS **ARAÑAS**

Se ralentiza el sistema inmunitario
En este momento, combatir las infecciones no es crucial, y el sistema inmunológico se apaga para ahorrar energía.

El azúcar en sangre se dispara
Las reservas de azúcar se liberan del hígado para dar a los músculos la energía que necesitan. También se movilizan los depósitos de grasa.

La sangre fluye a los músculos
La sangre transporta nutrientes y oxígeno a los músculos, preparándolos para luchar o huir del peligro.

Los músculos de la vejiga se relajan
Esto provoca que tengamos la necesidad de orinar, para liberar al cuerpo del exceso de peso y ser más rápidos y ligeros.

Ataques de pánico

Los ataques de pánico son reacciones físicas al miedo o a la ansiedad. Sus síntomas son palpitaciones, dolor en el pecho, respiración rápida y sudor. Al principio, puede parecer que se sufre un infarto. El primer paso para romper el ciclo es darse cuenta de que se trata de un ataque de pánico.

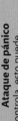

El ciclo del pánico

1 El desencadenante
Un ataque de pánico puede tener un solo desencadenante, como una fobia, o comenzar sin previo aviso con el estrés y la ansiedad.

2 Interpretar el peligro
El cerebro interpreta los sentimientos como peligro y libera hormonas de lucha o huida.

3 Efecto físico Las sensaciones físicas, como un aumento de la frecuencia cardiaca, se producen en respuesta a las hormonas.

4 Más ansiedad
Al no ser consciente del desencadenante y no saber el motivo, la ansiedad aumenta.

5 Los síntomas aumentan
Se liberan más hormonas y los síntomas empeoran, lo que incrementa más la ansiedad.

6 Ataque de pánico
Si no se controla, esto puede convertirse en un ataque de pánico en toda regla. Quien lo sufre puede creer que se está muriendo.

¿Enfado o miedo?

Las reacciones físicas al miedo y a la ira son similares. Es la forma en que interpretamos las sensaciones que experimentamos lo que determina si sentimos miedo o enfado. Una teoría sugiere que si sabemos por qué ocurrió un evento negativo y quién fue el responsable, nos enfadamos. Si no somos capaces de resolver la causa, o está fuera de nuestro control, sentimos miedo.

El contexto es crucial
Que reaccionemos con miedo o ira ante un estímulo concreto suele depender del contexto.

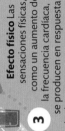

Te despiertan unos ruidos fuertes en casa en plena noche.

Se activa el reflejo de lucha o huida

VIVES SOLO

Vives solo, sabes que no debería haber nadie en casa.

Sin entender la causa, sientes miedo.

VIVES CON ALGUIEN

Recuerdas que tu compañero de piso había salido y ves que ha vuelto.

La sensación se interpreta como ira por un comportamiento desconsiderado.

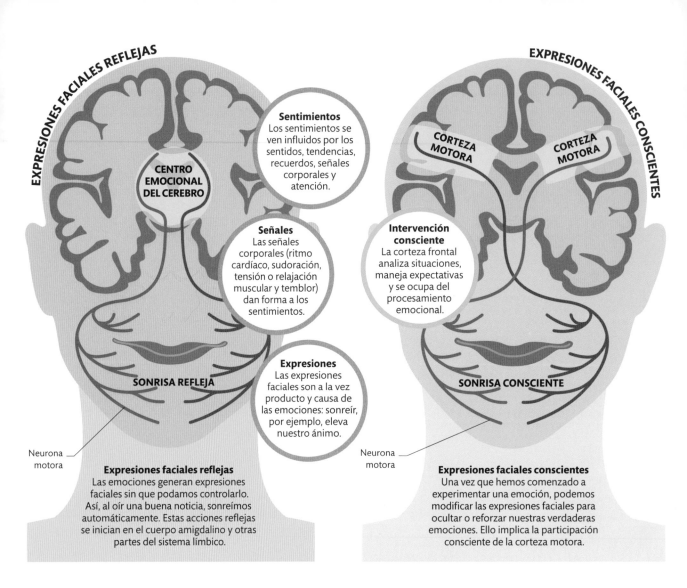

EXPRESIONES FACIALES REFLEJAS

EXPRESIONES FACIALES CONSCIENTES

CENTRO EMOCIONAL DEL CEREBRO

Sentimientos
Los sentimientos se ven influidos por los sentidos, tendencias, recuerdos, señales corporales y atención.

CORTEZA MOTORA

CORTEZA MOTORA

Señales
Las señales corporales (ritmo cardíaco, sudoración, tensión o relajación muscular y temblor) dan forma a los sentimientos.

Intervención consciente
La corteza frontal analiza situaciones, maneja expectativas y se ocupa del procesamiento emocional.

SONRISA REFLEJA

Expresiones
Las expresiones faciales son a la vez producto y causa de las emociones: sonreír, por ejemplo, eleva nuestro ánimo.

SONRISA CONSCIENTE

Neurona motora

Neurona motora

Expresiones faciales reflejas
Las emociones generan expresiones faciales sin que podamos controlarlo. Así, al oír una buena noticia, sonreímos automáticamente. Estas acciones reflejas se inician en el cuerpo amigdalino y otras partes del sistema límbico.

Expresiones faciales conscientes
Una vez que hemos comenzado a experimentar una emoción, podemos modificar las expresiones faciales para ocultar o reforzar nuestras verdaderas emociones. Ello implica la participación consciente de la corteza motora.

Emoción consciente

Las emociones se sienten de forma consciente y, ya sean positivas o negativas, cambiantes o constantes, afectan a nuestra calidad de vida. Los sentimientos conscientes interactúan con los procesos inconscientes que también dan forma a las emociones.

Cómo se forman las emociones
La corteza motora interviene en las expresiones reflejas y en las conscientes, pero aquellas se envían al área motora directamente desde el sistema límbico y no a través de los lóbulos frontales. También podemos modificar conscientemente nuestra respuesta física a las emociones.

Formar emociones

La respuesta emocional es compleja y dinámica. Surge cuando las rápidas reacciones innatas a los estímulos interactúan con un análisis detallado. Las respuestas innatas evolucionaron como las reacciones más beneficiosas ante estímulos importantes. Cuando estos han llamado nuestra atención, hacemos una evaluación razonada. Luego, la forma en la que las emociones cambian depende de nuestras tendencias, experiencias pasadas y cómo evaluamos los flujos de información.

Reacciones emocionales

Las respuestas emocionales evolucionan con el tiempo, desde las respuestas protectoras iniciales hasta otras más meditadas. Imagina que un amigo aparece de un salto: primero sientes miedo, pero al procesarlo el cerebro pasas a la calma. La primera etapa es de la captación de tu atención y de la pronta respuesta del cuerpo amigdalino, que prepara al cerebro consciente para una previsible percepción importante.

CLAVES
- Cuerpo amigdalino
- Corteza visual primaria
- Corteza frontal
- Circunvolución fusiforme (área de reconocimiento facial)
- Corteza motora
- Corteza parietal

Menos de 100 milisegundos
La información sensorial llega al cuerpo amigdalino, que envía señales a la corteza parietal y luego a la corteza motora para generar reacciones rápidas ante estímulos emocionales, como cuando se huye de un peligro.

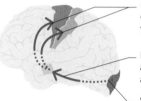

La señal viaja a la corteza motora y parietal

La señal viaja al cuerpo amigdalino

Señal de las áreas sensoriales

100-200 milisegundos
Después, la información llega a los lóbulos frontales, donde se vuelve consciente y donde se planifican las acciones adecuadas.

La información se registra en la corteza frontal

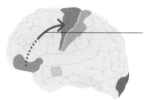

Vía de reconocimiento

350 milisegundos
Las reacciones meditadas se transmiten de vuelta a la corteza motora, que indica las respuestas corporales apropiadas.

Señal del lóbulo frontal a la corteza motora

SEROTONINA

La serotonina, como la dopamina y la noradrenalina, es un neurotransmisor con un papel clave en la regulación del estado de ánimo. Aunque un nivel alto de serotonina no implica siempre la felicidad ni un nivel bajo la tristeza, su disminución se asocia con la depresión y la ansiedad. Muchos antidepresivos aumentan el nivel de serotonina en el cerebro. El ejercicio también ayuda. Así, una caminata rápida o bailar pueden aumentar los niveles de serotonina.

LAS **EMOCIONES** SE **CONTAGIAN**: IMITAMOS LAS **EXPRESIONES** DE LOS **DEMÁS**

Emoción y estado de ánimo

Las emociones son transitorias y surgen de pensamientos o situaciones que actúan como señales para comportamientos adaptativos. Los estados de ánimo duran horas, días o meses. Así, una emoción es la alegría al ver a un amigo, y un estado de ánimo sería la tristeza persistente al quedarse sin trabajo. A diferencia de un estado de ánimo, una emoción suele expresarse en el momento.

COMPORTAMIENTO ADAPTATIVO		
EMOCIÓN	**POSIBLE ESTÍMULO**	**CONDUCTA ADAPTATIVA**
Ira	Comportamiento desafiante de otra persona	La reacción de «lucha» causa una postura o acción dominante y amenazante
Miedo	Amenaza de una persona más fuerte o dominante	«Huida», para evitar amenazas o apaciguar a la persona amenazante
Tristeza	Pérdida de un ser querido	Estado mental retrospectivo y pasivo, para evitar desafíos adicionales
Asco	Objeto insalubre (por ejemplo, comida podrida o entorno sucio)	Comportamiento de aversión: alejarse del entorno insalubre
Sorpresa	Acontecimiento novedoso o inesperado	La atención al objeto de sorpresa maximiza la información sensorial que guía la reacción

Recompensa

El sistema de recompensa nos ayuda a buscar cosas importantes para la supervivencia. Si solo hay una fuente de recompensa, podemos caer en la adicción.

Vías de recompensa

Cuando hacemos algo importante para nuestra supervivencia, como comer cuando tenemos hambre o mantener relaciones sexuales, las neuronas que desencadenan la liberación del neurotransmisor dopamina se activan en el área tegmental ventral (ATV), que envía señales a un área llamada núcleo accumbens. Un aumento de dopamina indica al cerebro que el comportamiento debe repetirse. Las neuronas también envían señales a la corteza frontal, que centra la atención en la actividad beneficiosa.

La oleada de dopamina le dice al cerebro que repita la actividad

Las neuronas de la dopamina se activan y se proyectan a otras áreas

Atención centrada en la actividad

CORTEZA FRONTAL

NÚCLEO ACCUMBENS

SUSTANCIA NEGRA

ATV

SISTEMA LÍMBICO

LA LUZ ENTRA EN EL OJO

La información sensorial se registra en el sistema límbico

1 Estímulo
El estímulo inicial puede originarse fuera del cuerpo, como la visión de la comida, o dentro, como un descenso de los niveles de glucosa.

Ruta a la recompensa
El sistema de recompensa comienza en el ATV del mesencéfalo, pasa al núcleo accumbens, situado en los ganglios basales, y luego a la corteza frontal. La dopamina también viaja desde la sustancia negra a los ganglios basales. Esta vía afecta el control motor.

2 Impulso
La dopamina liberada por la ATV hacia el núcleo accumbens nos impulsa a buscar y trabajar por la recompensa vinculada al estímulo.

3 Deseo
El impulso puede registrarse como un deseo consciente en la corteza, pero a veces pasa desapercibido, o incluso se opone a nuestros deseos conscientes.

5 Recompensa
La recompensa activa «puntos calientes hedónicos» del cerebro, que liberan neurotransmisores similares a los opioides, lo que genera una sensación de placer.

6 Aprendizaje
Si la recompensa es mejor de lo esperado, el cerebro libera más dopamina, fortaleciendo la conexión entre estímulo y recompensa.

4 Acción
Una región de la corteza frontal sopesa la información recibida y decide si buscar la recompensa o no. Entonces el cuerpo actúa para alcanzarla.

Adicción

Las drogas hacen acumular enormes cantidades de dopamina en el sistema de recompensa, mucho más que las recompensas naturales. Esto crea un fuerte impulso de buscar más droga. También hacen que el cerebro reduzca los receptores de dopamina, por lo que las recompensas naturales ya no producen la misma sensación. Se pierde la necesidad de buscar cosas como comida o interacción social. En cambio, las señales de la droga se convierten en desencadenantes poderosos de dopamina y provocan deseos intensos de la sustancia, incluso si el consumidor quiere dejar de consumirla y ya no disfruta.

HASTA UN **60 %** DEL **RIESGO DE ADICCIÓN** ES DE **FACTORES GENÉTICOS**

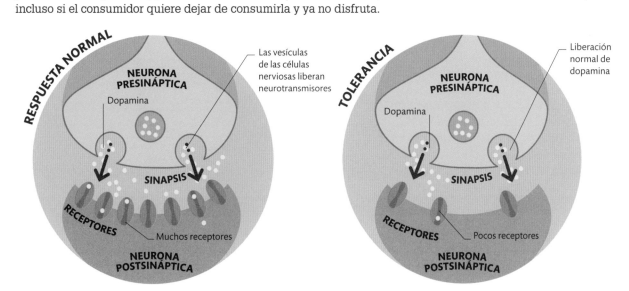

Inundación de dopamina
Algunas drogas aumentan la liberación de dopamina, y otras impiden que esta se recicle. La acumulación en la sinapsis produce una gran respuesta en el cerebro y desencadena el impulso de buscar más droga. Las percepciones del momento se vinculan con la droga y pueden desencadenar una necesidad de consumir la droga en el futuro.

Aumento de la tolerancia
Con el tiempo, el cerebro reduce la cantidad de receptores de dopamina para así contrarrestar el exceso. Finalmente, cuando se liberan cantidades normales de dopamina, esta tiene poco efecto. El usuario puede necesitar dosis cada vez mayores de droga para sentir su efecto, y su deseo de otras recompensas disminuye.

¿POR QUÉ NOS GUSTA LA COMIDA BASURA?

Contiene mucho azúcar, sal y grasa, lo que activa nuestro sistema de recompensa, pues esos nutrientes nos habrían ayudado a sobrevivir cuando la comida escaseaba.

LO QUE QUEREMOS Y LO QUE NOS GUSTA

La vía de recompensa a menudo se denomina «vía del placer», y la dopamina, «sustancia del placer», pero esto no es exacto. La dopamina del núcleo accumbens impulsa el «deseo» de una recompensa, pero es común, por ejemplo, que un drogadicto experimente una gran dependencia sin disfrutar de los efectos de la droga. Puede que el placer lo causen otros neurotransmisores, como los opioides o los endocannabinoides.

Sexo y amor

La reproducción sexual es fundamental para transmitir nuestros genes. Muchas emociones acompañan y facilitan este proceso, y juntas pueden crear el sentimiento del amor.

Amor y atracción

Los estudios científicos sobre el amor y la sexualidad han hallado tres componentes principales: atracción, apego y deseo físico. Estos estados tienen lugar en diferentes escalas temporales y activan regiones del cerebro distintas, que producen hormonas y neurotransmisores. Deseo físico y atracción están estrechamente interrelacionados; ambos son transitorios y desaparecen en un tiempo relativamente corto. Para que las relaciones duren, estos estados deben generar un apego profundo, lo que implica cambios a largo plazo en el cerebro.

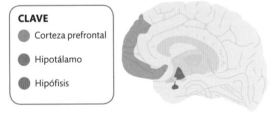

CLAVE
- Corteza prefrontal
- Hipotálamo
- Hipófisis

Áreas del cerebro
El hipotálamo y la hipófisis controlan las primeras fases del vínculo, que están impulsadas por hormonas. Después, la corteza prefrontal introduce el control emocional del apego.

LA DROGA DEL AMOR

La oxitocina, liberada por el hipotálamo, se conoce desde hace mucho tiempo como la hormona que induce el parto en los mamíferos. Más tarde se ha descubierto que es crucial para el vínculo entre madre e hijo y, asimismo, para formar vínculos a largo plazo en las relaciones sexuales y sociales.

DOPAMINA
- El cerebro produce dopamina
- Se activa la vía de recompensa
- Sentimientos de excitación y euforia

SEROTONINA
- El cerebro produce menos serotonina
- Se reducen los niveles de serotonina
- Pérdida de apetito, insomnio, sentimientos obsesivos

NORADRENALINA
- El cerebro produce noradrenalina
- Aumenta el nivel de noradrenalina
- Aumento del nivel de energía, aceleración del corazón, disminución del apetito, insomnio

Atracción
El aumento repentino de los mensajeros químicos dopamina y noradrenalina se combina con niveles reducidos de serotonina y produce sentimientos urgentes de atracción. Entramos en un estado de excitación (corazón acelerado, manos sudorosas y poco apetito), pensamos constantemente en nuestra pareja y ansiamos su compañía.

LA **OXITOCINA REDUCE** LA ACTIVIDAD EN EL CENTRO DEL **MIEDO** DEL CEREBRO

OXITOCINA

- El cerebro produce oxitocina
- Aumentan los niveles de oxitocina
- Sentimientos de unión y satisfacción

HORMONAS SEXUALES

- El hipotálamo desencadena la producción de hormonas sexuales en los testículos o los ovarios
- Aumento de los niveles de testosterona y estrógeno
- Aumenta la libido

- El cerebro produce vasopresina
- Aumentan los niveles de vasopresina
- Sentimientos de vínculo y de atención hacia el otro

VASOPRESINA

Apego
Las hormonas oxitocina y vasopresina tienen múltiples efectos; entre ellos, crear un sentimiento protector hacia nuestro objeto de atracción y hacer que estemos atentos a sus necesidades. Estimulan la formación de vínculos a largo plazo, pero también pueden aumentar la desconfianza hacia los demás.

Atracción física
La atracción física es el impulso primitivo de tener relaciones sexuales, y lo crean las hormonas sexuales testosterona y estrógeno. Aunque estas aumentan la libido en hombres y mujeres respectivamente, por sí solas no crean conexiones duraderas.

Simetría facial
El rostro es clave para determinar lo atractivo que alguien es para los demás. Los seres humanos y los monos prefieren caras simétricas, que indica salud y buenos genes. Muchas especies prefieren también rostros sexualmente dimórficos: los machos prefieren rostros femeninos y viceversa. Estos factores se interrelacionan: una mayor simetría facial aumenta la feminidad o masculinidad percibida de un rostro.

CLAVE
- Rostro simétrico
- Rostro asimétrico

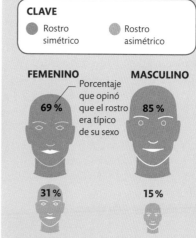

FEMENINO

69 % — Porcentaje que opinó que el rostro era típico de su sexo

31 %

MASCULINO

85 %

15 %

Europeos
Los sujetos europeos, al mostrarles rostros compuestos con simetría alta o baja, opinaron que los rostros con simetría alta parecían más femeninos o masculinos.

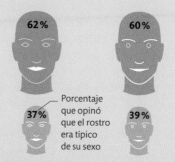

62 %

60 %

37 % — Porcentaje que opinó que el rostro era típico de su sexo

39 %

Hadza
Se obtuvieron resultados similares con sujetos del pueblo hadza, un grupo étnico indígena de Tanzania. Esto sugiere que el vínculo entre simetría y atractivo es universal.

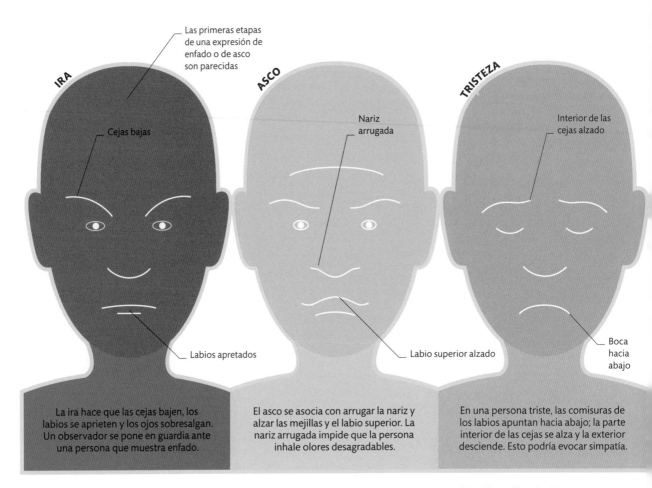

IRA

Las primeras etapas de una expresión de enfado o de asco son parecidas

Cejas bajas

Labios apretados

La ira hace que las cejas bajen, los labios se aprieten y los ojos sobresalgan. Un observador se pone en guardia ante una persona que muestra enfado.

ASCO

Nariz arrugada

Labio superior alzado

El asco se asocia con arrugar la nariz y alzar las mejillas y el labio superior. La nariz arrugada impide que la persona inhale olores desagradables.

TRISTEZA

Interior de las cejas alzado

Boca hacia abajo

En una persona triste, las comisuras de los labios apuntan hacia abajo; la parte interior de las cejas se alza y la exterior desciende. Esto podría evocar simpatía.

Expresiones universales

Los psicólogos han observado que existen seis emociones universales: ira, asco, tristeza, felicidad, miedo y sorpresa. Como los colores, se combinan para dar lugar a las diversas emociones que experimentamos. Cada una está vinculada a una expresión facial distintiva que es similar en todas las culturas. Las expresiones son en parte biológicas y en parte socialmente condicionadas. Cuando nos sorprendemos o tenemos miedo, por ejemplo, abrimos los ojos para captar más luz y observar mejor la situación. Otros aspectos de las expresiones evolucionaron para transmitir señales sociales a miembros de la misma especie.

Expresiones

Las expresiones son extensiones de las emociones. Nos permiten comunicar nuestros sentimientos a los demás y adivinar sus pensamientos y sentimientos. Los psicólogos creen que hay seis emociones básicas, cada una con una expresión asociada.

MICROEXPRESIONES

Las microexpresiones son expresiones faciales minúsculas, involuntarias y, a menudo, casi imperceptibles. Duran medio segundo o menos y la persona que las produce puede no ser consciente de que esta forma de «fuga emocional» está revelando sus verdaderos sentimientos.

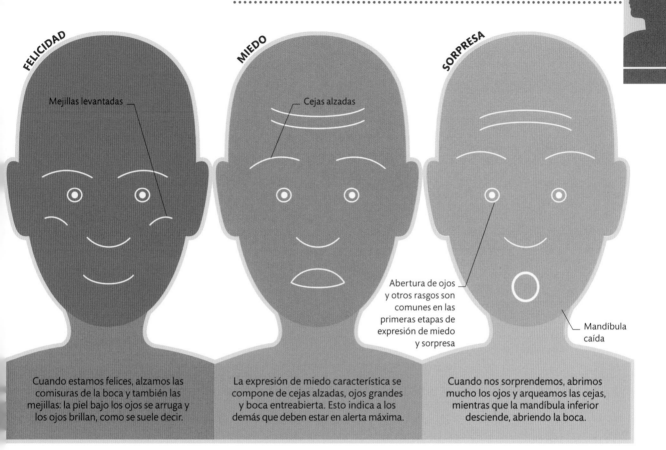

FELICIDAD

Mejillas levantadas

Cuando estamos felices, alzamos las comisuras de la boca y también las mejillas: la piel bajo los ojos se arruga y los ojos brillan, como se suele decir.

MIEDO

Cejas alzadas

La expresión de miedo característica se compone de cejas alzadas, ojos grandes y boca entreabierta. Esto indica a los demás que deben estar en alerta máxima.

SORPRESA

Abertura de ojos y otros rasgos son comunes en las primeras etapas de expresión de miedo y sorpresa

Mandíbula caída

Cuando nos sorprendemos, abrimos mucho los ojos y arqueamos las cejas, mientras que la mandíbula inferior desciende, abriendo la boca.

Sonreír

Una sonrisa puede ser una expresión genuina o una acción consciente y motivada socialmente. Una sonrisa genuina es un acto inconsciente que activa distintos grupos de músculos que una sonrisa social. Si bien en ambos casos la boca se estira y las comisuras se curvan hacia arriba, al sonreír genuinamente contraemos los músculos y las mejillas se levantan, formando «patas de gallo» en los ojos. Las sonrisas conscientes varían y se usan en interacciones sociales distintas: pueden crear vínculos sociales, pero también indicar dominio; a veces sonreímos para ocultar la vergüenza.

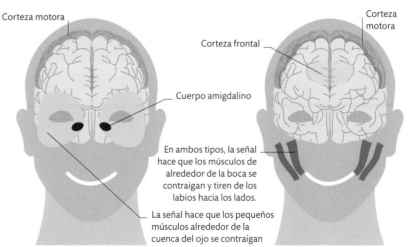

Corteza motora

Corteza frontal

Cuerpo amigdalino

Corteza motora

En ambos tipos, la señal hace que los músculos de alrededor de la boca se contraigan y tiren de los labios hacia los lados.

La señal hace que los pequeños músculos alrededor de la cuenca del ojo se contraigan

Sonrisa genuina
Las contracciones musculares de una sonrisa genuina responden a señales de los centros emocionales del cerebro, como el cuerpo amigdalino, sin que nos demos cuenta.

Sonrisa consciente
El control consciente de la sonrisa social activa la corteza frontal y las señales de la corteza motora. Los músculos de la boca se contraen, pero los de los ojos no podemos controlarlos.

Lenguaje corporal

El lenguaje corporal es comunicación no verbal, en la que nuestros pensamientos, intenciones o sentimientos se expresan mediante comportamientos físicos como postura corporal, gestos, movimientos oculares y expresiones faciales.

FELIZ

Las pupilas pueden encogerse o expandirse

NORMAL

Los músculos del iris se contraen para agrandar la pupila

DILATADA

Comunicación no consciente

La interacción social entre personas implica flujos complejos de comunicación no verbal que se procesan en paralelo al habla. Muchos aspectos del lenguaje corporal surgen de forma instintiva: movimientos de los ojos, expresiones faciales y postura, por ejemplo, cambian sin nuestro control consciente, y pueden mostrar intenciones no expresadas. El lenguaje corporal también se utiliza para señalar abiertamente intenciones sociales, como cuando lanzamos un beso. La riqueza de esta comunicación involucra todo el cuerpo, y nuestro cerebro está en sintonía con ella.

Señales con los ojos
Las pupilas cambian con frecuencia de tamaño y pueden señalar cosas diferentes. Las pupilas dilatadas pueden indicar sorpresa o atracción. Las pupilas contraídas se asocian con emociones negativas, como la ira.

AGRESIVO

MÁS DEL **50 POR CIENTO DE LA COMUNICACIÓN** SE BASA EN NUESTRO **LENGUAJE CORPORAL**

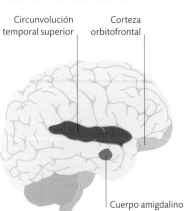

Circunvolución temporal superior

Corteza orbitofrontal

Cuerpo amigdalino

¿TIENEN LOS GESTOS EL MISMO SIGNIFICADO EN TODO EL MUNDO?

No, muchos gestos son específicos culturalmente. Un simple gesto con la mano puede tener significados distintos en diferentes sociedades.

Procesos del cerebro
El procesamiento del lenguaje corporal involucra áreas como el cuerpo amigdalino, que recibe contenido emocional; la circunvolución temporal superior, que responde al ver el movimiento humano, y la corteza orbitofrontal, que analiza el significado. Unas células especiales, llamadas neuronas espejo (ver pp. 102-103), se activan cuando vemos a alguien moverse.

TRISTE

Expresiones faciales
Las expresiones faciales revelan mucho sobre las emociones de una persona (ver pp. 116-117). Los ojos y la boca, en particular, responden automáticamente a los sentimientos intensos, aunque podemos cambiar de forma consciente nuestras expresiones para enmascarar emociones.

DEFENSIVO

Postura
Una postura agresiva consiste en aumentar el tamaño de una persona, normalmente extendiendo los brazos, separando los pies e hinchando el pecho. Esta misma postura puede usarse para invadir el espacio personal de los demás. Por el contrario, las posturas defensivas son cerradas: los brazos cruzados, por ejemplo, son un indicador típico.

Gestos
La mayor parte del lenguaje corporal se realiza de forma inconsciente, pero sobre nuestros gestos tenemos un control más consciente. Los gestos son movimientos del cuerpo que se utilizan para transmitir significado. Hay cuatro categorías de gestos: emblemáticos, deícticos, ilustrativos e icónicos. Pueden usarse en lugar del discurso o junto a él para dar énfasis. Algunos investigadores creen que gestos cada vez más complejos evolucionaron como precursores del habla, la cual ahora define nuestra especie.

TIPOS DE GESTOS

Simbólicos
Son gestos que pueden traducirse literalmente en palabras, por ejemplo, saludar con la mano o hacer la señal de «OK». Son ampliamente conocidos en una cultura determinada, pero es posible que no se reconozcan más allá de esa cultura.

Deícticos
Los gestos deícticos consisten en señalar o indicar de otro modo un objeto concreto, una persona o un elemento más intangible. Se usan con o sin habla, y actúan como los pronombres demostrativos «esto» o «aquello».

Ilustrativos
Este tipo de gesto es breve y está vinculado a patrones del habla, como mover la mano al ritmo del discurso, y se utiliza para dar énfasis. Los gestos ilustrativos no tienen significado inherente y carecen de significado sin la voz.

Léxicos
Estos gestos representan acciones, personas u objetos, como imitar un lanzamiento al contar una historia sobre lanzar una pelota, o mostrar el tamaño de algo con las manos. Acompañan el habla pero tienen significado independiente.

EL LENGUAJE DE SIGNOS

El lenguaje de signos puede parecer un tipo de lenguaje corporal, pero tiene más en común con el habla. Al usarlo se activan las mismas áreas del cerebro (derecha) que al hablar. El lenguaje de signos tiene gramática, y cada gesto posee un significado propio, mientras que el lenguaje corporal puede interpretarse de distintas formas.

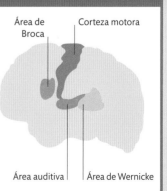

Área de Broca — Corteza motora — Área auditiva — Área de Wernicke

Cómo saber
si alguien miente

Distinguir la verdad de la mentira depende en parte de
conocer a una persona para así poder juzgar si se está
comportando de manera diferente de lo habitual. Con
un conversador seguro y persuasivo, especialmente
alguien que no conocemos, ¿es fácil detectar la mentira?

La respuesta rápida es que no. Los signos tradicionales para reconocer una mentira son desviar la mirada para evitar el contacto visual, cruzar y desplegar los brazos, encogerse de hombros, y mover manos y pies. Pero, los estudios no respaldan estas creencias. Algunas personas veraces pueden estar nerviosas e inquietas. En otras, estas señales indican que hacen un esfuerzo por parecer dignas de confianza.

Los polígrafos o «detectores de mentiras», que registran el pulso y la frecuencia respiratoria, la presión arterial y la sudoración, tienen poca eficacia. Esto se debe en parte al estrés que supone usarlas. Las personas inocentes pero nerviosas pueden dar la impresión de estar mintiendo, y los mentirosos hábiles y tranquilos, de decir la verdad.

Pistas a partir del habla

El habla puede ser un poco más fiable. La vacilación, la repetición de palabras o frases, la división de oraciones, un cambio en el tono o en la velocidad del discurso, la vaguedad y la descripción de detalles triviales para evitar el tema principal son estrategias para darle al cerebro «tiempo para pensar» y decidir qué mentira puede ser más creíble. Esto es especialmente cierto en los mentirosos persistentes, que deben acceder a la memoria para no contradecirse a medida que sus múltiples mentiras se enredan cada vez más.

Un método más fiable es utilizar IRMf (ver p. 43), un escáner cerebral que requiere la cooperación total de la persona. Ciertas partes del cerebro están más activas al mentir, y aparecen juntas en la pantalla, como las cortezas prefrontal, parietal y cingulada anterior y el núcleo caudado, el tálamo y el cuerpo amigdalino.

En resumen:

- Sé muy cauteloso al juzgar a alguien que no conoces bien.
- No confíes en señales tradicionales como la inquietud y la falta de contacto visual.
- Las pistas del habla, como la vacilación y la repetición, pueden ser un poco más fiables.
- En muchas pruebas, una simple sensación instintiva fue tan precisa como la mayoría de los otros métodos.

Moral

La mayoría de las personas que viven en entornos normales desarrollan sentidos instintivos del bien y del mal. La moral podría ser en parte innata, y surge de la conjunción de racionalidad y emoción.

¿De dónde vienen el bien y el mal?

En todas las culturas hay normas sociales basadas en una moral compartida que permite la cohesión social. Al tomar decisiones morales, entran en juego dos sistemas cerebrales: un sistema «racional» que sopesa con esfuerzo y de forma explícita los pros y contras de las acciones posibles, y un sistema que genera rápidamente sentimientos emocionales e intuitivos sobre lo que está bien y lo que está mal. Las interacciones entre racionalidad y emoción son complejas, pero mediante estudios de la actividad cerebral de personas mientras se enfrentan a dilemas morales se ha descubierto qué áreas clave se activan.

Juicio moral

Cuando tomamos decisiones, nuestras emociones tienen un papel vital. Para sopesar cuestiones morales, las áreas del cerebro involucradas en la experiencia emocional se coordinan con áreas que registran hechos y consideran posibles acciones y consecuencias.

CLAVE

 Circuito racional

 Circuito emocional

Lóbulo parietal

El área de la corteza involucrada en la memoria de trabajo y el control cognitivo nos da información para percibir señales sociales y valorar las creencias e intenciones de los demás: si un acto fue agresivo o cómo debería afectar un contexto social a nuestro comportamiento.

Corteza prefrontal dorsolateral

Integra información racional y emocional, y puede contrarrestar el área ventromedial para suprimir los impulsos emocionales cuando se trata de dilemas morales complejos que favorecen soluciones cognitivas utilizando recuerdos u otros datos.

Cuerpo amigdalino

Surco temporal superior posterior

Esta parte de la corteza actúa, junto con el lóbulo parietal, proporcionando información que guía la intuición moral y atribuye creencias a los demás, e integra estos datos con los resultados potenciales de las acciones. También ayuda a evaluar si una persona miente.

VISTA EXTERIOR

Polo temporal

El polo temporal actúa tanto en el procesamiento social, el reconocimiento facial y la determinación de los estados mentales ajenos como en el procesamiento emocional. Puede ser útil combinar entradas de percepción complejas con respuestas emocionales intuitivas.

Corteza prefrontal ventromedial

Esta área es importante para permitir que las respuestas emocionales influyan en las decisiones morales racionales. En los psicópatas, las conexiones entre esta región, el cuerpo amigdalino y las vías de recompensa están alteradas.

Altruismo

El altruismo (cuando una persona actúa para beneficiar a otra con coste o riesgo para sí misma) consiste en empatizar con la angustia de otra persona y actuar para ayudarla. Los escáneres cerebrales muestran que actuar de manera altruista activa las vías de recompensa (ver pp. 112-13), reforzando el comportamiento y aplacando el malestar emocional. Es una característica distintiva del comportamiento humano y un enigma evolutivo, dados los peligros para el altruista.

PSICOPATÍA

Los psicópatas pueden comprender la moral e imitar las interacciones sociales normales. Así, aunque tienen comportamientos horribles, es difícil identificarlos. La causa subyacente puede ser una desconexión entre las regiones del cerebro que vinculan la toma de decisiones lógicas y las emociones, por lo que no captan las consecuencias de su comportamiento.

IMITAR LAS EMOCIONES

Corteza cingulada posterior
Está activa cuando nuestro entorno cambia y cuando pensamos en nosotros. Podría ayudar a evaluar la gravedad de las ofensas y a decidir la respuesta adecuada, pues actúa como un centro que integra intuiciones sobre los estados mentales de los demás.

Núcleo accumbens

Circunvolución frontal medial
Esta región del cerebro es importante para la toma de decisiones y para elegir entre acciones potenciales, como cuando hay varias opciones en conflicto.

VISTA INTERIOR

VER A ALGUIEN QUE **SE HACE DAÑO POR ACCIDENTE** GENERA UNA **ACTIVIDAD CEREBRAL** SIMILAR A CUANDO EL **ESPECTADOR MISMO SE HACE DAÑO**

Corteza prefrontal orbitofrontal
Se activa al ver escenas con carga moral y procesa estímulos emocionales. Ayuda a representar recompensas y castigos justos por el comportamiento observado y a tomar decisiones morales impulsadas de manera emocional.

UN DAÑO CEREBRAL ¿PUEDE AFECTAR A LA MORAL?

Depende de la zona afectada. Por ejemplo, el daño a regiones que vinculan la emoción con la elección moral puede hacer que las personas tomen decisiones «sin corazón».

Aprender una lengua

A diferencia de otras especies, los seres humanos tenemos en el cerebro regiones dedicadas al lenguaje. Los bebés nacen preparados para aprender el lenguaje, y lo adquieren con una interacción entre estas áreas del cerebro y sus experiencias. Para aprender un idioma, también tenemos que interactuar con otras personas.

Aprender a hablar

Nuestra preferencia innata por mirar caras ayuda a los recién nacidos a centrar la atención en las personas que les hablan. Más tarde, hacer contacto visual y seguir la mirada les permite conectar las palabras que escuchan con lo que se dice. Al aprender más palabras, los bebés cometen errores de «sobreextensión»: usan una misma palabra para varias cosas. Así, con «mosca» pueden referirse a cualquier cosa pequeña y oscura.

Cronología del habla

El plazo exacto para dominar el lenguaje varía de un niño a otro, pero todos los niños avanzan a través de las etapas principales en un orden similar: desde los arrullos y los balbuceos hasta las primeras palabras y, finalmente, las oraciones completas.

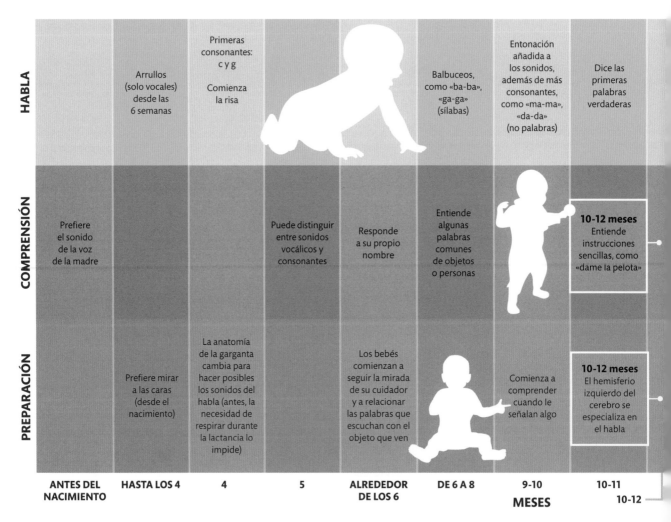

	ANTES DEL NACIMIENTO	HASTA LOS 4	4	5	ALREDEDOR DE LOS 6	DE 6 A 8	9-10	10-11 / 10-12
HABLA		Arrullos (solo vocales) desde las 6 semanas	Primeras consonantes: c y g — Comienza la risa			Balbuceos, como «ba-ba», «ga-ga» (sílabas)	Entonación añadida a los sonidos, además de más consonantes, como «ma-ma», «da-da» (no palabras)	Dice las primeras palabras verdaderas
COMPRENSIÓN	Prefiere el sonido de la voz de la madre			Puede distinguir entre sonidos vocálicos y consonantes	Responde a su propio nombre	Entiende algunas palabras comunes de objetos o personas		**10-12 meses** Entiende instrucciones sencillas, como «dame la pelota»
PREPARACIÓN		Prefiere mirar a las caras (desde el nacimiento)	La anatomía de la garganta cambia para hacer posibles los sonidos del habla (antes, la necesidad de respirar durante la lactancia lo impide)		Los bebés comienzan a seguir la mirada de su cuidador y a relacionar las palabras que escuchan con el objeto que ven		Comienza a comprender cuando le señalan algo	**10-12 meses** El hemisferio izquierdo del cerebro se especializa en el habla

MESES

El cerebro bilingüe

En el cerebro de un bilingüe, las lenguas «compiten» por la atención. Esto supone un intento inconsciente de ignorar información irrelevante, y estas personas son mejores en esto que las monolingües. La capacidad de aprender una segunda lengua como nativo suele perderse a los 4 años de edad, sobre todo en pronunciación. El cerebro del bilingüe mayor muestra una mejor preservación de la materia blanca, lo que puede protegerlos de los efectos del deterioro cognitivo.

Materia blanca preservada en adultos bilingües mayores

HEMISFERIO DERECHO

Región activada de la materia gris

HEMISFERIO IZQUIERDO

Áreas bilingües
Las áreas de materia gris (en azul) se activan en los hablantes bilingües cuando cambian de idioma.

ALCOHOL Y LENGUAJE

Un estudio con estudiantes de una segunda lengua analizó si las bebidas alcohólicas mejorarían el habla y la pronunciación al reducir la timidez. Funcionó hasta cierto punto, pero tras demasiadas bebidas, el rendimiento se deterioró rápidamente.

BONJOUR, ÇA VA?

BHLEES CHIDEVSSSS

Comienza a señalarse a sí mismo y a «preguntar» los nombres de las cosas

Puede entender unas 50 palabras. Se especializa en escuchar sonidos del habla dentro del propio idioma

Etapa de una palabra: puede usar palabras sueltas para objetos familiares, como «leche», «gato», «taza»

Comienza la etapa de dos palabras: «mamá come», «papá malo», «peluche grande»

Etapa «telegráfica» con más de dos palabras. Comienza a utilizar palabras interrogativas («¿Dónde está mi libro?») y negativas («No lo hagas»)

Puede comprender unas cinco veces más palabras que las que puede decir

Comienza el discurso de varias palabras, similar a una oración: «zapato todo mojado». También el uso de «dónde» y «por qué» y de la inversión: «¿A dónde has ido?»

El vocabulario suele rondar las 3000 palabras y sigue creciendo. También aumenta el uso de la gramática: plurales, pretéritos...

Uso pleno del lenguaje, aunque todavía quedan por dominar muchas sutilezas del significado

SOBRE LOS 18 MESES HAY UNA EXPLOSIÓN DE VOCABULARIO: EL RITMO DE APRENDIZAJE DE PALABRAS SUBE HASTA UNAS 40 A LA SEMANA

| ALREDEDOR DE LOS 12 | A PARTIR DE LOS 12 | 12-18 | 18 MESES | 2 AÑOS | 2-2,5 | A PARTIR DE 3 | 5 |

AÑOS

Áreas del lenguaje

El cerebro humano, a diferencia del de cualquier otro animal, tiene áreas dedicadas específicamente al lenguaje, por lo general ubicadas en el hemisferio izquierdo. Se cree que la capacidad única de los humanos para comunicarse mediante el lenguaje es una ventaja evolutiva.

Áreas de Broca y de Wernicke

Las dos áreas lingüísticas principales son las áreas de Broca y de Wernicke. El área de Broca está asociada con el movimiento de la boca para articular palabras. Cuando aprendemos nuevos idiomas, se activan partes diferentes del área de Broca al hablar nuestra lengua materna u otra aprendida. En el área de Wernicke, las palabras que escuchamos o leemos se comprenden y seleccionan para articularlas como habla. El daño a esta parte del cerebro puede llevar a hablar de manera peculiar y a crear oraciones sin sentido.

Corteza motora

La corteza motora permite los movimientos físicos necesarios para producir el lenguaje (por ejemplo, de la lengua, los labios y la mandíbula). La corteza motora se activa al oír o decir palabras relacionadas semánticamente con partes del cuerpo. Por ejemplo, la palabra «bailar» podría estar relacionada con nuestros pies.

El habla viaja por el aire en forma de ondas sonoras

DAÑO CEREBRAL Y CAMBIOS EN EL LENGUAJE

Ha habido casos de pacientes con lesión cerebral que se despertaron hablando lo que parecía un idioma diferente o con un acento distinto. El síndrome del acento extranjero es un ejemplo de esta condición médica. Los casos son raros y no se han realizado suficientes estudios científicos para comprenderlos en detalle.

HOLA
SHWMAE   BONJOUR
ASALAAM ALAIKUM
GUTEN TAG
PRIVET   OLÁ
KONNICHIWA
HELLO   CIAO

Hablar y entender

Procesar el lenguaje es una tarea compleja. Articular o decodificar hasta un simple saludo, como «hola», requiere que varias áreas diferentes del cerebro trabajen juntas.

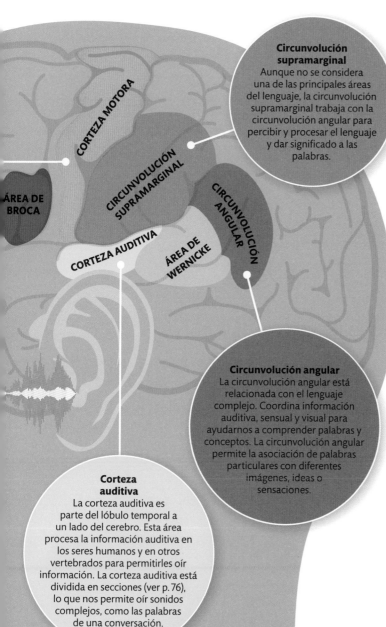

Circunvolución supramarginal
Aunque no se considera una de las principales áreas del lenguaje, la circunvolución supramarginal trabaja con la circunvolución angular para percibir y procesar el lenguaje y dar significado a las palabras.

CORTEZA MOTORA

ÁREA DE BROCA

CIRCUNVOLUCIÓN SUPRAMARGINAL

CIRCUNVOLUCIÓN ANGULAR

CORTEZA AUDITIVA

ÁREA DE WERNICKE

Circunvolución angular
La circunvolución angular está relacionada con el lenguaje complejo. Coordina información auditiva, sensual y visual para ayudarnos a comprender palabras y conceptos. La circunvolución angular permite la asociación de palabras particulares con diferentes imágenes, ideas o sensaciones.

Corteza auditiva
La corteza auditiva es parte del lóbulo temporal a un lado del cerebro. Esta área procesa la información auditiva en los seres humanos y en otros vertebrados para permitirles oír información. La corteza auditiva está dividida en secciones (ver p. 76), lo que nos permite oír sonidos complejos, como las palabras de una conversación.

EN TODO EL **MUNDO** SE HABLAN UNOS **6500 IDIOMAS** DIFERENTES

Afasia

La afasia es una afección en la que una persona no puede ni hablar ni entender lo que le dicen, y tampoco leer o escribir, debido a un daño cerebral (como resultado de un trauma, accidente cerebrovascular o tumor). La afección puede ser leve o grave. Hay muchos tipos de afasia (ejemplos en la tabla a continuación). Algunos reciben el nombre del área del cerebro afectada o del tipo de habla que se produce. Sin embargo, la afasia puede afectar al habla, a la lectura y a la escritura de muchas maneras diferentes, y es posible que algunas de estas dificultades no encajen en un tipo o categoría específica.

TIPOS DE AFASIA	
TIPO	**SÍNTOMAS**
Global	La forma más grave de afasia, que causa déficit general de la comprensión y producción del lenguaje.
De Broca	El habla se ve afectada y puede reducirse a unas pocas palabras, que pueden ser vacilantes o «poco fluidas».
De Wernicke	Incapacidad para comprender el significado de las palabras. El habla no se ve afectada, pero se emplean palabras irrelevantes, que forman frases sin sentido.
Anómica	Dificultad para hallar palabras al hablar o escribir. Esto puede generar un lenguaje impreciso y causa una gran frustración.
Progresiva primaria	Las capacidades del lenguaje se deterioran lenta y progresivamente. Esta forma puede ser causada por enfermedades como la demencia.
De conducción	Forma rara de afasia que causa dificultad para repetir frases, especialmente si estas son largas y complejas.

Expresiones faciales

Al conversar usamos constantemente expresiones faciales. Como hablantes, levantamos las cejas para enfatizar un punto o indicar una pregunta, y como oyentes utilizamos expresiones faciales para mostrar interés en lo que se dice. Un estudio ha analizado las principales razones para utilizar expresiones faciales en una conversación.

INDIFERENCIA

PENSAR

ÉNFASIS

EMPATÍA

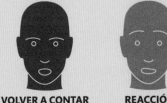
PREGUNTA

VOLVER A CONTAR

REACCIÓN PERSONAL

ESTOY ESCUCHANDO

CLAVE

● Hablante   ● Ambos

● Oyente

EL HABLANTE

1 **La idea del mensaje**
El punto de partida de una conversación es la idea que el hablante quiere expresar y su intención de expresarla.

2 **Formulación**
El hablante selecciona las palabras con el significado correcto (semántica) y luego las coloca en la forma y el orden correctos (sintaxis) para que tengan sentido. Por ejemplo, «¿Quieres beber algo?» es una pregunta; «Tú quieres beber algo» es una afirmación, y «Tú beber querer algo» no tiene sentido. El área de Broca (ver p. 126) es crucial para estos dos procesos.

GUSTAR

TÚ

SEMÁNTICA

TE GUSTARÍA

SINTAXIS

3 **Articulación**
Para decir el mensaje, el hablante mueve la boca, la lengua, los labios y la garganta, controlados por la corteza motora, para formar los sonidos del habla con la entonación correcta.

NO, GRACIAS

TURNOS

ORACIONES DE SENDERO DEL JARDÍN

Un mensaje puede confundirnos si sugiere una idea que luego contradice. Por ejemplo: «El hombre detenido en el lugar del accidente pronto estuvo rodeado por la policía». Inicialmente entendemos que «detenido» significa algo que hizo el hombre por sí mismo; pero cuando oímos «pronto estuvo», queda claro que el hombre fue detenido por la policía. Tenemos que revisar el comienzo del mensaje para darle sentido. Este tipo de declaración se llama oración de sendero del jardín.

¿TE GUSTARÍA BEBER ALGO?

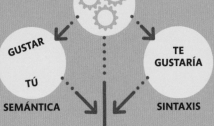

Tener una conversación

En una conversación colaboran el hablante y el oyente, y supone más que decir y comprender palabras. Nos turnamos para hablar, indicamos comprensión y alineamos nuestros pensamientos.

Más allá de las palabras

En una conversación, además del habla, utilizamos constantemente señales no verbales. Aparte de añadir énfasis (a través de expresiones faciales) o efectos visuales (a través de gestos), estas señales permiten que la persona que no habla tenga un papel en la conversación, animando al hablante sin interrumpir y sin tomar el control.

EL OYENTE

4 **Respuesta**
Ahora el oyente puede responder y usar su turno como hablante.

3 **Interpretación**
Generalmente, los oyentes añaden su propia experiencia para comprender el mensaje. Por ejemplo, si nos preguntan «¿Quieres beber algo?» a las 9 de la mañana, pensamos en café, pero a las 9 de la noche es probable que la oferta sea otro tipo de bebida.

RECONOCER PALABRAS

ANÁLISIS SINTÁCTICO

2 **Decodificación del mensaje**
El oyente reconoce palabras y da sentido a la estructura del mensaje analizando la sintaxis. El análisis consiste en extraer significado del orden de las palabras. Por ejemplo, «El perro muerde al hombre» tiene las mismas palabras pero un significado diferente de «El hombre muerde al perro». El área de Wernicke (ver p. 126) es crucial para comprender el habla.

1 **Oír los sonidos del habla**
Los sonidos del hablante se escuchan a través de la vía auditiva en el cerebro del oyente.

Hablar y escuchar

Al hablar, a menudo intercambiamos nuestros roles como hablante y oyente, y controlamos nuestra propia habla. Aunque ambos roles implican múltiples pasos, todo pasa deprisa: podemos tardar 0,25 segundos entre tener una idea y decirla, y 0,5 segundos en comprenderla. La vacilación ocurre cuando los hablantes necesitan tiempo para «ponerse a la altura» del complejo proceso de planificación y producción del discurso.

ELEMENTOS DE LA CONVERSACIÓN

Mirar
Los oyentes miran a su interlocutor más que los hablantes. Lo hacen para mostrar interés, ya que sin este los oradores a menudo titubean. Por el contrario, los hablantes miran al oyente de forma intermitente.

Gestos
Hacemos gestos con las manos (ver p. 119): signos convencionales, como el pulgar arriba; signos deícticos y movimientos expresivos de la mano para añadir énfasis al mensaje.

Señales de «Estoy escuchando»
Los oyentes utilizan sonidos y gestos no verbales, como decir «mmm» o asentir con la cabeza, para demostrar que participan en la conversación mientras no hablan.

Turnos
La conversación requiere alternarse y esto lo empezamos a aprender en la infancia. Los interlocutores rara vez hablan uno sobre otro, a pesar de que el intervalo medio entre turnos es de solo unas décimas de segundo.

LAS PERSONAS HABLAN POR ENCIMA UNAS DE OTRAS EN MENOS DEL 5 % DE LA CONVERSACIÓN

Aprender a leer y escribir

Leer y escribir son capacidades que empezamos a aprender a temprana edad. Al desarrollarse nuestro cerebro, obtenemos importantes habilidades de lectura y escritura. Cuando llegamos a la edad adulta, podemos leer una media de 200 palabras por minuto. La lectura requiere que varias áreas del cerebro y del cuerpo se coordinen. Por ejemplo, cuando lees, tus ojos deben reconocer la palabra en una página y luego tu cerebro procesar lo que quiere decir. La escritura utiliza las áreas del lenguaje del cerebro (ver pp. 126-27), las áreas visuales y las áreas motoras de destreza manual para realizar los movimientos necesarios con tus manos.

A PARTIR DEL NACIMIENTO

Los bebés imitan los sonidos que hacen los adultos

3+ AÑOS

Los niños empiezan a reconocer símbolos jugando

1 Emitir sonidos
Los bebés, para imitar a los adultos, emiten sonidos que no son palabras. Esta es la base para aprender a desarrollar habilidades lingüísticas. Ven y procesan las expresiones faciales utilizando la corteza visual y otras áreas. Luego aprenden a asociar sonidos y expresiones faciales con objetos del mundo.

2 Reconocer símbolos
Los niños comienzan a comprender lo que significan los símbolos de un texto. Usan la corteza visual y la memoria para traducir a sonidos los símbolos que ven. A medida que crecen, conectan estos sonidos con los significados de las palabras y empiezan a relacionar el lenguaje con el texto escrito.

Leer y escribir

El cerebro está programado para el habla, pero la capacidad para leer y escribir no es innata. Tenemos que empezar a entrenar nuestro cerebro desde bebés para desarrollar estas complejas habilidades.

¿QUÉ CAUSA LA DISLEXIA?

Se piensa que a los niños con dislexia les cuesta comprender los sonidos que corresponden a las letras, pero también ocurre en culturas donde los símbolos representan una idea en lugar de un sonido.

DISGRAFÍA

La disgrafía es la incapacidad para escribir con claridad. Puede ser el síntoma de enfermedades cerebrales que afectan a la motricidad fina, como la enfermedad de Parkinson. La escritura se vuelve temblorosa, confusa o completamente ilegible.

eStoeSunAF rAS EesC

riTapOr aLGuiEncONdIsGRaFíA

LOS LECTORES RÁPIDOS PUEDEN LEER MÁS DE 700 PALABRAS POR MINUTO

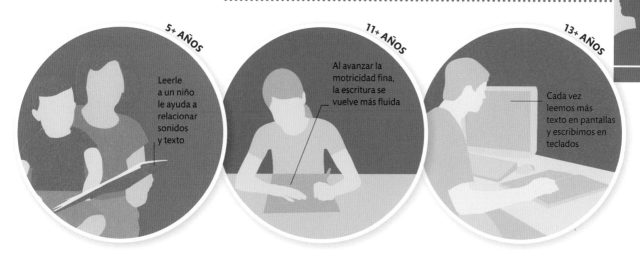

5+ AÑOS

Leerle a un niño le ayuda a relacionar sonidos y texto

11+ AÑOS

Al avanzar la motricidad fina, la escritura se vuelve más fluida

13+ AÑOS

Cada vez leemos más texto en pantallas y escribimos en teclados

3 Comenzar a leer
Leer en voz alta puede mejorar la capacidad de lectura de un niño. Escuchar una historia activa la corteza auditiva para oír las palabras, que luego son procesadas por el lóbulo frontal. Los libros ilustrados ayudan a los niños a practicar la relación de palabras con imágenes.

4 Ampliar el vocabulario
Al crecer, experimentamos más el mundo que nos rodea, y aprendemos y vemos cosas nuevas, lo que aumenta nuestro vocabulario. La comprensión, saber cómo usar las palabras, requiere que todos los lóbulos del cerebro (ver p. 30) y el cerebelo comprendan y utilicen el lenguaje con éxito.

5 Seguir aprendiendo
De adultos, seguimos aprendiendo y practicando nuestras habilidades de lectura y escritura. El vocabulario se amplía más. Aprender a leer y escribir es solo el comienzo. Se necesita todo el cerebro para las habilidades lingüísticas, y una buena salud cerebral es vital tanto para la lectura como para la escritura.

Dislexia

La dislexia tiene varias formas y afecta a la capacidad para leer o escribir, o ambas. Se cree que una de cada cinco personas padece dislexia. Aún no se ha logrado una explicación neurológica completa de sus causas. Los estudios sugieren que determinadas estructuras del cerebro funcionan de forma diferente en la dislexia (ver a la derecha). Los niños con dislexia suelen tener dificultades para leer, por lo que es difícil determinar si el cerebro en desarrollo afecta a la dislexia o si la dislexia en sí misma afecta al cerebro en desarrollo.

Cerebro no disléxico al leer
El área de Broca ayuda a formar y articular el habla. La corteza parietal-temporal trabaja para analizar y comprender nuevas palabras. El área occipital-temporal forma palabras y ayuda en el significado, la ortografía y la pronunciación.

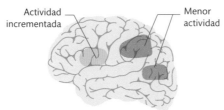

Actividad incrementada

Menor actividad

Cerebro disléxico al leer
El área de Broca se activa para formar y articular palabras, pero las áreas parietal-temporal y occipital-temporal están menos activas. El área de Broca puede sobreactivarse para compensar la falta de estimulación de las otras regiones.

CLAVE
- Parietal-temporal
- Occipital-temporal
- Circunvolución frontal inferior (área de Broca)

PRINCIPIO ALFABÉTICO

El principio alfabético es la idea de que las letras individuales o los grupos de letras representan sonidos al pronunciarse en voz alta. Tiene dos partes:

1. Comprensión alfabética
Aprender que las palabras se componen de letras que representan los sonidos que se producen al pronunciar esas letras en voz alta.

2. Decodificación fonológica
Comprender cómo se combinan las sucesiones de letras en las palabras escritas para formar sonidos, lo que permite deletrear y pronunciar.

MEMORIA, APRENDIZAJE Y PENSAMIENTO

¿Qué es la memoria?

La memoria nos permite aprender de la experiencia y nos forma como individuos. No es una única función independiente, hay varios tipos de memoria que involucran diferentes áreas y procesos del cerebro.

La memoria en el cerebro

La memoria consta de procesos instintivos de los que no somos conscientes, así como de partes más obvias que nos permiten recordar lo que comimos ayer o el nombre de nuestro jefe. Cada tipo de memoria utiliza una variedad de áreas cerebrales diferentes. Los científicos pensaban antes que el hipocampo era vital para que se formaran todos los recuerdos nuevos, pero ahora se cree que ese es solo el caso de los recuerdos episódicos. Otros tipos de memoria utilizan otras áreas, que se encuentran repartidas por todo el cerebro.

Tipos de memoria

Para entender mejor cómo funciona la memoria, los científicos la dividen en varios tipos, muchos de los cuales dependen de diferentes redes dentro del cerebro, aunque también hay mucha superposición entre las áreas del cerebro involucradas en cada categoría.

El núcleo caudado está asociado con recuerdos de habilidades instintivas

El lóbulo frontal participa en la memoria de trabajo y episódica

La corteza cingulada podría estar implicada en la recuperación de la memoria

El putamen participa en el aprendizaje de habilidades procedimentales

El cuerpo mamilar participa en la memoria episódica

El lóbulo parietal es clave en la memoria espacial

El bulbo olfativo se vincula con el cuerpo amigdalino, por ello el olor desencadena a menudo recuerdos

El tálamo ayuda a dirigir la atención

El hipocampo convierte la experiencia en memoria episódica

En el lóbulo temporal está el conocimiento general

Áreas del cerebro

Cada área suele relacionarse con la información almacenada. Los recuerdos de movimiento, por ejemplo, utilizan la corteza motora. Las zonas límbicas, ligadas a la emoción, también intervienen.

El cuerpo amigdalino es vital para formar recuerdos emocionales

El cerebelo es vital para los «recuerdos musculares»

Memoria a corto plazo
La memoria a corto plazo es muy limitada: solo almacena entre 5 y 9 elementos, pero esto varía entre individuos y para diferentes tipos de información. Para mantener algo en la memoria a corto plazo, a menudo nos lo repetimos, pero si nos distraemos, lo olvidamos al instante.

Aprendizaje no asociativo
Cuando estamos expuestos repetidamente al mismo estímulo, como una luz, un sonido o una sensación, nuestra respuesta cambia. Por ejemplo, cuando llegamos a casa, olemos la cena que se está preparando, pero poco a poco el olor parece desvanecerse. Esto se conoce como habituación, una forma de aprendizaje no asociativo.

Condicionamiento clásico simple
En el condicionamiento clásico, que hizo famoso al fisiólogo ruso Iván Pavlov y a sus perros, la repetición hace que algo neutro se vincule con una respuesta. Un ejemplo es que se nos haga la boca agua cuando entramos al vestíbulo de un cine, pues estamos acostumbrados a esperar palomitas de maíz en ese ambiente.

Preparación y aprendizaje perceptual
En los experimentos de preparación, te enseñan una palabra o una imagen tan deprisa que no la «ves» conscientemente, pero afecta a tu comportamiento. Por ejemplo, alguien a quien se muestra la palabra «perro» reconocerá la palabra «gato» más rápidamente que una palabra que no tenga ninguna relación, como «golpe».

MEMORIA DE TRABAJO

Para multiplicar 50 x 20 hay que manipular números almacenados en la memoria a corto plazo. Esto ocurre en un proceso llamado memoria de trabajo. La capacidad de la memoria de trabajo es uno de los mejores predictores del éxito escolar en los niños pequeños.

50 x 20
TAREA

5 x 20 = 100
100 x 10 = 1000
TRABAJO

Sistemas de memoria
La memoria se divide en dos tipos principales: memoria a corto plazo y a largo plazo. Los recuerdos a corto plazo son fugaces, pero la información importante puede pasarse a la memoria a largo plazo para su almacenamiento. Los recuerdos a largo plazo pueden durar toda la vida y se dividen en varios tipos diferentes de memoria.

Memoria a largo plazo
Nuestra memoria a largo plazo nos permite almacenar un número teóricamente casi infinito de recuerdos a lo largo de la mayor parte de nuestra vida. Los recuerdos a largo plazo se almacenan como redes de neuronas por la capa externa del cerebro, la corteza. Traer el recuerdo hace que la red se active nuevamente.

No declarativa (implícita)
Los recuerdos no declarativos son inconscientes, por lo que no pueden transmitirse de persona a persona con palabras. Si le explicáramos a alguien cómo atarse los cordones de los zapatos o cómo montar en bicicleta, probablemente no conseguiría hacerlo a la primera.

Declarativa (explícita)
Los recuerdos declarativos se pueden contar a otra persona. Son conscientes y en ocasiones se aprenden mediante la repetición y el esfuerzo, aunque otras veces pueden almacenarse sin que seamos conscientes del proceso. Incluyen recuerdos de eventos que han sucedido en nuestra vida (episódicos) y simples hechos (semánticos).

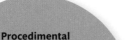

Procedimental
Las habilidades o aptitudes, como montar en bicicleta o bailar, se engloban en la memoria procedimental. Aprenderlas requiere concentración y esfuerzo consciente, pero con el tiempo se convierten en un hábito. A menudo se las llama memoria muscular, y se almacenan en una red cerebral que incluye el cerebelo.

Episódica
Los recuerdos episódicos pueden consistir en recordar un gran evento, como nuestro cumpleaños 18, o algo más común, como el desayuno del día anterior. Estas son cosas que realmente recordamos cómo sucedieron: rememorar un recuerdo episódico es casi como revivir el evento. El hipocampo es clave para almacenar nuevos recuerdos episódicos.

Semántica
Los recuerdos semánticos son objetivos, es decir, son cosas que sabemos y no cosas que recordamos, por ejemplo cuál es la capital de Francia o los primeros tres dígitos del número pi. La memoria semántica se basa en una gran red de áreas del cerebro y es posible que no incluya al hipocampo.

Cómo se forma un recuerdo

Cuando las redes de neuronas del cerebro se activan repetidamente, los cambios en las células fortalecen sus conexiones, lo que facilita que cada una active la siguiente (ver pp. 26-27). Este proceso se conoce como potenciación a largo plazo.

Fortalecer las conexiones

Cuando activamos repetidamente un grupo de neuronas (al practicar una habilidad o revisar datos, por ejemplo), estas comienzan a cambiar. Así formamos recuerdos a largo plazo (ver p. 135) en un proceso llamado potenciación a largo plazo, que depende de varios mecanismos en las células cerebrales. La primera neurona (presináptica) produce más neurotransmisor para liberarlo cuando le llega la señal, y la segunda inserta más receptores en su membrana. Esto acelera la transmisión en la sinapsis. Algo como conducir un coche, que al principio parece difícil, se hace más sencillo al ser más eficientes las vías neuronales implicadas. Si esta activación emparejada se repite lo suficiente, crecen nuevas dendritas que unen las dos neuronas con nuevas sinapsis, dando vías alternativas al mensaje y permitiendo que viaje aún más rápido.

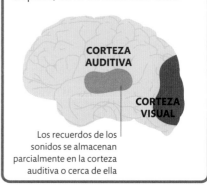

RASTROS DE RECUERDOS

Los científicos han identificado el recorrido de un recuerdo concreto en el cerebro de una persona. En general, los recuerdos tienden a almacenarse cerca del área del cerebro relacionada con su formación. Por ejemplo, los recuerdos de voces estarían cerca de los centros del lenguaje, y las cosas que has visto se almacenan, al menos en parte, cerca de la corteza visual.

CORTEZA AUDITIVA

CORTEZA VISUAL

Los recuerdos de los sonidos se almacenan parcialmente en la corteza auditiva o cerca de ella

SE HAN ENCONTRADO MÁS DE
100 NEUROTRANSMISORES
DIFERENTES

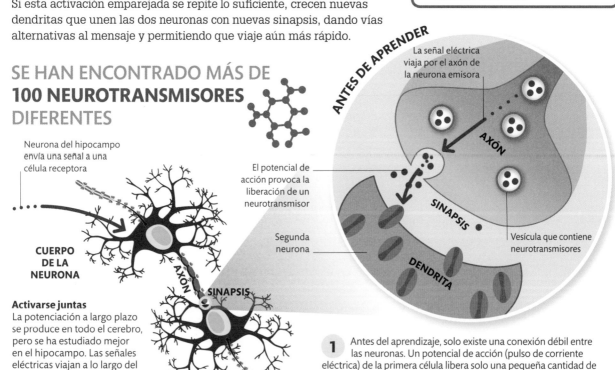

Neurona del hipocampo envía una señal a una célula receptora

CUERPO DE LA NEURONA

AXÓN

SINAPSIS

Activarse juntas
La potenciación a largo plazo se produce en todo el cerebro, pero se ha estudiado mejor en el hipocampo. Las señales eléctricas viajan a lo largo del axón de una neurona hasta la sinapsis, donde se liberan mensajeros químicos.

ANTES DE APRENDER

La señal eléctrica viaja por el axón de la neurona emisora

El potencial de acción provoca la liberación de un neurotransmisor

Segunda neurona

AXÓN

SINAPSIS

DENDRITA

Vesícula que contiene neurotransmisores

1 Antes del aprendizaje, solo existe una conexión débil entre las neuronas. Un potencial de acción (pulso de corriente eléctrica) de la primera célula libera solo una pequeña cantidad de neurotransmisor. Esto puede ser suficiente o no para activar la siguiente neurona, que tiene solo unos pocos receptores.

Recuerdos emocionales

Al suceder algo muy emotivo, bueno o malo, se liberan sustancias químicas del estrés como la adrenalina y la noradrenalina, que facilitan que se produzca una potenciación a largo plazo con menos repeticiones. Eso explica por qué los recuerdos que despiertan emociones se almacenan más deprisa en el cerebro y por qué son más fáciles de recordar que los recuerdos no emocionales.

CLAVE
- Neurotransmisor
- Fosfato

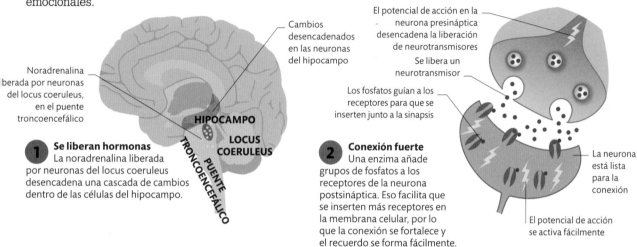

Cambios desencadenados en las neuronas del hipocampo

Noradrenalina berada por neuronas del locus coeruleus, en el puente troncoencefálico

HIPOCAMPO

LOCUS COERULEUS

PUENTE TRONCOENCEFÁLICO

El potencial de acción en la neurona presináptica desencadena la liberación de neurotransmisores

Se libera un neurotransmisor

Los fosfatos guían a los receptores para que se inserten junto a la sinapsis

La neurona está lista para la conexión

El potencial de acción se activa fácilmente

1 **Se liberan hormonas**
La noradrenalina liberada por neuronas del locus coeruleus desencadena una cascada de cambios dentro de las células del hipocampo.

2 **Conexión fuerte**
Una enzima añade grupos de fosfatos a los receptores de la neurona postsináptica. Eso facilita que se inserten más receptores en la membrana celular, por lo que la conexión se fortalece y el recuerdo se forma fácilmente.

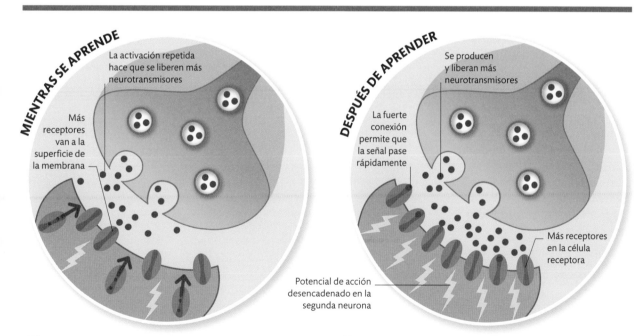

MIENTRAS SE APRENDE

La activación repetida hace que se liberen más neurotransmisores

Más receptores van a la superficie de la membrana

DESPUÉS DE APRENDER

Se producen y liberan más neurotransmisores

La fuerte conexión permite que la señal pase rápidamente

Más receptores en la célula receptora

Potencial de acción desencadenado en la segunda neurona

2 Ambas neuronas, que se activan repetidamente al mismo tiempo, provocan una cascada química en la segunda célula (ver p. 26), lo que la hace más sensible al neurotransmisor y provoca que receptores adicionales migren al borde de la sinapsis. Una señal regresa a la primera célula para que produzca más neurotransmisor.

3 Ahora, un único potencial de acción provoca la liberación de más neurotransmisores, transportando el mensaje de forma rápida y eficiente a través de la sinapsis, donde es recibido por numerosos receptores. Esto facilita que la segunda neurona se active, enviando su señal eléctrica hacia delante.

Guardar recuerdos

Los recuerdos, una vez codificados por el hipocampo, se consolidan y transfieren a la corteza para almacenarlos a largo plazo. Estos recuerdos se forman fortaleciendo las conexiones, en un proceso llamado potenciación a largo plazo (ver pp. 136-137).

Almacenados en la corteza

Para transferir recuerdos y almacenarlos a largo plazo, el hipocampo activa repetidamente las conexiones de la corteza, que se van fortaleciendo hasta que son lo bastante seguras como para almacenar el recuerdo. Se pensaba que los recuerdos se formaban primero en el hipocampo y que el rastro del recuerdo cortical se formaba más tarde, pero estudios recientes en ratones sugieren que podrían formarse al mismo tiempo, aunque el recuerdo cortical es inicialmente inestable. La reactivación repetida de la red hace «madurar» la memoria cortical, lo que significa que podemos usarla.

CORTEZA

CORTEZA PREFRONTAL

¿POR QUÉ OLVIDO DÓNDE DEJÉ LAS LLAVES?

A menudo, que «olvidemos» las cosas es porque no se han almacenado como recuerdos, porque no prestábamos atención cuando las hicimos.

Banco de memoria
Los recuerdos se almacenan como redes de conexiones en la corteza. El número de neuronas que hay en esta crea una cantidad casi infinita de combinaciones posibles; en teoría, la memoria a largo plazo es ilimitada.

Consolidación

Este proceso de almacenamiento, conocido como consolidación, ocurre sobre todo mientras dormimos. Entonces, el cerebro no procesa información exterior y puede poner orden. Los recuerdos se clasifican, se priorizan y se extrae lo esencial de ellos. También se los vincula con recuerdos más antiguos ya almacenados. Esto hace que sea más fácil recuperar recuerdos importantes en el futuro. ¡Después de aprender algo nuevo, más vale dormir la siesta que continuar estudiando!

APRENDIZAJE

1 Estudio
Cuando aprendemos algo nuevo, nuestro cerebro asimila la información y forma nuevas conexiones o fortalece las sinapsis que ya existen.

CONSOLIDACIÓN

2 Sueño
Al dormir, se consolida nueva información. La memoria se vuelve menos dependiente del hipocampo y es menos probable que la afecten interferencias de otras entradas o lesiones cerebrales

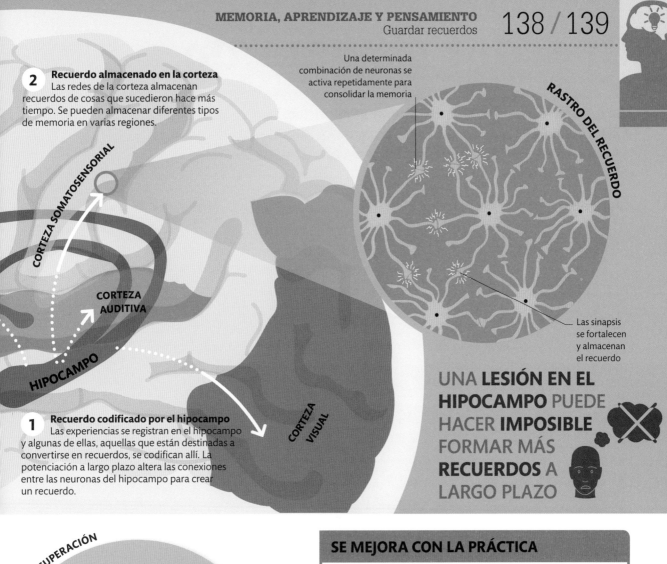

2 Recuerdo almacenado en la corteza
Las redes de la corteza almacenan recuerdos de cosas que sucedieron hace más tiempo. Se pueden almacenar diferentes tipos de memoria en varias regiones.

Una determinada combinación de neuronas se activa repetidamente para consolidar la memoria

RASTRO DEL RECUERDO

CORTEZA SOMATOSENSORIAL

CORTEZA AUDITIVA

HIPOCAMPO

CORTEZA VISUAL

Las sinapsis se fortalecen y almacenan el recuerdo

1 Recuerdo codificado por el hipocampo
Las experiencias se registran en el hipocampo y algunas de ellas, aquellas que están destinadas a convertirse en recuerdos, se codifican allí. La potenciación a largo plazo altera las conexiones entre las neuronas del hipocampo para crear un recuerdo.

UNA **LESIÓN EN EL HIPOCAMPO** PUEDE HACER **IMPOSIBLE** FORMAR MÁS **RECUERDOS** A LARGO PLAZO

RECUPERACIÓN

3 Recordar
Cuando nos despertamos, el recuerdo de lo que hemos aprendido se almacena de forma más segura. También lo relacionamos con otros recuerdos, lo que hace que sea más fácil de recordar y nos facilita comprender los conceptos subyacentes.

SE MEJORA CON LA PRÁCTICA

Si aprendemos algo solo una vez, con el tiempo ese rastro de memoria se desvanecerá a medida que las conexiones se debiliten. Cuantas más veces practiquemos o revisemos algo, más fuertes se volverán las conexiones entre las neuronas y más probabilidades tendremos de recordarlo en el futuro.

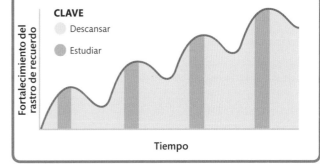

CLAVE
Descansar
Estudiar

Fortalecimiento del rastro de recuerdo

Tiempo

Evocar un recuerdo

Acordarse de algo no es un proceso pasivo, como antes se creía. El cerebro reconstruye activamente la experiencia a partir de la información almacenada. Esto introduce la posibilidad de cometer errores, lo que significa que nuestros recuerdos pueden cambiar con el tiempo.

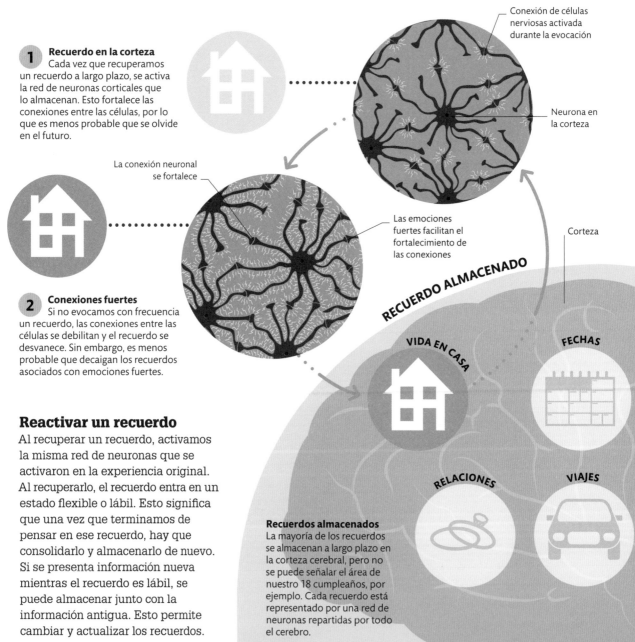

1 Recuerdo en la corteza
Cada vez que recuperamos un recuerdo a largo plazo, se activa la red de neuronas corticales que lo almacenan. Esto fortalece las conexiones entre las células, por lo que es menos probable que se olvide en el futuro.

La conexión neuronal se fortalece

2 Conexiones fuertes
Si no evocamos con frecuencia un recuerdo, las conexiones entre las células se debilitan y el recuerdo se desvanece. Sin embargo, es menos probable que decaigan los recuerdos asociados con emociones fuertes.

Conexión de células nerviosas activada durante la evocación

Neurona en la corteza

Las emociones fuertes facilitan el fortalecimiento de las conexiones

Corteza

RECUERDO ALMACENADO

VIDA EN CASA

FECHAS

RELACIONES

VIAJES

Reactivar un recuerdo

Al recuperar un recuerdo, activamos la misma red de neuronas que se activaron en la experiencia original. Al recuperarlo, el recuerdo entra en un estado flexible o lábil. Esto significa que una vez que terminamos de pensar en ese recuerdo, hay que consolidarlo y almacenarlo de nuevo. Si se presenta información nueva mientras el recuerdo es lábil, se puede almacenar junto con la información antigua. Esto permite cambiar y actualizar los recuerdos.

Recuerdos almacenados
La mayoría de los recuerdos se almacenan a largo plazo en la corteza cerebral, pero no se puede señalar el área de nuestro 18 cumpleaños, por ejemplo. Cada recuerdo está representado por una red de neuronas repartidas por todo el cerebro.

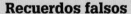

Recuerdos falsos

Al consolidarse un recuerdo, los datos nuevos se almacenan con los antiguos, pero la próxima vez que recordemos, será imposible saber cuál es cuál. Así podemos adquirir recuerdos falsos. Solo con hablar de un hecho puede cambiar nuestra memoria. Por ello, en un interrogatorio existe el riesgo de contaminar los recuerdos de los testigos.

¿QUÉ ES UN *DÉJÀ VU*?

La sensación de *déjà vu* puede aparecer al reconocer algo en un entorno pero no identificarlo. Esto produce una vaga sensación de familiaridad.

1 Recuerdo verdadero
Los investigadores pidieron a los participantes que vieran vídeos de accidentes automovilísticos. Tras cada vídeo, tenían que describirlo y responder a preguntas. Esto hacía que tuvieran que recordar y activaba sus recuerdos.

2 Nueva información
A algunos participantes les preguntaron a qué velocidad iban los coches al «hacer contacto», mientras que a otros les preguntaron a qué velocidad iban al «estrellarse». El primer grupo juzgó que los coches iban más despacio que el segundo grupo.

DÍAS DESPUÉS

NUEVA INFORMACIÓN ALMACENADA JUNTO CON LA ANTIGUA

3 Recuerdo falso evocado
Una semana más tarde, se les pidió que recordasen el vídeo y se les preguntó si había cristales rotos (no había). En el grupo de los «estrellados», un número sensiblemente mayor de personas «recordaron» haber visto cristales rotos. Las palabras utilizadas habían cambiado su recuerdo del evento.

VACACIONES

CUMPLEAÑOS

EVOCACIÓN Y RECONOCIMIENTO

Es mucho más fácil reconocer algo familiar cuando nos lo muestran que recordar los detalles sin ninguna intervención. Por ejemplo, todos sabemos cómo es una moneda de un euro, pero ¿puedes dibujarla de memoria?

Cómo mejorar la memoria

Si entendemos el aprendizaje y la evocación de recuerdos, podemos encontrar formas de impulsar estos procesos y mejorar nuestra memoria. Algunas de las mejores técnicas de memoria son en realidad las más antiguas, como el palacio de la memoria.

A menudo, si «olvidamos» algo es que no lo habíamos almacenado bien. Para evitarlo, debemos procesar la información profundamente: prestando total atención a lo que estamos aprendiendo, pensando en ello y viendo cómo se vincula con otras cosas que ya sabemos.

Una vez almacenada, debemos asegurarnos de que la información queda en la memoria, practicando o repitiendo lo que estemos tratando de aprender. Cuanto más a menudo activemos pares de neuronas juntas, más fuerte es esa conexión y más opciones tenemos de recordar la información en el futuro. También el espaciamiento de las repeticiones es importante: es mejor repasar 10 minutos al día durante 6 días que una hora en un solo día.

Pistas y descanso

Hay técnicas para ayudar a recordar información y muchas se basan en pistas. Pueden ser internas, como la mnemotecnia, que ofrece las primeras letras de una lista de elementos, facilitando el recuerdo de estos. O pueden ser externas, como el aroma de ciertas flores que

te transporta al día de tu boda. La técnica del palacio de la memoria usa asociaciones y desencadenantes para ayudar a recordar largas listas de información en orden.

Probablemente lo más importante que podemos hacer por nuestra memoria es dormir lo suficiente. Si estamos cansados, nuestra concentración y atención se ven afectadas y el cerebro no está en el estado adecuado para aprender. Dormir también es vital después de aprender, para consolidar, ordenar y almacenar los recuerdos.

Este es un resumen rápido de cómo mejorar la memoria:
- **Procesar la información profundamente.**
- **Ensayarla con frecuencia.**
- **Usar pistas y asociaciones.**
- **Dormir mucho.**

Usar un palacio de la memoria
Imagina que estás caminando por un lugar familiar, como tu casa. En puntos estratégicos, visualiza objetos relacionados con las palabras que esperas recordar, como los artículos de una lista de compras. Para recuperar la lista, simplemente tienes que «recorrer» el mismo camino: los objetos actúan entonces como desencadenantes del recuerdo.

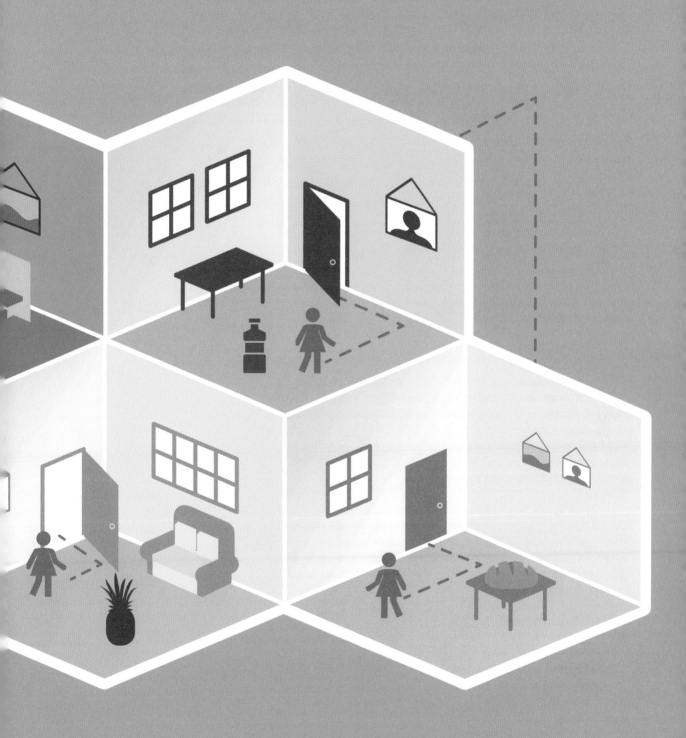

Por qué olvidamos

Hay muchas teorías para explicar por qué olvidamos las cosas. Algunos científicos piensan que todos los recuerdos permanecen en el cerebro, pero que a veces perdemos la capacidad de acceder a ellos. Nuestros recuerdos también pueden interferir entre sí.

El olvido en el cerebro

Hay muchas condiciones que nos hacen olvidar (ver pp. 146-147). En general, hay dos posibilidades para lo que sucede en el cerebro cuando se produce el olvido. La primera es que con el tiempo los recuerdos se van desvaneciendo: la información se pierde porque el rastro que se formó ya no está ahí. Pero es difícil encontrar evidencia de esto, ya que podría haber otros factores. A todos nos ha pasado no poder recordar algo que después nos viene a la cabeza sin motivo; esto sugiere que los recuerdos aún existen pero son inaccesibles, lo cual podría deberse a que otros recuerdos similares están interfiriendo o a que no hay ninguna señal en nuestro entorno que impulse el recuerdo. No se sabe si las conexiones neuronales de un recuerdo desaparecen o aún existen pero no podemos acceder a ellas.

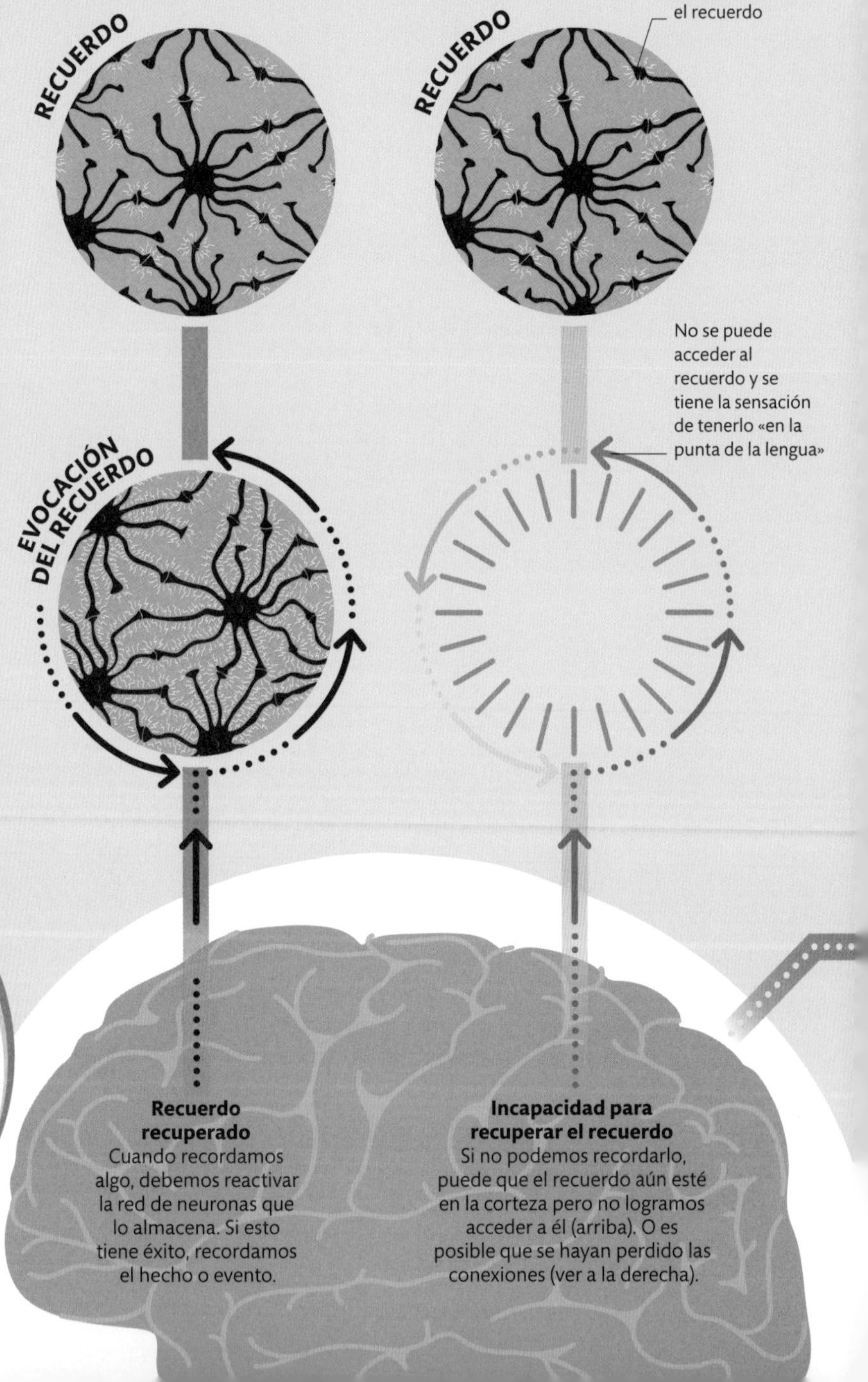

RECUERDO

RECUERDO

El rastro de la memoria sigue en el cerebro; a menudo, el bloqueo se libera más tarde y se puede recuperar el recuerdo

EVOCACIÓN DEL RECUERDO

No se puede acceder al recuerdo y se tiene la sensación de tenerlo «en la punta de la lengua»

¿POR QUÉ SE ME OLVIDA PARA QUÉ HE IDO AL PISO DE ARRIBA?

Salir de una habitación cambia las señales ambientales que nos ayudan a recordar. Al volver a donde estábamos, el recuerdo suele reactivarse.

Recuerdo recuperado
Cuando recordamos algo, debemos reactivar la red de neuronas que lo almacena. Si esto tiene éxito, recordamos el hecho o evento.

Incapacidad para recuperar el recuerdo
Si no podemos recordarlo, puede que el recuerdo aún esté en la corteza pero no logramos acceder a él (arriba). O es posible que se hayan perdido las conexiones (ver a la derecha).

Recuerdos que interfieren

Nuestros cerebros experimentan interferencias, sobre todo cuando la información es similar. Aprender información nueva puede bloquear el recuerdo de la anterior, y la información antigua a veces afecta a la nueva. Estos problemas pueden surgir porque se activa un rastro de memoria incorrecto cuando vamos a recuperar la información, bloqueando el acceso a la correcta. O puede ser que la información antigua interrumpa la consolidación de la nueva y, si tiene éxito, la nueva memoria llegue a reemplazar a la anterior.

Interferencia proactiva

Los recuerdos antiguos pueden alterar los nuevos. Por ejemplo, al empezar a aprender alemán, es posible experimentar interferencias con palabras inglesas si aprendimos este idioma de niños.

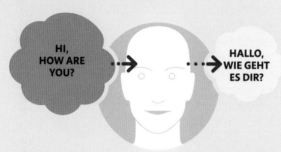

Interferencia retroactiva

Si más tarde queremos hablar inglés pero decimos algo en alemán, se trataría de nuevos recuerdos que perturban los antiguos.

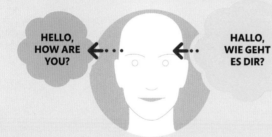

OLVIDO ACTIVO

Olvidar parece algo pasivo, pero podemos elegir olvidar algo. En un estudio, la corteza prefrontal de los sujetos (implicada en la supresión de recuerdos) se activó cuando se les pidió que olvidaran una palabra específica.

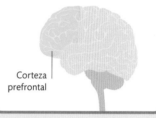

Corteza prefrontal

ES **MÁS PROBABLE NO RECORDAR** ALGO QUE ES FÁCIL DE ENCONTRAR EN **INTERNET**; ES EL **EFECTO GOOGLE**

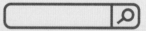

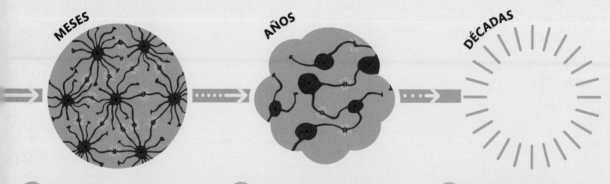

MESES

AÑOS

DÉCADAS

1 Almacenaje
Los recuerdos a largo plazo se guardan en la corteza como redes de conexiones. Estas se forman y fortalecen durante semanas o meses. Recordar las activa, fortaleciendo las sinapsis y haciendo que el recuerdo sea más fácil de recuperar más adelante.

2 El recuerdo se desvanece
Si pasan meses o años sin evocarse un recuerdo, puede que comience a desvanecerse. Al no reactivarse, las conexiones neuronales no se fortalecen. Es posible olvidar detalles específicos sobre eventos especiales, como qué fue lo que comimos en nuestra boda.

3 Perder un recuerdo
Una teoría sobre el olvido es que las sinapsis que no se usan se debilitan y finalmente son eliminadas. Cuanto más tiempo esté inactivo un recuerdo, más probable es que se pierda durante este proceso.

Problemas de memoria

Los problemas de memoria aumentan con la edad, y la demencia afecta a 1 de cada 6 mayores de 80 años. A veces, lesiones cerebrales, estrés u otros factores pueden provocar incapacidad para recordar (amnesia).

Amnesia

Si alguien sufre una lesión cerebral en la que se daña el hipocampo y las áreas adyacentes, puede sufrir amnesia. Hay dos tipos principales, según si se olvidan los recuerdos anteriores al incidente (amnesia retrógrada) o si se es incapaz de formar nuevos recuerdos (amnesia anterógrada). También hay casos de amnesia sin signos evidentes de daño, por ejemplo después de sufrir un trauma psicológico. Las drogas y el alcohol pueden causar amnesia temporal, aunque esta puede volverse permanente si se consumen grandes cantidades durante un periodo prolongado. También es posible sufrir amnesia anterógrada y retrógrada al mismo tiempo, sobre todo si hay un daño importante en el hipocampo. Esta afección se llama amnesia global.

Amnesia retrógrada
Se suelen olvidar los momentos previos a un accidente, pero a veces semanas o años. Algunos recuerdos, sobre todo los más antiguos, tardan en regresar.

Amnesia anterógrada
La amnesia anterógrada impide formar nuevos recuerdos. El paciente recuerda quién es y conserva los recuerdos de antes del daño.

Amnesia global transitoria
Se trata de un episodio repentino de pérdida de memoria que suele durar unas pocas horas. No hay otros síntomas ni causa obvia.

Amnesia infantil
La amnesia infantil es el hecho de que generalmente no podemos recordar nada anterior a entre los 2 y los 4 años de edad.

Amnesia disociativa
Puede estar provocada por estrés o trauma psicológico. Los pacientes olvidan días o semanas antes y después del trauma o, en raros «estados de fuga», quiénes son.

Envejecimiento y memoria

A medida que envejecemos, es normal experimentar fallos de memoria y dificultades para aprender cosas nuevas. Centrar la atención e ignorar las distracciones se vuelve más difícil, y es posible que olvidemos con más frecuencia cosas cotidianas, como por qué hemos subido las escaleras. Estas experiencias difieren de los síntomas de la demencia (ver p. 200), que pueden incluir perderse en la propia casa u olvidar el nombre de nuestra pareja.

AL CUMPLIR LOS **80 AÑOS** SE HAN **PERDIDO** HASTA UN **20 POR CIENTO** DE LAS **CONEXIONES NERVIOSAS** EN EL **HIPOCAMPO**

1 Dudar de la propia memoria
Los adultos de edad avanzada a menudo dudan de su memoria y ven los fallos normales como un signo de que sus capacidades están empeorando.

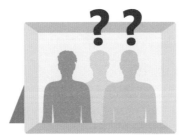
2 Usar menos la memoria
Las capacidades cerebrales son como músculos y se fortalecen con el uso. Escribir cosas o buscarlas en lugar de ejercitar la memoria podría empeorar las cosas.

3 Empeoramiento de la memoria
No ejercitar la memoria puede provocar un círculo vicioso de deterioro cognitivo. Alentar a los adultos mayores a usar su memoria puede ayudarlos a mantenerla en forma.

Un caso curioso

Henry Molaison (1926-2008), un estadounidense que trabajaba en una línea de montaje, padecía graves ataques epilépticos. En 1953 se le extirpó parte del lóbulo temporal medial, incluidos ambos hipocampos, para tratar la epilepsia grave. Sus ataques cesaron, pero olvidó varios años anteriores a la operación y desarrolló amnesia anterógrada. Solo podía retener nuevos recuerdos declarativos (ver p. 135) durante unos segundos, aunque podía aprender nuevas habilidades.

Grandes áreas del lóbulo temporal medial extirpadas del cerebro en cada hemisferio

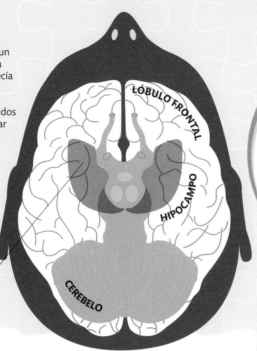

LÓBULO FRONTAL

HIPOCAMPO

CEREBELO

VISTA DESDE ABAJO

¿QUÉ ES LA «NEUROSIS DE GUERRA»?

La expresión se acuñó en la Primera Guerra Mundial para describir un efecto que se creía causado por el sonido de las explosiones. En realidad, los soldados padecían trastorno de estrés postraumático.

Otros problemas de memoria

Muchas cosas afectan la memoria, del estrés a corto plazo a eventos importantes de la vida. Los cambios en la memoria pueden guardar relación con cambios en nuestra neuroquímica. Así, el cortisol se libera al preocuparnos y las hormonas aumentan en una mujer embarazada con el parto. La falta de sueño también influye en ella.

CAUSA	EXPLICACIÓN
Estrés	El estrés moderado a corto plazo puede facilitar la formación de recuerdos, pero hace más difícil recordar hechos ya sabidos. Esto puede explicar la sensación de «quedarse en blanco» durante un examen.
Ansiedad	El estrés crónico o prolongado, como el que experimentan las personas con trastornos de ansiedad, puede dañar el hipocampo y otras estructuras de memoria del cerebro, provocando problemas de memoria.
Depresión	La depresión puede afectar a la memoria a corto plazo y crear dificultades para recordar detalles de los acontecimientos. Las personas sanas tienden a recordar mejor los aspectos positivos que los negativos. En la depresión esto se invierte.
«Cerebro de embarazo»	Las embarazadas pueden experimentar una leve disminución de capacidades cognitivas, aunque es probable que esto sea perceptible solo para ellas mismas. Tras el nacimiento del bebé, la falta de sueño puede empeorar los problemas de memoria.

TRASTORNO DE ESTRÉS POSTRAUMÁTICO

Al almacenar recuerdos, la emoción se desvanece con el tiempo, por lo que recordamos eventos pasados sin revivirlos. En el trastorno de estrés postraumático (TEPT), quienes lo padecen no logran disociar el recuerdo de la emoción, y los recuerdos intrusivos hacen que el miedo regrese. Estos recuerdos pueden activarse con imágenes o sonidos, y a menudo el paciente desconoce sus desencadenantes.

Tipos especiales de memoria

Aunque algunos niños muestran unas destacadas habilidades, la mayoría de las personas con memoria excepcional no nacen así, sino que se valen de técnicas especiales y de mucha práctica, lo que a veces conduce a cambios físicos en sus cerebros.

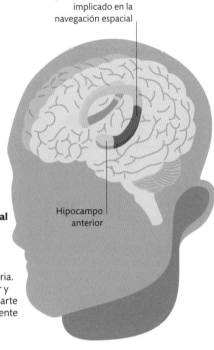

Hipocampo posterior, implicado en la navegación espacial

Hipocampo anterior

Entrenando memorias extraordinarias

En una investigación con conductores de taxi de Londres que estudiaban «El Conocimiento» (una enorme red de carreteras y puntos de referencia), descubrieron que el volumen de su hipocampo posterior aumentaba al mejorar su capacidad para orientarse. Esto podría ser por el nacimiento de nuevas neuronas o el crecimiento de dendritas existentes (ver p. 20). En pruebas de memoria que no incluían puntos de referencia de Londres, tuvieron peores resultados que los sujetos de control, lo que sugiere que mejorar un área puede empeorar otras.

Formación hipocampal
Nuestros dos hipocampos (uno a cada lado del cerebro) son vitales para el aprendizaje y la memoria. Se dividen en posterior y anterior (frontal), y la parte posterior es especialmente importante para la orientación espacial.

Síndrome del sabio

Las personas con discapacidad mental a veces tienen habilidades destacadas en un área específica, a menudo relacionada con la memoria. Esto recibe el nombre de síndrome del sabio. Muchos de estos «sabios» son autistas, pero el síndrome puede desencadenarlo un traumatismo craneoencefálico grave. Algunos «sabios» pueden calcular el día de la semana de cualquier fecha. Otros recuerdan todo lo que leen o pueden pintar con detalle una escena que solo han visto una vez. Se cree que estos talentos pueden desarrollarse por su enfoque e interés extremos en un área. Ven el mundo por partes, no como una imagen completa, y acceden a información perceptiva que la mayoría no percibimos.

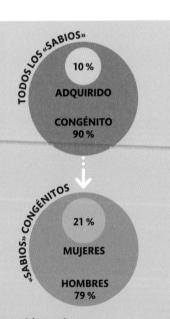

TODOS LOS «SABIOS»

10 %
ADQUIRIDO

CONGÉNITO
90 %

«SABIOS» CONGÉNITOS

21 %
MUJERES

HOMBRES
79 %

Por genética y género
Una base de datos de «sabios», según datos de sus padres o cuidadores, mostró que la mayoría (90 por ciento) nace así y, de ellos, la mayoría eran hombres.

RECUERDOS FLASH

Las personas a menudo recuerdan dónde estaban cuando recibieron noticias emotivas. Esos recuerdos, que son extremadamente vívidos y detallados, reciben el nombre de recuerdos flash. Sin embargo, se ha demostrado que es tan posible que nos equivoquemos con estas fotografías como con cualquier otro recuerdo.

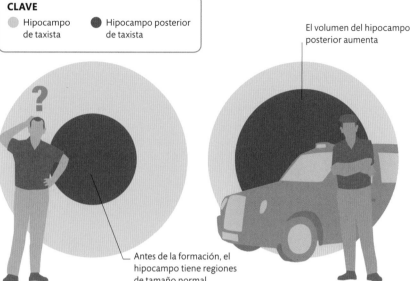

CLAVE

- Hipocampo de taxista
- Hipocampo posterior de taxista

El volumen del hipocampo posterior aumenta

El hipocampo posterior vuelve al tamaño original

Antes de la formación, el hipocampo tiene regiones de tamaño normal

1 El mismo tamaño
Al inicio del estudio, los científicos midieron el tamaño del hipocampo de los participantes. No había diferencias entre los conductores de taxi en formación y el grupo de control.

2 Anatomía cambiante
Los participantes que aprobaron el examen tenían hipocampos posteriores más grandes que el grupo de control o que los que suspendieron. Se vio que la parte frontal de su hipocampo era más pequeña.

3 Volver a la normalidad
El cerebro de los taxistas jubilados se parece mucho más al del grupo de control. Esto sugiere que los cambios en el hipocampo se revierten cuando los taxistas dejan de utilizar «El Conocimiento» a diario.

Memoria «fotográfica»

La memoria fotográfica no existe: nadie puede recordar páginas de texto o imágenes como si las tuviera delante. Lo que más se acerca es la memoria eidética, que tienen el 2-10 por ciento de los niños. Tras mirar una imagen, los niños «eidéticos» continúan «viéndola» en su campo visual hasta que gradualmente se desvanece o desaparece a medida que parpadean.

Imagen imperfecta
Las imágenes eidéticas no son perfectas. Puede que los niños no logren recordar todas las letras de una palabra que se les mostró, o inventen detalles, por ejemplo «recordar» algo en una imagen que en realidad no estaba allí.

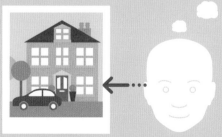

FOTOGRAFÍA   **NIÑO**

RECUERDO
A veces, las personas con memoria eidética recuerdan vívidamente detalles que no estaban presentes en la escena original, como el color de este tejado

¿HAY QUIEN PUEDA RECORDARLO TODO?

No existe una memoria perfecta, pero hay personas que tienen una memoria autobiográfica superior, lo que les da una memoria excepcional de su vida.

UN SUPERRECONOCEDOR ES UNA PERSONA CON EXTRAORDINARIA **MEMORIA** PARA LAS **CARAS**

Inteligencia

Existen muchas teorías sobre cómo ha evolucionado la inteligencia, sobre qué es en realidad y sobre qué factores implican una alta inteligencia.

¿Qué es la inteligencia?

La inteligencia es la capacidad para adquirir información del entorno, incorporarla a una base de conocimientos y aplicarla a nuevas situaciones y contextos. Existen muchos modelos de cómo evolucionó la inteligencia humana, pero el lenguaje y la vida social tuvieron un papel importante, pues permitieron transmitir el conocimiento entre generaciones. La evolución de la inteligencia humana es la causa de nuestro éxito como especie, pues nos permite adaptarnos y habitar casi todos los entornos de la Tierra.

UNOS **1000 GENES** ESTÁN LIGADOS A LA **INTELIGENCIA**

1 Adquisición
La información se recopila a través de experiencias, se comprende y se retiene para su procesamiento.

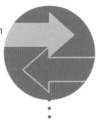

2 Proceso
La nueva información se analiza críticamente, se compara con el conocimiento existente y se pone en contexto.

3 Aplicación
El conocimiento se aplica a una nueva situación o problema en lugar de repetirlo de memoria.

Red implicada en comprobar hipótesis, componente integral de la inteligencia

El lóbulo frontal alberga grandes redes asociadas con la inteligencia

Teorías sobre la inteligencia

Los estudios sugieren que la conectividad entre las cortezas prefrontal y parietal y ciertas pequeñas áreas de neuronas (redes) es la clave para una alta inteligencia (arriba). También se han propuesto otras explicaciones (derecha) que sugieren que la inteligencia está relacionada con la conectividad de todo el cerebro en su conjunto.

Tipos de inteligencia

Se suele hablar de inteligencia en general, pero se cree que hay tipos distintos, pues las personas tienen la capacidad de adquirir y aplicar conocimientos en áreas específicas. Así, a alguien le puede costar resolver problemas matemáticos, pero ser capaz de reproducir una pieza musical tras oírla una sola vez. Algunos sostienen que esta teoría respalda una definición más realista de inteligencia, mientras que los críticos afirman que estas «inteligencias» son meras aptitudes.

Naturalista
Reconoce características de plantas y animales e infiere ideas basadas en lo que se sabe sobre el mundo natural.

Musical
Es sensible al ritmo, tono, melodía y timbre, y lo aplica a tocar y componer música.

Lógico-matemática
Es rápido con los números y cuantifica las cosas fácilmente. Resuelve problemas y piensa críticamente sobre ellos.

Existencial
Utiliza observaciones, intuición y conocimiento para explicar el mundo exterior y el papel de los humanos en él.

Interpersonal
Sensible a los estados de ánimo, sentimientos y motivaciones de los demás. Lo aplica a las relaciones y ayuda a que los grupos funcionen.

Corporal kinestésica
Utiliza conciencia corporal, coordinación y sincronización para dominar actividades físicas como el deporte.

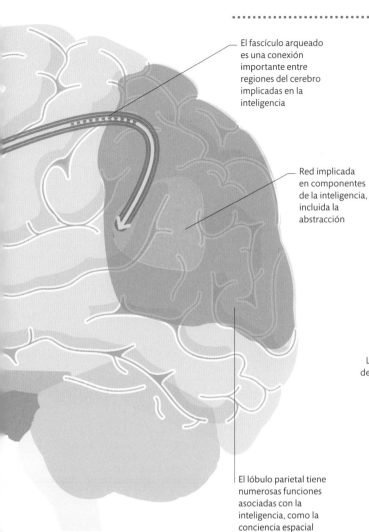

El fascículo arqueado es una conexión importante entre regiones del cerebro implicadas en la inteligencia

Red implicada en componentes de la inteligencia, incluida la abstracción

El lóbulo parietal tiene numerosas funciones asociadas con la inteligencia, como la conciencia espacial

Las ondas gamma y beta son oscilaciones neuronales

Ondas cerebrales
Cuando las ondas gamma y beta se dan juntas, la comunicación neuronal es eficiente y menos propensa a distracciones.

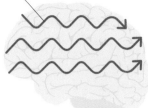

El cerebro entero está involucrado en la inteligencia

Teoría neurocientífica de redes
La inteligencia tiene menos que ver con regiones particulares y más con cómo se comunica todo el cerebro.

La plasticidad es la capacidad del cerebro para reorganizarse

Plasticidad
La inteligencia superior está relacionada con la capacidad para establecer conexiones alternativas y adicionales dentro del cerebro.

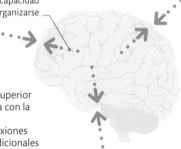

Lingüística
Tiene habilidad con las palabras y utiliza esta comprensión para crear historias, transmitir conceptos complejos y aprender idiomas.

Intrapersonal
Comprensión profunda de sí mismo que puede utilizarse para predecir las propias reacciones y emociones ante situaciones nuevas.

Visual-espacial
Capaz de juzgar fácilmente la distancia, reconocer detalles finos y resolver problemas espaciales visualizando el mundo en 3D.

LA INTELIGENCIA SE HEREDA

Los rasgos físicos no son las únicas características que se transmiten de una generación a otra. De hecho, se cree que la inteligencia es uno de los rasgos más hereditarios en los humanos. Se estima que entre el 50 y el 85 por ciento de las diferencias en la inteligencia de los adultos pueden explicarse por la genética.

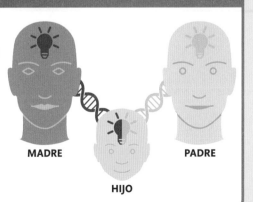

MADRE

PADRE

HIJO

Medir la inteligencia

Se hacen pruebas de inteligencia desde hace más de un siglo, pero sus métodos y la forma en que se utilizan los resultados siguen siendo objeto de acalorados debates.

Las puntuaciones de CI están estandarizadas, por lo que la curva siempre está centrada en una puntuación de 100

Distribución normal
En un gráfico de frecuencia de las puntuaciones de cociente intelectual se ve una curva en forma de campana, llamada distribución normal, en que las puntuaciones de la mayoría de las personas se agrupan simétricamente alrededor del promedio. De cada 100 personas, 68 tendrán un CI de entre 85 y 115. En los extremos superior e inferior de la escala, la frecuencia disminuye de con rapidez.

LA **PUNTUACIÓN DE CI** DE UN INDIVIDUO **PUEDE VARIAR** EN **20 PUNTOS O MÁS** SEGÚN EL TEST EMPLEADO

¿PERMANECE IGUAL EL CI DE UNA PERSONA?

El CI de un niño puede ser variable, con cambios grandes de puntuación en periodos de tiempo relativamente cortos. La puntuación del CI tiende a estabilizarse en la edad adulta.

CI
El cociente intelectual (CI) es una puntuación total derivada de una prueba estandarizada que mide aspectos de la inteligencia, incluido el pensamiento analítico y el reconocimiento espacial. Hay más de una docena de pruebas diferentes que proporcionan una puntuación de cociente intelectual y se han utilizado para seleccionar estudiantes y reclutarlos para profesiones como el ejército. Aunque las pruebas de cociente intelectual son estadísticamente fiables, se ha argumentado que están sesgadas hacia las culturas en las que se originan.

En Estados Unidos, tras un fallo judicial de 2002, los presos con un cociente intelectual inferior a 70 no pueden ser considerados para la pena capital

FRECUENCIA

	0,1 %	2,1 %		13,6%	34,1 %		34,1 %

CATEGORÍA

55		70		85		100		115
EXTREMO INFERIOR		**MUY POR DEBAJO DE LA MEDIA**		**POR DEBAJO DE LA MEDIA**		**MEDIA**		**POR ENCIMA LA MED**

CI

Alternativas al CI

El cociente intelectual no es la única medida de la inteligencia. Hay varias alternativas, muchas de ellas de base más visual, fundamentadas en imágenes, ilusiones o secuencias de patrones. Las pruebas psicométricas se suelen usar en la contratación laboral para evaluar las aptitudes, como la empatía al seleccionar a un cuidador. Quien tiene buenos resultados en pruebas de cociente intelectual probablemente también obtendrá buenos resultados en otras pruebas. Esto indica quizá un alto nivel de capacidad cognitiva general, a veces denominado factor general de inteligencia (factor g).

Inteligencia general
La capacidad de obtener puntuaciones altas en diferentes áreas está indicada por el factor de inteligencia general.

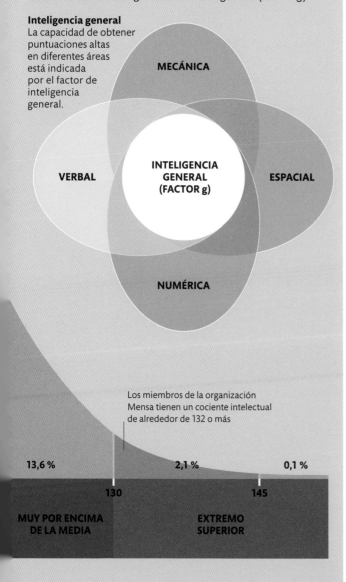

MECÁNICA

VERBAL

INTELIGENCIA GENERAL (FACTOR g)

ESPACIAL

NUMÉRICA

Los miembros de la organización Mensa tienen un cociente intelectual de alrededor de 132 o más

13,6 %   2,1 %   0,1 %

130   145

MUY POR ENCIMA DE LA MEDIA   EXTREMO SUPERIOR

CI DE RÉCORD

A menudo se habla de cocientes intelectuales excepcionales (como puntuaciones superiores a 200), pero rara vez se verifican. La estadounidense Marilyn vos Savant ostentó el récord de cociente intelectual (228) en el *Libro Guinness de los Records* entre 1986 y 1989, pero Guinness retiró la categoría al concluir que las pruebas no eran lo bastante fiables. Se ha intentado medir el CI de personas que ya no pueden someterse a pruebas. Se estima que Albert Einstein tenía un cociente intelectual de más de 160.

¿Está aumentando el CI?

Hay indicios de un aumento generalizado del CI. Cuando, cada 10 a 20 años, se revisan las pruebas, a los examinados que se emplean para estandarizar el nuevo test se les pide que hagan también el test anterior, y en este obtienen puntuaciones más altas. Si los adultos de hoy hicieran una prueba de cociente intelectual de 1920, la gran mayoría obtendría una puntuación en el extremo superior, por encima de 130. Esto está respaldado por datos de todo el mundo, aunque la tasa de aumento es más rápida en los países en desarrollo. Los datos recientes sugieren que este aumento, conocido como efecto Flynn, ha comenzado a estabilizarse.

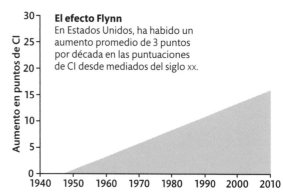

El efecto Flynn
En Estados Unidos, ha habido un aumento promedio de 3 puntos por década en las puntuaciones de CI desde mediados del siglo XX.

Aumento en puntos de CI

Creatividad

Todos sentimos de vez en cuando la chispa creativa, pero el hecho de que algunos sean más creativos que otros está relacionado con la conexión y coordinación entre tres redes cerebrales diferentes.

La ciencia de la creatividad

La creatividad (la capacidad para generar ideas nuevas y útiles) está vinculada a tres redes cerebrales distintas: la red del modo predeterminado, la red de prominencia y la red ejecutiva central. Si bien estas redes están conectadas, normalmente no están activas al mismo tiempo. Sin embargo, los estudios de resonancia magnética funcional de personas a las que se les pidió que realizaran tareas específicas muestran que las personas que pueden cambiar rápidamente entre estas redes en los momentos adecuados tienen respuestas más creativas. De hecho, la correlación es tan fuerte que la creatividad de una persona se puede predecir basándose en la fuerza de la conexión entre estas redes.

EL INVENTOR JAPONÉS
SHUNPEI YAMAZAKI
TIENE **5255 PATENTES**
A SU NOMBRE

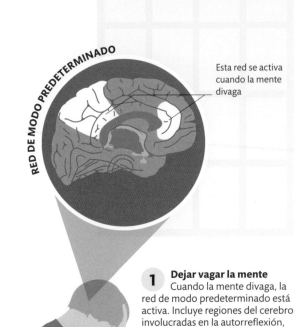

RED DE MODO PREDETERMINADO

Esta red se activa cuando la mente divaga

1 Dejar vagar la mente
Cuando la mente divaga, la red de modo predeterminado está activa. Incluye regiones del cerebro involucradas en la autorreflexión, el pensamiento en los demás y la consideración del pasado o el futuro: las cosas en que pensamos cuando soñamos despiertos.

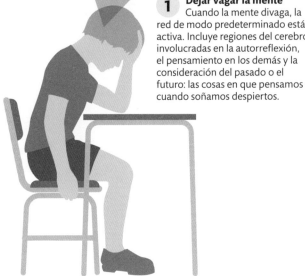

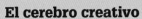

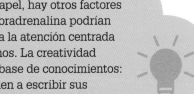

El cerebro creativo

Si bien la genética desempeña un papel, hay otros factores importantes. Los niveles bajos de noradrenalina podrían favorecer la creatividad, pues desvía la atención centrada en el interior hacia estímulos externos. La creatividad también puede requerir una sólida base de conocimientos: los compositores, por ejemplo, tienden a escribir sus mejores obras después de pasar décadas componiendo.

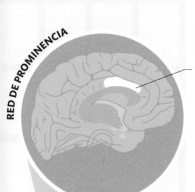

RED DE PROMINENCIA

Recluta otras redes basándose en la información recibida

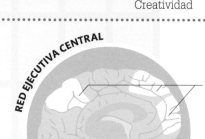

RED EJECUTIVA CENTRAL

Regiones activadas para mantener la atención en una tarea particular

2 Cambiar de una a otra
La red de prominencia detecta información sensorial para ver si la red ejecutiva central debe participar. Así, al escuchar nuestro nombre mientras dejamos vagar la mente, la red de prominencia activará una alarma.

3 Concentrarse
La red ejecutiva central hace que el cerebro consciente piense y mantenga su concentración en una tarea. Los estudios han demostrado que la red de modo predeterminado se vuelve a activar en una fracción de segundo después de completar la tarea.

EL CEREBRO AL TOCAR JAZZ

En un estudio, se pidió a pianistas de jazz que tocaran en una máquina de resonancia magnética funcional. Se registró su actividad cerebral mientras tocaban música memorizada y jazz improvisado. Durante la improvisación, las áreas del cerebro responsables de la evaluación de nuestras propias acciones y la inhibición estaban menos activas.

Actividad en la corteza prefrontal lateral

Desactivación en la corteza prefrontal lateral

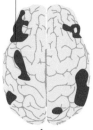

MÚSICA MEMORIZADA

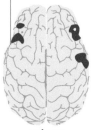

MÚSICA IMPROVISADA

¿POR QUÉ LAS IDEAS SUELEN VENIR CUANDO NO ESTAMOS CENTRADOS EN UNA TAREA?

Al cerebro se le da bien reconfigurar y conectar información cuando no está en un modo orientado a tareas.

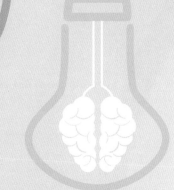

Cómo potenciar la creatividad

Así como el ejercicio fortalece los músculos y mejora la condición cardiovascular, existen actividades que pueden mejorar nuestro condicionamiento creativo al hacer que áreas del cerebro trabajen juntas de nuevas maneras.

Para potenciar la creatividad, hay que eliminar primero las barreras. El estrés, las limitaciones de tiempo y la falta de sueño y ejercicio anulan la creatividad. Tendemos a ser más creativos si estamos descansados y felices, y podemos dejar que la mente vague libremente. Muchas personas tienen sus mejores ideas en la ducha o de camino al trabajo. Parece que las ideas fluyen más libremente en nuestro cerebro cuando no están en un estado orientado a la tarea, sino en estado de reposo.

Nuevas conexiones

Las rutinas ayudan a regular nuestra vida diaria, pero también refuerzan las vías neuronales existentes. Una actividad favorable a la creatividad crea nuevas conexiones neuronales. Aprender a tocar un instrumento, por ejemplo, abre y fortalece vínculos entre diferentes áreas del cerebro.

Simplemente variar la rutina puede fomentar la creatividad, así que elige una ruta más interesante para ir al trabajo, un color que no suelas usar o una nueva receta para cocinar. Rodéate de personas creativas y con ideas afines tanto como sea posible.

Los desafíos irresolubles fomentan nuevas formas de pensamiento. ¿Cuántas cosas se te ocurren para hacer con un clip para papel, por ejemplo? Si estás encallado con un problema, aléjate mentalmente. Imagina cómo se enfrentaría a él alguien de otro país o de otra edad.

Date permiso para desconectarte. Si estás parado en una cola, no te pongas a mirar el correo o las redes sociales en el teléfono como siempre; toma distancia mental y deja que las ideas fluyan.

La próxima vez que te quedes sin ideas, prueba una de las siguientes estrategias:

- **Descansa, elimina estrés y haz ejercicio.**
- **Aprende una nueva habilidad. Pasa tiempo con personas creativas.**
- **Piensa fuera de los cauces habituales. Inventa nuevas formas de resolver viejos problemas.**
- **Desconéctate de los dispositivos digitales para darle a tu cerebro tiempo de inactividad.**

Creencias

Nuestro cerebro puede destilar información compleja, hacer observaciones inexplicables, y evaluarlas y categorizarlas. A partir de esto formamos proposiciones –verdaderas o no– que nos guían en la vida.

¿Cómo se forman las creencias?

Nuestras creencias se desarrollan a partir de lo que escuchamos, vemos y experimentamos, y de nuestra interacción con los demás y nuestro entorno. Se entrelazan con nuestras emociones, por eso a menudo tenemos una respuesta emocional cuando son cuestionadas. Se aceptan como verdades, con pruebas o sin ellas, y se convierten en un filtro que rechaza la información que no las respalda, lo que potencialmente limita nuestra percepción del mundo. Sin embargo, las creencias no son estáticas: cada uno de nosotros tiene el poder de elegir y cambiarlas.

Conocimiento
Lo que sabemos influye en nuestras creencias y desafía a las que tenemos.

Acontecimientos
Los acontecimientos positivos y negativos moldean nuestra visión del mundo.

Visión de futuro
Cómo imaginamos que será nuestra vida está ligado a nuestras creencias.

Entorno
Dónde, cómo y por quién fuimos educados subyacen en muchas creencias.

Las facetas de las creencias

Para formar nuestras creencias, procesamos información de muchos aspectos de la vida. Del mismo modo, nuestras creencias también moldean cómo procesamos esa información.

Resultados previos
Los éxitos y los fracasos moldean nuestras creencias sobre lo que es posible.

La corteza prefrontal ventromedial se activa al creer algo

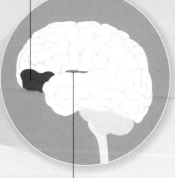

La ínsula registra incredulidad

1 **Mal comportamiento**
El cerebro humano es excepcional para detectar patrones incluso en fenómenos aleatorios. Antes de que los seres humanos entendieran qué son los rayos, por ejemplo, buscaban patrones, y muchas culturas del mundo creían que el fenómeno coincidía con un mal comportamiento.

2 **Áreas del cerebro**
Las regiones del cerebro que participan en las emociones son importantes para las creencias. La bioquímica de las creencias es un área de investigación, pues desencadenan respuestas bioquímicas en el cuerpo, como por ejemplo el efecto placebo.

¿POR QUÉ ALGUNAS PERSONAS TIENEN CREENCIAS EXTREMAS?

A las personas con creencias extremas puede costarles pasar de un concepto a otro, lo que se conoce como **inflexibilidad cognitiva**.

LAS **CREENCIAS FUNDAMENTALES** SE FORMAN EN TORNO A LOS **7 AÑOS**

3 **Explicación sobrenatural**
Además de detectar patrones, el cerebro humano prefiere lo intencional a lo aleatorio. Por consiguiente, la idea de que los dioses usan intencionalmente los rayos para castigar el mal comportamiento era más satisfactoria que un evento natural aleatorio.

Los niveles de una creencia

La capa más profunda es la de las creencias que guían nuestras acciones (procesos). Las acciones después determinan nuestros resultados. Si queremos hacer cambios en nuestra vida, a menudo nos centramos en resultados, pues es lo más fácil de cambiar a corto plazo. Pero para un cambio duradero debemos cambiar los hábitos y puede que debamos examinar nuestras creencias fundamentales.

Creencias fundamentales
Nuestras creencias fundamentales están entrelazadas con la forma en que nos vemos a nosotros mismos y el mundo que nos rodea y, por lo tanto, son las más arraigadas e inflexibles.

RESULTADOS
PROCESO
CREENCIA FUNDAMENTAL

RAZONAR LAS CREENCIAS

Hay tres tipos de creencias: fácticas, de preferencia e ideológicas. Si dos personas debaten creencias fácticas, solo una de ellas puede tener razón, mientras que, en el caso de creencias de preferencia, ambas pueden tener razón. Las creencias ideológicas extraen elementos de los hechos y de las preferencias. Los niños preescolares ya las diferencian y ven que dos personas pueden tener razón.

PREFERENCIA
El naranja es el color más bonito

PREFERENCIA
El color más bonito es el verde

FACTUALES
2 + 2 = 4

FACTUALES
2 + 2 = 5

IDEOLÓGICAS
Solo hay un dios

IDEOLÓGICAS
Dios no existe

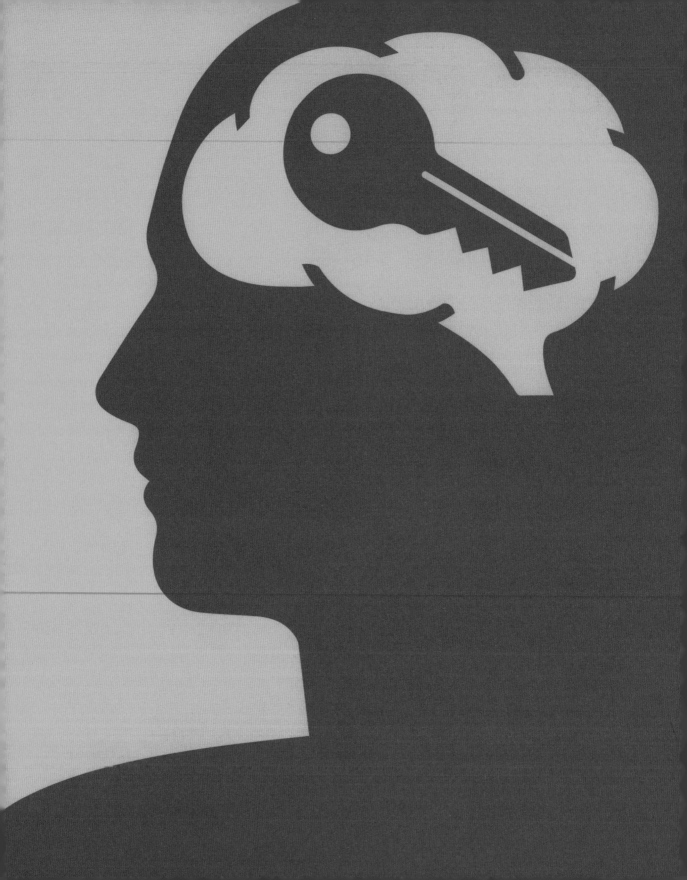

LA CONCIENCIA
Y EL YO

¿Qué es la conciencia?

La conciencia es nuestra percepción de los estímulos externos (como nuestro entorno) y de los eventos internos (como nuestros pensamientos y sentimientos). Podemos identificar la actividad cerebral que genera la conciencia, pero sigue siendo un misterio cómo surge este fenómeno a partir de un órgano físico.

Localizar la conciencia

Nuestros pensamientos, sentimientos e ideas son actividades del cerebro: resultados con una base neurológica. Sin embargo, no está claro si es la actividad neurológica en sí la que forma la conciencia (o la «mente») o si ambas están simplemente vinculadas. Esa es la diferencia fundamental entre dos teorías de la conciencia. La primera, el monismo, equipara la mente con el cerebro, mientras que la segunda, el dualismo, ve la mente separada del cerebro y del cuerpo.

Monismo
Según el monismo, cada idea, pensamiento y sentimiento es producto de la actividad cerebral que se produce como resultado de un estímulo. Esta actividad cerebral es en sí misma la percepción consciente del objeto. Es decir, el cerebro es la mente y viceversa.

MONISMO

DUALISMO

LUZ

¿Dónde está la mente?
Cuando vemos un objeto, es el resultado de que nuestro cerebro perciba un estímulo luminoso. No obstante, aún se debate si esta actividad en nuestro cerebro conduce directamente a la conciencia o si la actividad está vinculada a una mente externa.

REALIDAD VIRTUAL

La realidad virtual y aumentada ya no existe solo en la ciencia ficción. Ahora se utilizan ordenadores para simular estímulos externos, como imágenes o sonidos, que proporcionan al cerebro una realidad alternativa.

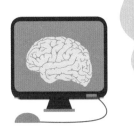

MUERTE DEL TRONCO ENCEFÁLICO

En algunas partes del mundo (como el Reino Unido), la definición legal de muerte es muerte del tronco encefálico. El daño irreversible al tronco encefálico (ver p. 36) impide regular las funciones automáticas esenciales para la vida. Estas pueden continuar con la ayuda de aparatos médicos, pero la persona nunca recuperará el conocimiento.

Dualismo

La teoría dualista sostiene que la mente (que no es física) existe fuera del cerebro (que es físico) y que ambos interactúan. La actividad cerebral como resultado del estímulo está asociada con la percepción consciente, pero la mente en sí está aparte.

¿PODRÍA VOLVERSE CONSCIENTE LA INTELIGENCIA ARTIFICIAL?

Algunos científicos creen que la inteligencia artificial podría programarse para ser consciente; otros creen que la conciencia es algo que las máquinas no podrán aprender nunca.

Los requisitos para la conciencia

La base neuronal de la conciencia sigue siendo un área de investigación enfocada en identificar las estructuras y procesos cerebrales necesarios para generar una experiencia consciente. Se cree que el proceso de conciencia se produce al nivel de las neuronas individuales, no al nivel de moléculas o átomos individuales. Es probable que para que surja la conciencia deban estar presentes los cuatro factores siguientes.

ALTA TASA DE ACTIVIDAD

ONDAS CEREBRALES BETA

En el estado normal de conciencia, las neuronas se activan a un ritmo alto. Las ondas beta (ver p. 42) se producen cuando las neuronas se activan a mayor ritmo e indican estado de alerta y pensamiento lógico y analítico.

ACTIVIDAD SINCRÓNICA

La conciencia podría depender de la sincronicidad de las neuronas. Grupos de neuronas que se activan al unísono «unen» percepciones separadas (como la vista, el sonido y el olfato) y crean una sola percepción.

EN **UNA O DOS** DE CADA **1000 OPERACIONES** QUE REQUIEREN **ANESTESIA GENERAL** EL PACIENTE RECUPERA LA **CONCIENCIA**

INTERVALO DE TIEMPO

El cerebro inconsciente puede tardar medio segundo en procesar estímulos y convertirlos en percepciones conscientes, pero nos parece que experimentamos las cosas de forma inmediata.

ACTIVIDAD FRONTAL

Los lóbulos frontales desempeñan un papel importante en aspectos de la conciencia como los sentimientos de reflexión y en la coordinación de niveles de conciencia.

Prestar atención

La atención dirige nuestra conciencia (ver pp. 162-163) para que se concentre más intensamente en un estímulo sensorial particular, como una imagen o un sonido, y para ignorar la información que compite con ella. El proceso de prestar atención comienza con los órganos sensoriales, que activan varias áreas del cerebro, como los lóbulos frontal y parietal. El lóbulo parietal procesa información espacial y dirige la atención a un área del espacio, mientras que el lóbulo frontal orienta los ojos para enfocar objetos específicos.

El lóbulo parietal contiene mapas espaciales

El lóbulo frontal contiene el campo ocular frontal

NERVIO ÓPTICO

El colículo superior actúa como un sistema de seguimiento, y dirige la cabeza y los ojos para seguir un objeto

Áreas de la atención
Las áreas clave para prestar atención a los estímulos visuales son el campo ocular frontal, ubicado en el lóbulo frontal, y el colículo superior. Juntos, indican a nuestros ojos que se enfoquen en un objeto.

La atención

La atención es el proceso de concentrarse o centrarse en información específica. El cerebro es el principal órgano que procesa información tanto conductual como cognitiva, aunque también se necesitan otras partes del cuerpo, como los ojos y los oídos.

LOS ESTUDIOS SUGIEREN QUE EL **LAPSO MEDIO DE ATENCIÓN** HUMANO ES DE SOLO **8 SEGUNDOS**

TRASTORNO POR DÉFICIT DE ATENCIÓN E HIPERACTIVIDAD

El trastorno por déficit de atención e hiperactividad (TDAH) es un trastorno del comportamiento (ver p. 216). La causa exacta del TDAH aún no se comprende del todo. Los estudios sugieren que podría tratarse de un desequilibrio de los neurotransmisores o de algo genético. Sin embargo, se cree que cualquier causa genética potencial del TDAH sería compleja y es poco probable que sea causada por un solo gen.

¿SE REDUCE LA CAPACIDAD DE ATENCIÓN?

No hay pruebas de que la capacidad de atención individual se reduzca, pero un estudio sugiere que la capacidad de atención colectiva (el tiempo que, como sociedad, nos concentramos en una noticia o tema de actualidad) sí está disminuyendo.

ATENCIÓN SOSTENIDA

La atención sostenida es la capacidad de concentrarse en una tarea, como leer un libro, un tiempo largo. Los estudios de imágenes cerebrales demuestran que las áreas corticales frontal y parietal, particularmente en el hemisferio derecho del cerebro, se asocian con la atención sostenida.

ATENCIÓN SELECTIVA

La atención selectiva es el proceso de centrarse intensamente en algo específico, como un objeto o un sonido, sin prestar atención al entorno. Ignorar el sonido de un coche mientras prestamos atención a un teléfono es un ejemplo de atención selectiva.

Tipos de atención

Hay varios tipos de atención, y el tipo que se necesita para cada momento depende de las circunstancias. Tanto la atención sostenida como la selectiva se utilizan cuando necesitamos concentrarnos completamente en un estímulo. La atención alternante y dividida se utiliza cuando hay múltiples informaciones en las que debemos centrarnos al mismo tiempo. La atención no es un recurso ilimitado, y el proceso de centrarla en algo puede resultar agotador, ya que se necesita una cantidad importante de energía.

ATENCIÓN ALTERNANTE

La atención alternante es la capacidad de cambiar la atención rápidamente entre tareas que requieren una respuesta cognitiva muy diferente. Hacer la cena mientras revisas periódicamente una receta en un libro es un ejemplo de alternancia de atención entre varias tareas.

ATENCIÓN DIVIDIDA

La atención dividida se utiliza para realizar dos o más actividades al mismo tiempo; por ejemplo, montar en bicicleta mientras escuchamos música. Este tipo de atención se denomina a veces multitarea.

Distracciones

El cerebro no es capaz de centrar la atención de forma constante, sino que pasa rápidamente entre la atención y la distracción. Durante los periodos de distracción, el cerebro rastrea el entorno para comprobar que no hay algo más importante a lo que deba prestar atención. Se cree que este ciclo brinda una ventaja evolutiva a los humanos al habernos permitido responder rápidamente a nuevas oportunidades o amenazas.

En los periodos de distracción, el cerebro examina el entorno

Detectar problemas
Incluso si creemos que estamos concentrados en una tarea, el cerebro está comprobando el entorno para desviar la atención si es necesario.

Cómo centrar la atención

Centrar la atención requiere que el cerebro procese información específica. Aprender a lograr esto en un mundo lleno de distracciones es crucial para permitir que nuestro cerebro aprenda, comprenda y funcione correctamente.

La atención es un bien limitado y hay que gestionarla con cuidado para poder dejar a un lado las distracciones y concentrarse en tareas específicas. La capacidad de centrar la atención varía entre las personas. Está condicionada tanto por nuestro interés en la tarea en cuestión como por la cantidad de distracciones. Si estamos realmente interesados en algo, es posible que ni siquiera notemos las distracciones. Esto se debe simplemente a que es más fácil centrar nuestra atención en algo si nos interesa mucho. Entonces, ¿cómo podemos aumentar nuestra capacidad de atención?

Distracciones

Centrar la atención significa concentrarse en algo específico y desconectar de las distracciones tanto externas como internas. Mientras lees este libro, es de esperar que estés centrando tu atención en las palabras del texto. Sin embargo, tu cerebro estará siendo bombardeado con una variedad de distracciones. Estas pueden emanar de distintas fuentes externas. Por ejemplo, la televisión puede estar encendida de fondo, o puede haber personas conversando a tu alrededor.

También es posible que te enfrentes a distracciones internas. El hambre puede motivarte a empezar a pensar en lo que vas a cenar. Es posible que de repente te acuerdes de una tarea importante que se te había olvidado. Este tipo de pensamientos internos son impulsados por un área del cerebro llamada corteza prefrontal medial (ver pp. 30-31), que se asocia con la toma de decisiones, las respuestas emocionales y la recuperación de recuerdos a largo plazo.

Los estudios sugieren que una vez que nuestra atención se distrae al completar una tarea, podemos tardar unos 25 minutos en volver al ejercicio original. La próxima vez que te distraigas, prueba una de las siguientes opciones para centrar tu atención:

- **Mantén alejadas las posibles distracciones. Apaga todos los dispositivos electrónicos y trasládate a un lugar tranquilo.**
- **Si la tarea en cuestión es inevitablemente monótona, puede ser útil recordarte por qué la haces.**
- **Imagina la sensación de logro al completar la tarea. Esto puede proporcionar una motivación adicional.**
- **Aumenta gradualmente el tiempo que intentas centrar la atención. Esto puede mejorar tu concentración.**

Libre albedrío e inconsciente

Muchas actividades de la vida cotidiana –desde los movimientos hasta las emociones– no las controlamos de forma consciente. La actividad inconsciente en el cerebro rige muchas de nuestras acciones, pensamientos y comportamientos.

Libre albedrío

La capacidad de elegir un curso de acción es el libre albedrío, y podría parecer que usamos la mente consciente para tomar esas decisiones. Los estudios sugieren que tenemos menos control consciente sobre nuestras acciones de lo que creemos, pues el cerebro comienza a planificar un movimiento 2 décimas antes de que decidamos conscientemente hacer un movimiento.

¿PUEDE NUESTRO INCONSCIENTE AYUDARNOS A RESOLVER UN PROBLEMA?

Si estamos atascados con un problema, dejar divagar la mente puede permitir que el cerebro recopile información del inconsciente y nos dé la solución.

El experimento de Benjamin Libet

El científico Benjamin Libet pidió a los sujetos de su experimento que anotaran cuándo tomaban conciencia de su decisión de levantar un dedo. Al mismo tiempo, se registraron sus ondas cerebrales y movimientos musculares.

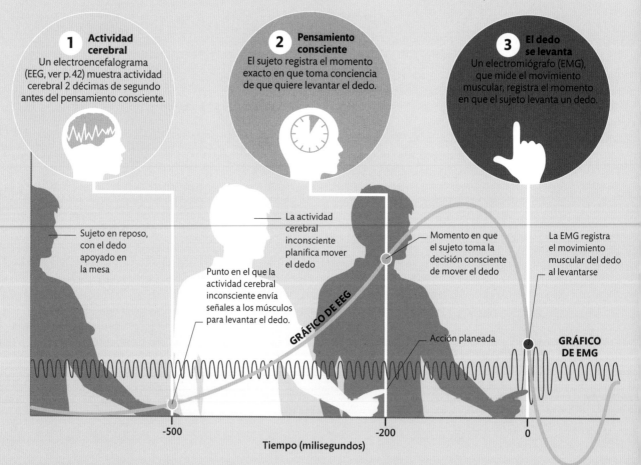

1 Actividad cerebral
Un electroencefalograma (EEG, ver p. 42) muestra actividad cerebral 2 décimas de segundo antes del pensamiento consciente.

2 Pensamiento consciente
El sujeto registra el momento exacto en que toma conciencia de que quiere levantar el dedo.

3 El dedo se levanta
Un electromiógrafo (EMG), que mide el movimiento muscular, registra el momento en que el sujeto levanta un dedo.

Sujeto en reposo, con el dedo apoyado en la mesa

La actividad cerebral inconsciente planifica mover el dedo

Momento en que el sujeto toma la decisión consciente de mover el dedo

La EMG registra el movimiento muscular del dedo al levantarse

Punto en el que la actividad cerebral inconsciente envía señales a los músculos para levantar el dedo.

GRÁFICO DE EEG

Acción planeada

GRÁFICO DE EMG

-500

-200

0

Tiempo (milisegundos)

Niveles de conciencia

A principios del siglo xx, el neurólogo Sigmund Freud popularizó la idea de que la mente se divide en tres niveles de conciencia: la mente consciente (procesos mentales de los que somos conscientes), el preconsciente (procesos de los que no somos conscientes pero que podemos traer a la conciencia) y el inconsciente (procesos mentales inaccesibles que influyen en nuestro comportamiento). El pensamiento más moderno sugiere que existen más niveles de conciencia, que van desde la intensa autorreflexión hasta el sueño más profundo.

Introspección
Examinamos nuestras acciones, pensamientos y emociones; por ejemplo, reflexionamos sobre una acción que hemos hecho.

Conciencia normal
Tenemos sentido de voluntad propia: creemos controlar nuestros pensamientos, y que influyen en lo que hacemos.

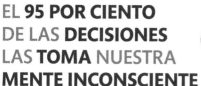

EL **95 POR CIENTO** DE LAS **DECISIONES** LAS **TOMA** NUESTRA **MENTE INCONSCIENTE**

Conocimiento inconsciente
Podemos realizar tareas complejas sin recordar haberlas hecho (por ejemplo, cuando no recordamos el viaje en coche de vuelta a casa).

Ausencia de conciencia
Al dormir, no percibimos el mundo que nos rodea ni tenemos el sentido de nuestro yo con el que experimentamos cosas como el paso del tiempo.

Teoría del proceso irónico

Si nos piden que no pensemos en un oso blanco, probablemente pensaremos en un oso blanco. Esto se debe a que un intento deliberado de suprimir un pensamiento hace que sea más probable que este ocurra. El fenómeno se explica mediante una idea conocida como teoría del proceso irónico. La idea es que el cerebro se vigila inconscientemente a sí mismo para detectar la ocurrencia del pensamiento no deseado, lo que, irónicamente, nos hace conscientes del pensamiento. Esta es en parte la razón por la que dejar de fumar es difícil, o por la que intentar olvidar un mal recuerdo rara vez funciona: el inconsciente nos recuerda las cosas que intentamos olvidar.

TOMAR DECISIONES

En 2006, un estudio neerlandés pidió a varios sujetos que tomaran una decisión compleja bajo una de tres condiciones: con poco tiempo, con tiempo suficiente; o con tiempo suficiente pero con distracciones que impedían pensar en la decisión conscientemente. En todos los casos, los sujetos que eran distraídos obtuvieron mejores resultados. La conclusión es que se toman mejores decisiones de manera inconsciente que consciente, aunque esto es cierto solo cuando se trata de decisiones complicadas.

Estados alterados

Un estado alterado de conciencia es cualquier condición que difiere significativamente de nuestro estado normal de conciencia (ver pp. 162-163). Casi siempre son temporales, y siempre son reversibles.

Físicos y fisiológicos
Las condiciones ambientales extremas, como la altitud o la gravedad más débil del espacio, pueden inducir estados alterados, al igual que el ayuno prolongado y la manipulación de la respiración.

Tipos de estados alterados
Los estados alterados se pueden agrupar en categorías según cómo son inducidos. Sin embargo, todos los estados alterados perturban la función cerebral de alguna manera.

Psicológicos
Se puede inducir un estado alterado mediante determinadas prácticas culturales o religiosas, como la meditación o los trances provocados mediante el baile o el batir de tambores. Otros ejemplos son la privación sensorial y la hipnosis.

Espontáneos
Entre los estados alterados espontáneos están la somnolencia, los ensueños, las experiencias cercanas a la muerte y el estado de conciencia que tiene lugar justo antes de quedarse dormido (estado hipnagógico).

Inducidos por enfermedades
Algunas enfermedades o estados patológicos, como la esquizofrenia (ver p. 211), los ataques epilépticos o el coma, pueden alterar la experiencia consciente en diferentes grados.

Farmacológicos
Las drogas psicoactivas (que alteran la mente), como el alcohol, el cannabis y los opioides, cambian el funcionamiento de los neurotransmisores del cerebro, alterando la conciencia y los niveles de atención del consumidor.

LA EXPERIENCIA CERCANA A LA MUERTE ¿ES UN ESTADO ALTERADO?

Es objeto de debate, pero quienes la han experimentado describen elementos, como la sensación de atemporalidad, comunes a otros estados alterados.

¿Qué es un estado alterado?

Cuando estamos en un estado normal de conciencia, somos conscientes de los estímulos externos (como nuestro entorno) y de los acontecimientos internos (como nuestros pensamientos). Sin embargo, el cerebro puede producir una gama mucho más amplia de experiencias conscientes, como por ejemplo estados alterados. Cada vez que entramos en un estado alterado, los patrones cerebrales cambian. Esta alteración en la función cerebral puede deberse a diferentes causas, como cambios en el flujo sanguíneo y el oxígeno al cerebro o interferencias con la función de los neurotransmisores.

Procesos controlados y automáticos

Nuestra capacidad para realizar procesos controlados (tareas que requieren plena conciencia, como resolver un rompecabezas) y procesos automáticos (que requieren poca atención, como leer un libro) se ve comprometida.

Autocontrol

Es posible tener dificultades para controlar acciones y movimientos, por ejemplo para caminar en línea recta en estado de ebriedad. También puede ser difícil controlar las emociones, lo que a menudo resulta en brotes de llanto o de agresividad.

Identificar un estado alterado

La conciencia es un espectro que va desde un estado de alerta extrema hasta una inconsciencia total, con un estado «normal» en algún punto intermedio. Los estados alterados, por otro lado, pueden estar en ambos lados de la escala, con mayor o menor conciencia de lo normal. Un estado alterado puede identificarse utilizando diferentes criterios.

Nivel de atención

En un estado alterado, la capacidad de atención a los acontecimientos que suceden a nuestro alrededor (así como internamente) puede aumentar o disminuir en comparación con la atención normal de vigilia. Más a menudo, nuestro nivel de atención disminuye.

Atención emocional

A menudo, en un estado alterado tenemos menos atención emocional (la experiencia de las emociones) y nos resulta difícil controlar esas emociones. Esto puede volvernos más o menos afectuosos, agresivos o ansiosos.

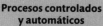

382 DÍAS

EL AYUNO DE ALIMENTOS SÓLIDOS MÁS LARGO REGISTRADO

Distorsiones perceptuales y cognitivas

La percepción puede verse alterada. Los procesos normales para almacenar y recuperar recuerdos se fragmentan o se vuelven imprecisos. Los procesos de pensamiento se vuelven desorganizados y menos lógicos.

Orientación temporal

El sentido del tiempo (ver pp. 174-175) puede quedar distorsionado y puede parecer que el tiempo se ralentiza o se acelera. Esto se debe a que hay menos conciencia del paso del tiempo, igual que no somos conscientes del tiempo mientras dormimos.

En el cerebro

Los estados alterados conducen a una variedad de experiencias, desde felicidad hasta terror, generadas por una gama diversa de actividad neuronal en varias partes del cerebro. Las alteraciones en la función cerebral normal pueden provocar que el cerebro distorsione la información que entra, provocando alucinaciones auditivas o visuales, distorsión de la memoria y delirios.

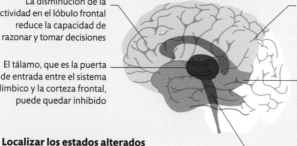

La disminución de la actividad en el lóbulo frontal reduce la capacidad de razonar y tomar decisiones

El tálamo, que es la puerta de entrada entre el sistema límbico y la corteza frontal, puede quedar inhibido

La actividad alterada en el lóbulo parietal distorsiona los juicios espaciales y la percepción del tiempo

Los cambios en la función del lóbulo temporal provocan experiencias inexplicables, como alucinaciones

Pueden reducirse las señales de la formación reticular, que desempeña un papel importante en la conciencia

Localizar los estados alterados

En un estado alterado, la actividad en diferentes áreas del cerebro aumenta o disminuye, distorsionando la percepción.

Dormir y soñar

Cuando dormimos, puede parecer que nuestro cerebro descansa tranquilamente, pero en realidad está atareado procesando y almacenando información que hemos aprendido durante el día.

Las fases del sueño

De noche, atravesamos diferentes fases del sueño, pasando del sueño ligero al profundo y luego al sueño de movimientos oculares rápidos (REM, por sus siglas en inglés). Las ondas cerebrales, producidas por la actividad eléctrica de las neuronas en la corteza (ver p. 42), cambian en cada fase. Cuando el sueño es más profundo, las ondas son más lentas (menor frecuencia) y más organizadas. Repetimos este ciclo de sueño cada pocas horas, pero las proporciones cambian; dormimos con ondas lentas al comienzo de la noche y con más sueño REM por la mañana.

Noche no tan tranquila

Hay cuatro etapas distintas del sueño, y cada noche pasamos por cada etapa varias veces. En el sueño ligero, nos despertamos más fácilmente. El profundo es más difícil despertar.

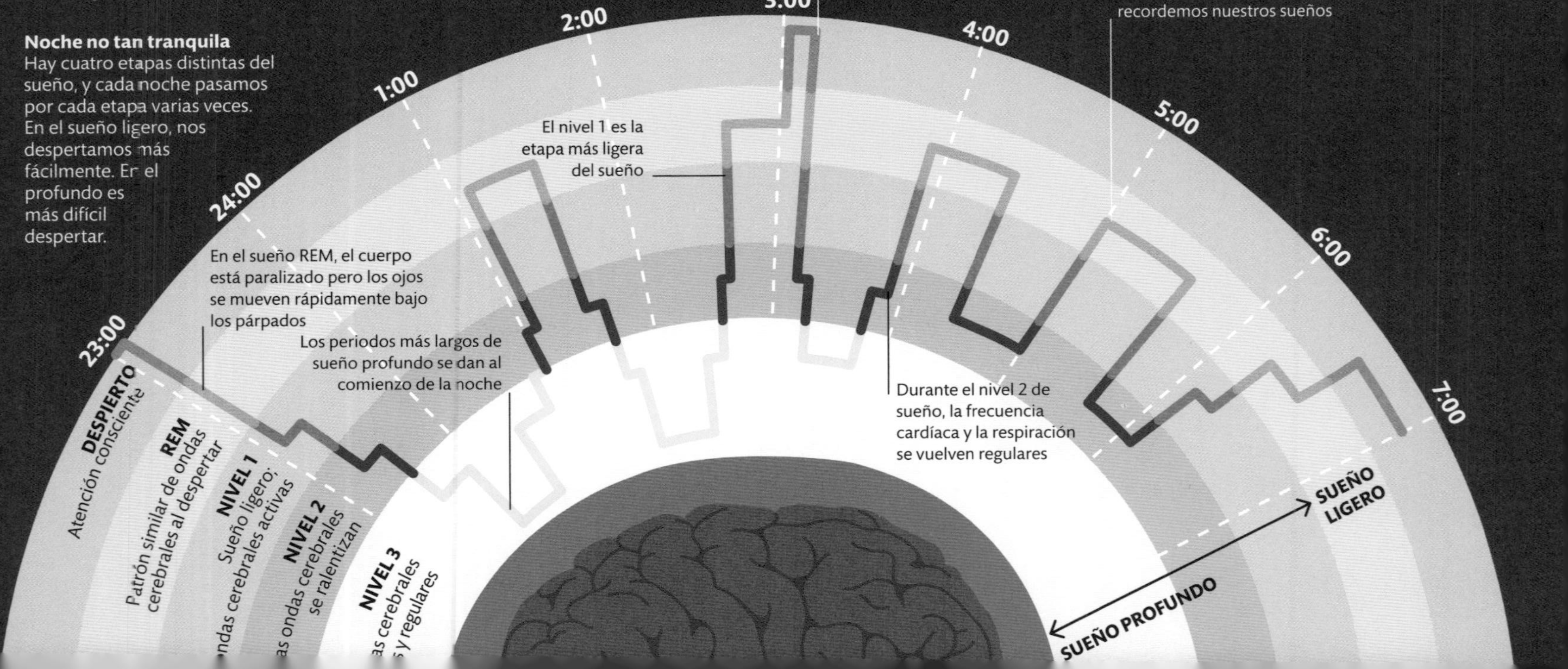

(ver p. 42)

Si nos despertamos durante el sueño REM, es más probable que recordemos nuestros sueños

Periodo de vigilia durante la noche

Durante el nivel 2 de sueño, la frecuencia cardiaca y la respiración se vuelven regulares

El nivel 1 es la etapa más ligera del sueño

Los periodos más largos de sueño profundo se dan al comienzo de la noche

En el sueño REM, el cuerpo está paralizado pero los ojos se mueven rápidamente bajo los párpados

SUEÑO LIGERO

SUEÑO PROFUNDO

7:00
6:00
5:00
4:00
3:00
2:00
1:00
24:00
23:00

DESPIERTO
Atención consciente

REM
Patrón similar de ondas cerebrales al despertar

NIVEL 1
Sueño ligero; ondas cerebrales activas

NIVEL 2
las ondas cerebrales se ralentizan

NIVEL 3
las ondas cerebrales ... y regulares

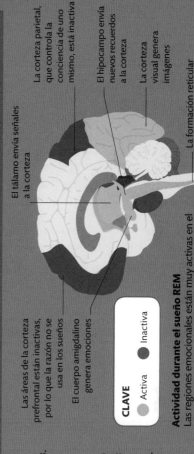

EL SISTEMA GLINFÁTICO

CONDUCTO LINFÁTICO

Desechos arrastrados por el líquido cefalorraquídeo

Los astrocitos se encogen y permiten el paso del líquido

Las neuronas producen desechos

VASO SANGUÍNEO

Flujo de líquido cefalorraquídeo

Hay datos que sugieren que mientras dormimos, algunas de nuestras células cerebrales se encogen, lo que permite que el líquido cefalorraquídeo fluya más fácilmente entre ellas. El líquido transporta los desechos acumulados hacia los conductos linfáticos, donde se eliminan del cuerpo.

El tálamo envía señales a la corteza

La corteza parietal, que controla la conciencia de uno mismo, está inactiva

El hipocampo envía nuevos recuerdos a la corteza

La corteza visual genera imágenes

La formación reticular pasa del sueño a la vigilia y viceversa

Las áreas de la corteza prefrontal están inactivas, por lo que la razón no se usa en los sueños

El cuerpo amigdalino genera emociones

CLAVE
Activa Inactiva

Actividad durante el sueño REM
Las regiones emocionales están muy activas en el sueño REM, al igual que gran parte de la corteza. Los lóbulos frontales (pensamiento racional), mucho menos.

Limpiar el cerebro

De día, la actividad cerebral produce subproductos que pueden ser tóxicos si se acumulan. Estudios con ratones han demostrado que el sueño permite al cerebro deshacerse de ellos. Es probable que ocurra algo similar en los seres humanos, lo que explicaría algunos de los efectos negativos de la falta de sueño sobre nuestra capacidad para aprender, recordar y gestionar emociones.

EL INTENTO DE ESTAR **DESPIERTO** MÁS TIEMPO FUE DE 264 HORAS

TRASTORNOS DEL SUEÑO

Problemas como el sonambulismo, hablar en sueños y parálisis se dan si el cerebro no logra realizar una transición clara entre los estados de sueño. Esto deja una parte del cerebro despierta mientras otras están profundamente dormidas. En una persona sonámbula, las áreas motoras están despiertas y activas, pero las áreas conscientes y de memoria están dormidas. En ese estado, podemos incluso realizar tareas complejas, como conducir del todo dormidos.

El cerebro al soñar

No sabemos por qué soñamos, pero hay teorías. Los sueños podrían ayudarnos a procesar la información y las emociones del día y a almacenarlas en la memoria a largo plazo (ver pp. 138-139). Un sueño también podría ser como un ensayo: el cerebro está probando respuestas a eventos extremos de forma segura para estar preparado si el evento sucediera en la vida real. Esto podría explicar por qué los sueños son a menudo estresantes o negativos. Otra idea es que los sueños son meros «salvapantallas» para la mente, sin ningún propósito real.

Tiempo

Podemos medir el tiempo con un reloj, pero el cerebro también nos ayuda a seguir el paso del tiempo. Todos nuestros relojes internos están configurados a diferentes velocidades, e incluso cambian durante nuestra vida.

El cerebro cronómetro

Nuestro concepto de tiempo está vinculado a una red neuronal implicada en la memoria y la atención. Sus neuronas se activan u «oscilan», y el cerebro lo utiliza para mantener el tiempo. Cuantas más oscilaciones por segundo, más parece que dura el tiempo. Acontecimientos como las experiencias cercanas a la muerte, estados mentales como la depresión, estimulantes como la cafeína y enfermedades como el párkinson pueden afectar a la velocidad a la que se activan las neuronas, distorsionando nuestra percepción del tiempo.

Dirección del flujo de dopamina

Parte anterior de la corteza prefrontal

Ganglios basales

Sustancia negra

El reloj de dopamina

Otro de los relojes del cerebro está formado por la oscilación o ciclo de la dopamina, que fluye entre la sustancia negra, los ganglios basales y la corteza prefrontal.

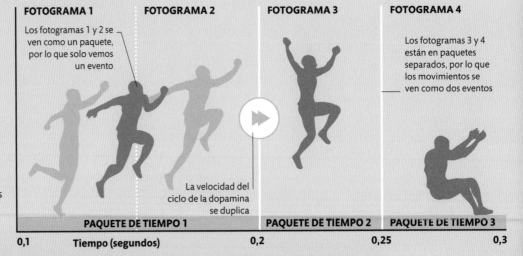

FOTOGRAMA 1 **FOTOGRAMA 2** **FOTOGRAMA 3** **FOTOGRAMA 4**

Los fotogramas 1 y 2 se ven como un paquete, por lo que solo vemos un evento

Los fotogramas 3 y 4 están en paquetes separados, por lo que los movimientos se ven como dos eventos

Paquetes de tiempo
Un ciclo de un reloj cerebral equivale a un «paquete» de tiempo, que registramos como un evento único. Así como una cámara con una velocidad más alta de fotogramas captará más detalles en una secuencia de eventos, velocidades más rápidas de activación neuronal crearán más paquetes de tiempo, registrando más eventos.

La velocidad del ciclo de la dopamina se duplica

PAQUETE DE TIEMPO 1 **PAQUETE DE TIEMPO 2** **PAQUETE DE TIEMPO 3**

0,1   Tiempo (segundos)   0,2   0,25   0,3

ILUSIONES TEMPORALES

La distancia puede distorsionar nuestra percepción del tiempo. Si tres luces parpadean una tras otra en intervalos de tiempo iguales (de 10 segundos, por ejemplo), pero la distancia entre las luces B y C es mayor que la distancia entre A y B, se creará la ilusión de que el tiempo entre el parpadeo de B y C fue superior a 10 segundos.

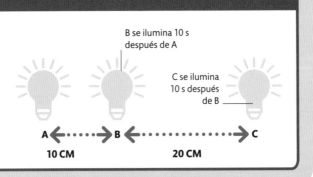

B se ilumina 10 s después de A

C se ilumina 10 s después de B

A ◄·······► B ◄·············► C

10 CM   **20 CM**

El tiempo y la edad

Parece que el tiempo se acelere a medida que crecemos: un viaje que de niños nos parecía una eternidad pasa deprisa cuando somos adultos. Esto es porque nuestra percepción del tiempo se desarrolla al envejecer. De bebés, vivimos en el momento: lloramos si no nos alimentan a la hora, pero no somos conscientes del paso del tiempo. Con pocos años, se nos enseña a tomar conciencia del tiempo y aprendemos cuánto lleva realizar las tareas cotidianas, como cepillarnos los dientes. A los 6 años, podemos calcular el tiempo aplicando a situaciones nuevas nuestro conocimiento sobre cuánto tardan las cosas.

Factores que afectan a la percepción del tiempo

De adultos, somos más conscientes del tiempo, pues tenemos responsabilidades y horarios. Estas rutinas en las que pasamos de un evento a otro pueden acelerar nuestra percepción del tiempo. Pero también hay teorías biológicas, proporcionales y perceptivas sobre por qué el tiempo parece acelerarse con la edad.

¿CÓMO AFECTAN LAS DROGAS A LA PERCEPCIÓN?

La dopamina es el principal neurotransmisor del procesamiento del tiempo. Algunas drogas, como las metanfetaminas, activan los receptores de dopamina, acelerando la percepción del tiempo.

Metabolismo

En 24 horas, el corazón de un niño de 4 años habrá latido el 125 por ciento de las veces del de un adulto. Otros marcadores biológicos, como la respiración, también son más rápidos. Los niños absorben más información, y por eso el tiempo parece pasar lentamente.

Teoría proporcional

A medida que envejecemos, los intervalos de tiempo constituyen fracciones más pequeñas de nuestra vida en su conjunto. Así, un año es el 10 por ciento de la vida de una persona de 10 años, pero solo el 2 por ciento de la vida de una persona de 50 años.

Teoría perceptual

Cuanta más información absorbemos y procesamos, más lentamente nos parece que pasa el tiempo. Los niños experimentan muchas cosas por primera vez y prestan más atención a detalles que los adultos ignoran, lo que podría alargar el tiempo.

Vías en el cerebro

Al envejecer, las vías del cerebro se vuelven más complejas, por lo que las señales tardan más en viajar por ellas. Esto significa que las personas mayores ven menos imágenes en la misma cantidad de tiempo objetivo, por lo que el tiempo parece pasar más deprisa.

LA PERCEPCIÓN DEL TIEMPO SE SUSPENDE CUANDO DORMIMOS

ZZz

¿Qué es la personalidad?

Nuestra personalidad nos hace ser quienes somos. Es un conjunto de características de comportamiento que dan forma a las decisiones que tomamos en la vida y a cómo reaccionamos ante el mundo. Se han inventado varios sistemas para evaluar y clasificar la personalidad.

Personalidad cambiante

Desde el momento de la concepción, el ADN comienza a moldear nuestra personalidad, haciendo que produzcamos un neurotransmisor más que otro, por ejemplo, o volviéndonos menos sensibles a una hormona en comparación con otras personas. Esto afecta a nuestro temperamento subyacente, e incluso hasta cierto punto a nuestra personalidad final. Además de la genética, quienes somos está determinado por las experiencias y el entorno.

NIÑO

AMIGOS

COLEGIO

PADRES

Convertirnos en nosotros

Al crecer, el cerebro madura según patrones establecidos y cambia con la experiencia. Las vías neuronales que usamos habitualmente se hacen más fuertes y podemos volvernos más o menos reactivos a neurotransmisores y a hormonas. Esto cambia nuestra personalidad.

El lenguaje corporal cerrado sugiere una personalidad tímida

2 Desarrollar la personalidad
En la infancia, el cerebro cambia rápidamente y las experiencias afectan a nuestra personalidad. La vida familiar tiene un gran impacto, así como los amigos y las interacciones en la guardería o la escuela.

BEBÉ

ADN

CASA

FAMILIA

GUARDERÍA

¿TIENEN IGUAL PERSONALIDAD LOS GEMELOS IDÉNTICOS?

Los gemelos idénticos, que tienen el mismo ADN, poseen personalidades más similares que los gemelos no idénticos. Pero también hay diferencias debido a sus experiencias individuales.

1 Temperamento temprano
Como resultado del papel de la genética en la formación de la personalidad, incluso los recién nacidos se comportan de manera diferente entre sí. Así, algunos son muy sensibles al ruido o las perturbaciones mientras que otros apenas los notan.

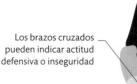

Los brazos cruzados pueden indicar actitud defensiva o inseguridad

Forma de vestir usada para reflejar la personalidad

ADULTO

3 Personalidad adulta
Además de factores ambientales como la escuela o los amigos, la personalidad se altera porque el cerebro no termina de madurar hasta poco después de los 20 años. Nuestra personalidad cambia sutilmente a lo largo de la edad adulta.

LA PERSONALIDAD EN EL CEREBRO

Los científicos han intentado vincular personalidad y estructura cerebral, sin resultados satisfactorios. Lo que sí sabemos es que el daño cerebral, particularmente en las áreas frontales, puede afectar la personalidad de una persona, y los estudios han relacionado ciertos rasgos con diferencias en la estructura o actividad del cerebro. Hasta ahora, sin embargo, las complejidades del cerebro humano y de nuestro comportamiento han hecho que los vínculos sean difíciles de desentrañar.

Evaluar la personalidad
La evaluación de personalidad más común, la prueba de los Cinco Grandes, clasifica la puntuación de una persona en 5 rasgos: apertura, responsabilidad, extraversión, amigabilidad y neuroticismo. Se sitúa a una persona a lo largo de escalas para cada rasgo, en las que un extremo es el que tiene menos probabilidades de exhibir el rasgo y el otro es el que tiene más.

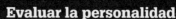
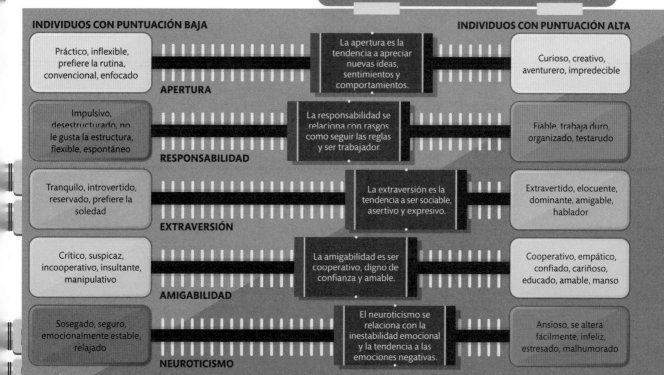

INDIVIDUOS CON PUNTUACIÓN BAJA — **INDIVIDUOS CON PUNTUACIÓN ALTA**

Práctico, inflexible, prefiere la rutina, convencional, enfocado | **APERTURA** — La apertura es la tendencia a apreciar nuevas ideas, sentimientos y comportamientos. | Curioso, creativo, aventurero, impredecible

Impulsivo, desestructurado, no le gusta la estructura, flexible, espontáneo | **RESPONSABILIDAD** — La responsabilidad se relaciona con rasgos como seguir las reglas y ser trabajador. | Fiable, trabaja duro, organizado, testarudo

Tranquilo, introvertido, reservado, prefiere la soledad | **EXTRAVERSIÓN** — La extraversión es la tendencia a ser sociable, asertivo y expresivo. | Extravertido, elocuente, dominante, amigable, hablador

Crítico, suspicaz, incooperativo, insultante, manipulativo | **AMIGABILIDAD** — La amigabilidad es ser cooperativo, digno de confianza y amable. | Cooperativo, empático, confiado, cariñoso, educado, amable, manso

Sosegado, seguro, emocionalmente estable, relajado | **NEUROTICISMO** — El neuroticismo se relaciona con la inestabilidad emocional y la tendencia a las emociones negativas. | Ansioso, se altera fácilmente, infeliz, estresado, malhumorado

El yo

El yo es una acumulación de conceptos sobre quiénes somos, hemos sido y queremos ser. Obtenemos nuestro sentido del yo de diferentes formas, con la conciencia de nosotros mismos como seres físicos, como agentes de nuestras acciones y como parte de la sociedad.

¿Qué es el yo?

El yo es nuestro sentido interno de quiénes somos, que se desarrolla a través de nuestra evaluación de nuestras experiencias del mundo. Está formado por dos aspectos: el yo físico (quiénes somos como seres tangibles) y el yo mental (que puede verse como nuestra memoria autobiográfica). Varias áreas del cerebro contribuyen a formar nuestro sentido de identidad. Nuestro sentido físico del yo es creado por áreas que nos dicen cómo ocupa el espacio nuestro cuerpo, y las áreas que nos permiten reflexionar sobre nuestro estado mental y recuperar recuerdos contribuyen a nuestro yo mental.

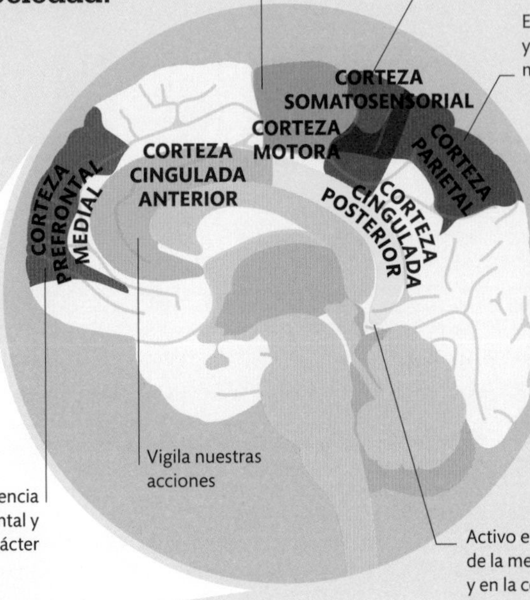

Detecta interacciones físicas; confirma los límites del cuerpo

Detecta sensaciones del cuerpo; nos recuerda repetidamente que tenemos un yo físico

Examina el cuerpo y su relación con el mundo exterior

CORTEZA SOMATOSENSORIAL

CORTEZA MOTORA

CORTEZA PARIETAL

CORTEZA PREFRONTAL MEDIAL

CORTEZA CINGULADA ANTERIOR

CORTEZA CINGULADA POSTERIOR

Permite la conciencia del estado mental y del carácter

Vigila nuestras acciones

Activo en la recuperación de la memoria personal y en la conciencia de las interacciones sociales

La adulta entiende que el reflejo es ella misma, por lo que señala su nariz

La prueba del espejo

Para determinar si un ser humano (o un animal) tiene la capacidad de reconocerse en un espejo, se utiliza una prueba llamada prueba del espejo. Se dibuja una marca en la cara de un sujeto para ver si se la borra; si lo hace, eso indica que tiene un sentido del yo. Esta capacidad se desarrolla en los seres humanos alrededor de los 2 años.

El bebé no reconoce que el reflejo es él mismo, por lo que señala al «otro» bebé que tiene una marca en la nariz

El yo real y el yo ideal

A veces puede haber diferencias entre quienes creemos ser (nuestro yo real) y quienes aspiramos a ser (nuestro yo ideal). La forma en que percibimos nuestro yo real cambia en respuesta a la información y los desafíos del entorno social. Algunos psicólogos creen que si nuestro yo real está cerca de nuestro yo ideal, somos más capaces de vivir una vida feliz y equilibrada.

EL YO Y LA IDENTIDAD

El yo es un relato de cómo nos percibimos y evaluamos a nosotros mismos. La identidad implica las creencias y las características específicas que pueden usarse para definir a una persona y distinguirla de los demás.

Congruencia
Cuando la diferencia entre nuestro yo real y nuestro yo ideal es pequeña, se dice que somos «congruentes».

Una superposición pequeña indica que el yo real no refleja quien aspiramos a ser

Una gran superposición sugiere que el yo real es similar a quien aspiramos a ser

Yo real   Yo ideal

Yo real   Yo ideal

INCONGRUENCIA

CONGRUENCIA

El desarrollo del yo

El concepto del yo comienza tan pronto como somos capaces de reconocer que somos un ser individual distinto de otros objetos y personas. Este sentido básico de uno mismo ocurre poco después del nacimiento, pero hasta el segundo año de vida no comenzamos a desarrollar una visión más complicada de quiénes somos.

¿SE RECONOCEN LOS PERROS EN UN ESPEJO?

Los perros no pasan la prueba del espejo, pero algunos científicos argumentan que la prueba podría no funcionar en animales para los que la vista no es el sentido principal.

Yo soy buena.

2 AÑOS

Yo tengo 3 años.

3-4 AÑOS

¿Caigo bien a los demás?

6 AÑOS

Descripción de uno mismo
A los 2 años, los niños empiezan a referirse a sí mismos como «yo». A menudo se describen a sí mismos tal como los perciben otras personas.

Sentido categórico del yo
Los niños pequeños se definen a sí mismos en términos de propiedades y categorías, que suelen ser concretas, como la edad o el color del cabello.

El yo ante los compañeros
En la edad escolar, se empieza a comparar con compañeros. Muchas creencias sobre uno mismo surgen de cómo los demás reaccionan ante uno.

EL **60 POR CIENTO** DICE QUE LAS **REDES SOCIALES** INFLUYEN **NEGATIVAMENTE** EN LO QUE **SIENTEN** SOBRE **SÍ MISMOS**

EL CEREBRO

DEL FUTURO

Sentidos sobrehumanos

Los dispositivos electrónicos rivalizan con nuestra vista y otros sentidos. Puede que en el futuro no solo restablezcan funciones sensoriales perdidas, sino que las amplíen.

Transmitir visión y sonido

Los implantes cocleares se introdujeron en la década de 1970, y los de retina aparecieron por primera vez en 2011. Los primeros ayudan a personas con problemas graves de audición, y los segundos resuelven los de visión. Las cámaras de vídeo y los micrófonos captan la luz y el sonido, y los convierten en señales que se envían a una unidad de procesamiento. Esto crea un «mapa» digital que se transmite inalámbricamente a un implante. Este envía los datos al cerebro por medio de impulsos nerviosos.

IMPLANTE RETINAL

Microelectrodos implantados en la retina

3 Los datos se envían al implante
El relé envía señales inalámbricas a la antena de una prótesis situada en el lateral del globo ocular. La antena transmite las señales a través de cables a unos implantes en la retina, dentro del ojo.

CORTEZA SOMATOSENSORIAL

Los electrodos estimulan el bulbo olfatorio

CÁMARA DE VÍDEO

CORTEZA AUDITIVA

La cámara capta imágenes

ANTENA

IMPLANTE RETINAL

El cable llega a los electrodos implantados en la fosa nasal

EL CABLE SE CONECTA AL ELECTRODO

Electroolfateadores
Una «nariz electrónica» usa copia de proteínas humanas como receptores, creando pulsos eléctricos que van por un cable cuando entran en contacto con una cierta sustancia.

El nervio óptico transporta impulsos desde las células retinianas más profundas hasta la corteza visual

El transmisor envía señales de forma inalámbrica a la antena del globo ocular

ESP

Algunas personas dicen recibir información o percepciones que no provienen de estímulos sensoriales conocidos. Esto se conoce como percepción extrasensorial (ESP, por sus siglas en inglés), pero en general pueden explicarse por el recuerdo repentino de una experiencia olvidada o por una coincidencia. Tal vez en el futuro se revele la capacidad humana natural de detectar campos magnéticos y otros fenómenos.

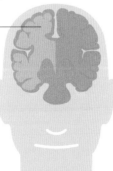

Los escáneres muestran más actividad en el hemisferio derecho en un episodio de ESP

Las moléculas de olor y sabor transportadas por el aire entran en la cavidad nasal

1 Cámara de vídeo
Una o dos pequeñas cámaras de vídeo en las gafas forman imágenes a partir de los rayos de luz entrantes. Las imágenes se convierten en señales eléctricas y se envían a través de cables a una unidad de procesamiento de vídeo portátil (VPU, por sus siglas en inglés).

2 Datos en vídeo
La VPU del tamaño de un teléfono inteligente se lleva en la ropa, pero se puede implantar. Convierte las señales de vídeo en un «mapa» digital de puntos o píxeles y lo envía por cable a un relé receptor-transmisor instalado en las gafas.

4 **Los datos se envían al cerebro**
Los implantes de la retina forman una cuadrícula electrónica que, sin pasar por las células fotorreceptoras defectuosas, envía señales a las capas de células más profundas de la retina, que crean impulsos nerviosos que van hasta la corteza visual.

PIEL ARTIFICIAL

Las formas más modernas de piel artificial contienen láminas de grafeno con sensores electrónicos semiesféricos. Los cambios físicos, como la temperatura y la presión, estiran o aplastan estos sensores y generan señales eléctricas que luego se transmiten a la corteza somatosensorial del cerebro.

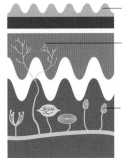

Epidermis muerta

Capa superior: microsensores detectan el tacto leve y el dolor

Capa inferior: microsensores detectan la presión y la temperatura

PIEL DE LA YEMA DEL DEDO

Superficie protectora de alto agarre

Carga eléctrica en movimiento

Hoja de grafeno con sensores

Carga eléctrica en movimiento

PIEL ELECTRÓNICA

El área táctil del cerebro recibe señales de la piel artificial

El área auditiva del cerebro recibe señales del implante coclear

CORTEZA VISUAL

Las señales de la cámara viajan a la VPU

Las señales viajan por cables desde la VPU de la ropa

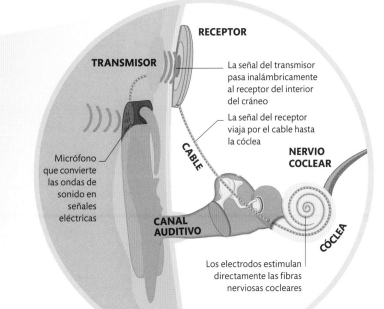

RECEPTOR

TRANSMISOR

La señal del transmisor pasa inalámbricamente al receptor del interior del cráneo

La señal del receptor viaja por el cable hasta la cóclea

NERVIO COCLEAR

CABLE

Micrófono que convierte las ondas de sonido en señales eléctricas

CANAL AUDITIVO

CÓCLEA

Los electrodos estimulan directamente las fibras nerviosas cocleares

UN ELECTROOLFATEADOR DETECTA LOS OLORES CON UN 97 POR CIENTO DE EFICACIA

Implante coclear
Muchos diseños de implantes cocleares evitan las partes dañadas del oído externo y medio y las células sensoriales de la cóclea del oído interno, y suministran pequeñas señales eléctricas directamente a las fibras del nervio coclear.

Cerebro conectado

Hasta hace poco, el cerebro solo podía controlar los músculos y las glándulas del cuerpo, pero nuevos dispositivos eléctricos, mecánicos y robóticos están ampliando sus capacidades.

Miembros biónicos

Hoy hay miembros biónicos motorizados que reaccionan a la actividad en la corteza motora del cerebro, respondiendo a impulsos eléctricos llevados por los nervios motores. Estas prótesis cada vez más potentes pueden proporcionar información sensorial para que los sistemas de control del cerebro tengan un control continuo y delicado, imitando mejor una extremidad u otra parte del cuerpo.

1 Corteza motora
El centro de movimiento del cerebro envía impulsos nerviosos que coordinan docenas de músculos para mover el brazo y la mano.

Corteza somatosensorial

Corteza motora

La médula espinal se une a los nervios del brazo

2 Enviar impulsos
Los impulsos nerviosos motores viajan desde el cerebro a través de la médula espinal por los nervios periféricos hasta el brazo y la mano.

Patrón de actividad nerviosa

3 Microprocesador
Un microchip transforma los impulsos nerviosos en señales digitales que entienden los circuitos y motores de la parte biónica.

Impulsos convertidos en señales digitales

Los cables llevan señales digitales a los servomotores de la mano

4 Mano biónica
10 servomotores impulsan los movimientos de la mano y los dedos, girando en articulaciones sensitivas.

La mano recibe señales procesadas y las convierte en movimiento

Nervios mediano, radial y cubital

Comunicación bilateral
La corteza motora dirige los movimientos de la parte bionica. Como ocurre con un miembro natural, estos se modifican continuamente mediante el intercambio con la corteza somatosensorial.

Impulsos motores a la mano biónica

6 Atención consciente
Un procesamiento adicional convierte las señales sensoriales en formas más naturales que puede interpretar el centro táctil del cerebro, la corteza somatosensorial.

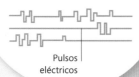

Pulsos eléctricos

5 Datos sensoriales
Los receptores en los motores, las articulaciones y la piel artificial de la mano envían datos.

IOIIIOOIOIOOIIO
OIIOOIIIOOIOIOI
OIIOOIOIOOIIIOI

Señales de retroalimentación en forma digital producidas por una mano robótica

Señales sensoriales de la mano biónica

Estimulación cerebral profunda (ECP)

En la ECP, se implantan cables con electrodos en el cerebro (ver más abajo) para tratar enfermedades. Estos envían pulsos eléctricos de un generador en el pecho, conectado a electrodos. Un controlador remoto ajusta los pulsos. En la ECP adaptativa, los electrodos tienen sensores y el generador responde de manera automática a la actividad eléctrica del cerebro.

LAS **BATERÍAS** USADAS EN LOS GENERADORES DE IMPULSOS EN LA **ESTIMULACIÓN CEREBRAL PROFUNDA** DURAN **9 AÑOS**

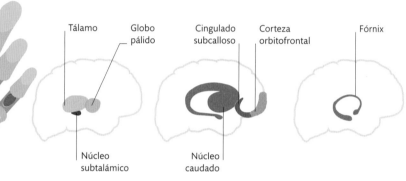

Tálamo · Globo pálido · Cingulado subcalloso · Corteza orbitofrontal · Fórnix

Núcleo subtalámico · Núcleo caudado

Trastornos motores
La estimulación cerebral profunda permite tratar problemas de movimiento, como los temblores y la «parálisis» del párkinson, y los espasmos y contracciones de la distonía.

Trastornos psiquiátricos
Se puede utilizar en casos severos de ansiedad, depresión y trastorno obsesivo-compulsivo en que otros tratamientos, como los medicamentos, no son eficaces.

Trastornos cognitivos
Se estudia su uso en casos de alzhéimer, enfocándose en estructuras específicas relacionadas con la memoria y en las redes neuronales cognitivas.

¿CUÁNDO SE CREÓ EL PRIMER MIEMBRO BIÓNICO?

En 1993, un equipo de bioingenieros del hospital Margaret Rose, de Edimburgo, creó el primer brazo biónico para el amputado Robert Campbell Aird.

Simulación del nervio vago

El nervio vago, uno de los nervios craneales (ver p. 12), conecta el cerebro con los órganos del pecho y el abdomen. El estimulador del nervio vago (ENV), un pequeño generador de señales en el pecho similar a un marcapasos cardíaco, se conecta mediante cables a electrodos del nervio vago izquierdo, en el cuello. Las fibras sensoriales del nervio se estimulan para enviar impulsos al cerebro, donde se distribuyen a lo largo de varias vías neuronales. Los ENV se utilizan sobre todo para tratar formas de epilepsia y depresión.

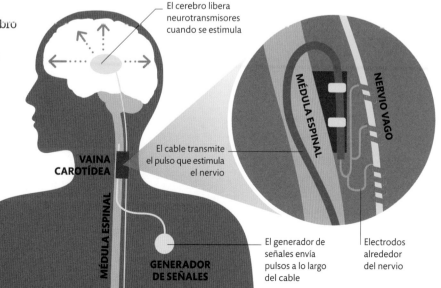

El cerebro libera neurotransmisores cuando se estimula

El cable transmite el pulso que estimula el nervio

MÉDULA ESPINAL

NERVIO VAGO

VAINA CAROTÍDEA

MÉDULA ESPINAL

GENERADOR DE SEÑALES

El generador de señales envía pulsos a lo largo del cable

Electrodos alrededor del nervio

Mucho por conocer

Nuevas investigaciones revelan que algunas partes del cerebro tienen funciones inesperadas, especialmente en las áreas del «cerebro inferior», como el tronco encefálico y el tálamo, que se pensaba que eran en gran medida pasivas y desempeñaban solo funciones automatizadas.

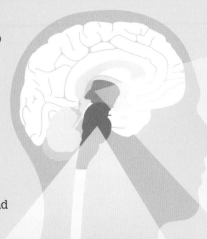

Descubrir nuevo potencial

Nuevos métodos pueden examinar áreas del cerebro bajo la corteza para comprender su contribución al pensamiento y comportamiento consciente. Entre ellas están la magnetoencefalografía (MEG), que detecta campos magnéticos generados por neuronas (ver p. 43), y la espectroscopia de IRMf y de infrarrojo cercano (NIRS, por sus siglas en inglés), que exploran la actividad cerebral al detectar cambios en el flujo sanguíneo local y en la oxigenación.

El tronco encefálico y la emoción

El tronco del encéfalo (ver pp. 36-37), lejos de ser una región rutinaria de soporte vital, participa activamente en nuestro comportamiento, en especial en las emociones. Los estados de ánimo y los sentimientos se localizan en núcleos específicos que se pueden manipular con electrodos o productos químicos para tratar problemas como la depresión, la ansiedad y los ataques de pánico.

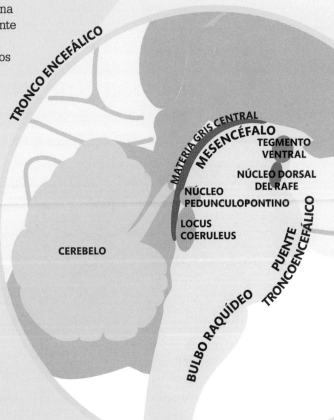

Núcleo dorsal del rafe
Este núcleo es una fuente importante de serotonina. Si no funciona bien se puede sufrir preocupación, ansiedad y mal humor.

Locus coeruleus
El mal funcionamiento de este importante productor de noradrenalina causa emociones intensas, estrés y problemas de memoria.

Núcleo pedunculopontino
Tiene funciones relacionadas con la atención y la concentración, así como con tareas físicas como mover las extremidades.

Sustancia gris central
Este núcleo, que rodea el canal del acueducto cerebral, es una parte importante del sistema para enfrentarse al dolor.

Tegmento ventral
Este núcleo tiene una función importante en la motivación, el aprendizaje y la recompensa, y está implicado en enfermedades como el TDAH.

TÁLAMO

Núcleos del lóbulo anterior, relacionados
con el aprendizaje y la memoria

Núcleo dorsal medial,
implicado en la memoria

Lámina medular interna, una
capa de materia blanca

Núcleo pulvinar,
crucial para la
cognición visual

Núcleo geniculado
medial, implicado
en la audición

Núcleo anterior
ventral, implicado en el
movimiento voluntario

Núcleo geniculado
lateral, implicado
en la visión

Núcleos intralaminares, implicados
en la conciencia, el estado de alerta
y la sensación de dolor

Núcleos talámicos
La investigación de los núcleos menos conocidos revelan
sorpresas. Así, el núcleo pulvinar ayuda a los centros
de visión a orientarse en un lugar y a medir
la forma en que podemos alcanzar los
objetos que hay en él.

La estación de relevo

Es sabido que el tálamo actúa
como una estación de relevo para
toda la información sensorial
entrante (excepto el olfato), pero
ahora se está descubriendo más
sobre cómo procesa previamente
esa información de manera
compleja y selectiva antes de
enviarla a las zonas sensoriales en
la corteza. El tálamo también es
fundamental para la regulación de
la excitación y, con sus vínculos
con el hipocampo, desempeña un
papel importante en la memoria.
La estimulación cerebral profunda
(ver p. 185) del tálamo se ha
utilizado para tratar trastornos
como los temblores.

PESE A SUS **EFECTOS EN
TODO EL CUERPO,** EN EL
NSQ SOLO HAY **20 000
NEURONAS** Y ES
MÁS PEQUEÑO
QUE ESTA «**O**»

¿SE CONOCEN
TODAS LAS PARTES
DEL CEREBRO?

No. En 2018, se descubrió,
con modernos microscopios,
una pequeña región en la
unión entre el cerebro y la
médula espinal que recibió
el nombre de núcleo
endorestiforme.

EL NSQ

El diminuto núcleo supraquiasmático
(NSQ), ubicado en el hipotálamo,
establece el ritmo circadiano del
cuerpo: nuestro ciclo de sueño-vigilia
de 24 horas. Este reloj biológico
impulsa funciones homeostáticas
vitales, como la temperatura
corporal, la alimentación y los niveles
hormonales. El NSQ también coordina
las actividades de muchos órganos.
Algún día quizá podamos ajustar
esos ciclos y patrones mediante
electrodos microscópicos o láseres.

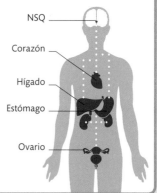

NSQ

Corazón

Hígado

Estómago

Ovario

Inteligencia artificial

Con ordenadores cada vez más sofisticados, el objetivo es desarrollar una máquina que supere la prueba de Turing, en la que una persona que conversara con ella no pudiera saber que no está hablando con otra persona.

Realizar la dilución
Muchas redes neuronales electrónicas analizan y procesan por etapas. En la dilución, se evalúa si una información en concreto es útil o no. Si no lo es, se elimina.

Imitar al cerebro

Las redes neuronales son programas que imitan la forma en que funciona el cerebro con neuronas artificiales dispuestas en capas. Inspirándose en cómo aprenden las personas, pueden adaptarse y cambiar sus respuestas con el tiempo (derecha), lo que se conoce como aprendizaje automático. Un enfoque más avanzado, que replica más fielmente la inteligencia generalizada y altamente adaptativa del cerebro humano, consiste en consultar, modificar y eliminar datos, una técnica llamada olvido adaptativo. Por ejemplo, los datos que se usan poco en una red, según el monitoreo del propio sistema, se pueden eliminar. Esto recibe el nombre de dilución, y resulta en un sistema más rápido, más compacto y con mayor capacidad de respuesta.

Neurona artificial

RED NEURONAL ESTÁNDAR

ENTRADAS   CAPAS OCULTAS   SALIDAS

1 Capa de entradas
La red recibe entradas en forma de números o valores. Por ejemplo, en un sistema de reconocimiento de imágenes, una entrada podría ser el brillo de un píxel individual en una imagen digital.

2 Capas ocultas
Las capas ocultas procesan los datos que reciben de la capa de entrada. Con el tiempo, la red aprende y modifica sus resultados aplicando diferentes pesos a los valores.

3 Capa de salida
Una vez procesados, los datos pasan a la capa de salida. En el sistema de reconocimiento de imágenes, el resultado sería la suposición de la aplicación sobre lo que muestra la imagen.

¿LOS ROBOTS DOMINARÁN EL MUNDO?

La idea de que la IA domine el mundo parece ciencia ficción, pero es hipotéticamente posible. Depende de ordenadores que impidan que los que evolucionan por sí mismos avancen más allá de nosotros.

SISTEMA DE DILUCIÓN

LOS DATOS RELEVANTES SE CONSERVAN

LOS DATOS NO USADOS SE ELIMINAN

ENTRADAS   CAPAS OCULTAS   SALIDAS

Formar circuitos de memoria

Crear circuitos electrónicos digitales a imitación del cerebro es almacenar y recuperar información. En el cerebro, recordar implica el uso repetido de vías entre neuronas que fortalecen sus uniones (sinapsis) para formar un «circuito de memoria». En la electrónica, un dispositivo en desarrollo conocido como resistencia de memoria, o memristor, ejerce una función similar.

CLAVE
- Gran resistencia
- Resistencia menor

EN 2019, **PLURIBUS** DERROTÓ A **5 JUGADORES DE PÓQUER** DE ÉLITE

NEURONAS

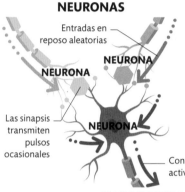

1 Estado de reposo
Los impulsos nerviosos pasan de forma aleatoria entre un grupo de neuronas; aquí solo se muestran tres, pero podrían ser miles. Algunas uniones sinápticas los envían fácilmente, otras no tanto. No existe un patrón general ni un resultado definido.

Entradas en reposo aleatorias

NEURONA

NEURONA

NEURONA

Las sinapsis transmiten pulsos ocasionales

Continúa la actividad irregular

SALIDAS EN REPOSO

MEMRISTORES

1 Estado de reposo
Los memristores eléctricos reciben entradas iguales y permiten el paso de las señales a medida que llegan. Como con las neuronas, no hay un patrón general y los circuitos apenas cambian.

Entradas en reposo aleatorias

ENTRADAS

MEMRISTORES

MEMRISTOR

Gran resistencia

Corriente de salida igual a la de entrada

SALIDAS EN REPOSO

---

2 Vía de memoria
Los impulsos más frecuentes en patrones específicos representan un movimiento o hecho que se ha memorizado. Las sinapsis utilizadas repetidamente aumentan sus conexiones con el tiempo, una característica llamada potenciación a largo plazo (LTP, por sus siglas en inglés, ver pp. 26-27 y 136-37).

Entradas organizadas y más frecuentes. Un mayor uso fortalece las sinapsis

El uso continuo fortalece las vías

SALIDAS INCREMENTADAS

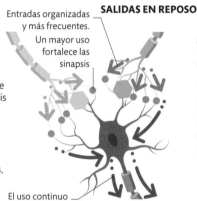

2 Vía de memristor
A ciertos memristores llegan entradas f uertes, que alteran su resistencia eléctrica (equivalente electrónico de la LTP). Con el tiempo, se desarrolla un patrón familiar a medida que las señales fortalecen esta vía.

Entradas organizadas

ENTRADAS

MEMRISTORES

El aumento de entradas reduce la resistencia

Corriente de salida mayor que la de entrada

El uso continuo fortalece las vías

SALIDAS INCREMENTADAS

TELEPATÍA ELECTRÓNICA

La telepatía es la hipotética comunicación directa entre cerebros, sin pasar por sentidos como la vista. En un experimento que usó un videojuego de bloques, se recogieron en los cerebros de dos jugadores instrucciones para rotar bloques, en forma de gráficos de EEG, y se comunicaron, con un casquete de estimulación magnética transcraneal (EMT), a un tercer jugador para que realizara los movimientos.

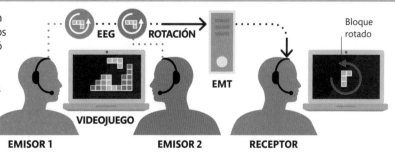

EEG ROTACIÓN

EMT

Bloque rotado

VIDEOJUEGO

EMISOR 1   EMISOR 2   RECEPTOR

Cerebro aumentado

Se utilizan electrodos, campos magnéticos, ondas de radio y química para tratar problemas cerebrales. Estas tecnologías también podrían mejorar las funciones cerebrales normales.

Potenciar el cerebro

El «overclocking» es la aceleración del reloj interno de un ordenador, que coordina sus circuitos, para que los componentes trabajen más rápido e intensamente. El cerebro utiliza también señales eléctricas en forma de impulsos nerviosos, lo que plantea la posibilidad de que pueda recibir una aceleración similar. Según la región estimulada, podría mejorarse la atención y la concentración, el procesamiento de la información y la memoria.

¿ES SEGURO ACELERAR EL CEREBRO?

Hasta ahora, la evidencia sugiere que la tDCS es segura. Miles de personas sanas han participado en experimentos con tDCS y no se han observado efectos adversos.

VARA DE EMT

Vara colocada cerca del cráneo del paciente (pero sin tocarlo)

CAMPO MAGNÉTICO

CORTEZA CEREBRAL

Un electrodo cargado negativamente puede inhibir la actividad neuronal

Cátodo

NANONEURORROBOTS

Se desarrollan implantes robóticos, casi de tamaño molecular, para administrar medicamentos. Neurorrobots que envíen unas señales electrónicas programadas, también podrían acelerar la forma en que las neuronas funcionan y procesan sus impulsos nerviosos.

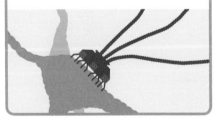

Estimulación transcraneal de corriente continua

En tDCS (por sus siglas en inglés), se pasa una corriente eléctrica directa a baja intensidad constante a través del cerebro, entre unos electrodos adheridos a la piel. Las sesiones de tDCS han ayudado a tratar la depresión y aliviar el dolor. Se investiga la su capacidad de mejorar funciones cognitivas, desde la creatividad hasta el razonamiento lógico. Aquí se muestra la tDCS junto a la EMT, aunque en realidad ambas técnicas no se usan simultáneamente.

Los cables forman un circuito completo

Inhibir el cerebro

Durante la tDCS catódica, la corriente es negativa con respecto a la propia actividad eléctrica del cerebro. Esto tiene el efecto de ralentizar o inhibir las células nerviosas, por ejemplo para reducir la hiperactividad.

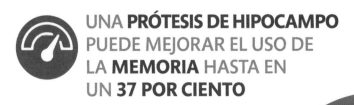

UNA **PRÓTESIS DE HIPOCAMPO** PUEDE MEJORAR EL USO DE LA **MEMORIA** HASTA EN UN **37 POR CIENTO**

Estimulación magnética transcraneal

En la estimulación magnética transcraneal (EMT), los pulsos de corriente eléctrica pasan a través de una bobina y generan magnetismo, que penetra en el cráneo e influye en las células cerebrales y sus impulsos. La posición y el movimiento de la bobina, así como la intensidad y sincronización del pulso, se ajustan para modificar regiones cerebrales particulares. La EMT se está probando para muchos tipos de trastornos cerebrales y conductuales, y es posible que pueda usarse para mejorar el pensamiento y otros procesos mentales.

Pulso magnético

Al entrar en funcionamiento, las bobinas magnéticas cambian de polaridad y producen pulsos magnéticos que penetran bajo el cuero cabelludo. Esto produce actividad eléctrica en las neuronas circundantes.

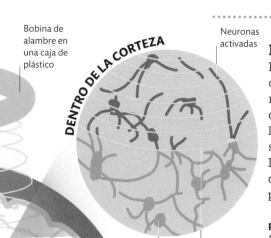

Bobina de alambre en una caja de plástico

DENTRO DE LA CORTEZA

Neuronas activadas

Campo magnético

Neuronas en reposo

Área del cerebro estimulada

electrodo cargado positivamente puede estimular la actividad neuronal del cerebro

Ánodo

+

Corriente eléctrica constante suministrada desde la batería

Estimular el cerebro

El tDCS anódico usa corriente para acelerar la actividad de las neuronas. La posición de los electrodos cutáneos determina qué regiones del cerebro se excitan. Los efectos persisten tras cesar la corriente.

RED DE NEUROGRANOS

Las ondas de radio dan energía

Los neurogranos en la superficie de la corteza forman conexiones con las neuronas

Parche cutáneo de alimentación y monitoreo

Granos, redes o cadenas neuronales implantadas

HIPOCAMPO ARTIFICIAL

Microprocesador y chips de memoria integrados

Neurogranos

Los científicos desarrollan una técnica en que decenas de miles de neurogranos interactúan cada uno de forma independiente con una sola neurona y envían datos a un parche electrónico en el cuero cabelludo.

Chips de memoria

La capacidad de los dispositivos puede ampliarse con más microchips de memoria. El cerebro podría mejorarse de modo similar. Los microdispositivos para recibir, almacenar y enviar datos están adquiriendo forma de redes, cadenas y granos ultrafinos. Implantados en la corteza cerebral, podrían desarrollar conexiones con células nerviosas y ayudarlas en el pensamiento y la memoria. Los chips ya pueden mejorar las tareas de memoria del hipocampo, como la memoria a largo plazo.

Cerebro global

El uso público de la red informática mundial data de 1991. Ahora, el desarrollo de un sistema que permita a nuestro cerebro interactuar con la nube es una posibilidad.

Interfaz cerebro/nube

La tecnología quiere conectar los cerebros humanos a la gigantesca red electrónica de la nube mediante una interfaz cerebro/nube (ICN). Una persona podría acceder a un vasto banco de conocimientos humanos y electrónicos, pero antes hay que superar muchas dificultades. Por ejemplo, se debe controlar la velocidad de transferencia de datos, porque, si no, la información entrante podría ser excesiva y sobrecargaría nuestra conciencia. Salvaguardar plenamente cada cerebro humano es esencial.

Dificultades de diseño

Una ICN necesitaría muchos elementos clave: una conexión al propio cerebro humano, un método para transmitir de forma inalámbrica la actividad neuronal del cerebro a una red informática local y establecer cómo interactúa esta red con la nube.

¿QUÉ ES LA NUBE?

La nube es una enorme red mundial que interconecta equipos electrónicos. A través de ella, el software y los servicios pueden ejecutarse en internet, en lugar de en nuestro ordenador.

1 La nube
La nube contiene gigantescas bases de datos, granjas de servidores, megaprocesadores y superordenadores que trabajan juntos en tiempo real para recibir, almacenar, administrar y enviar información a millones de ordenadores individuales y otros dispositivos vinculados a ellos.

Las «granjas» que contienen filas de servidores son más grandes que muchas ciudades

CENTRO DE DATOS

El uso de ordenadores personales podría desaparecer cuando las interfaces personales entre el cerebro y la nube tomen el control

2 Comunicarse con la nube
Los ordenadores y dispositivos, que pueden conectarse entre sí y a internet, se comunican con la nube. El número de dispositivos conectados a internet es más del doble que el de personas en el mundo. Si los cerebros humanos también pudieran unirse a la nube, esta se convertiría en un lugar aún más concurrido.

ACCESO A LA NUBE

Decidir qué cerebros humanos se unirán a la nube plantea muchas cuestiones sociales y económicas. Entre las aplicaciones futuras puede estar una mayor precisión de los diagnósticos médicos. Pero habrá que considerar la cuestión de quién podrá utilizar la tecnología primero. ¿Serán quienes más lo necesitan, quienes mejor pueden desarrollarla o quienes pueden pagarla?

NEUROBOTS

Brazos retráctiles que funcionan como antenas

Nanobots cerebrales
Los neurobots implantados en la corteza cerebral, o que recorren los vasos sanguíneos con sus propias guías de microposicionamiento, actúan como intermediarios transmisores-receptores.

Los implantes pueden vincular regiones del cerebro y la interfaz

ENCAJE NEURONAL

Cuero cabelludo

Corteza cerebral

El encaje se despliega

Red interna cortical
El encaje neuronal es una malla ultrafina de electrodos que forman un área de recolección y dispersión de datos. También funciona como antena inalámbrica.

3 **Implantes neuronales**
Varias tecnologías compiten para crear formas de ICN, por ejemplo mediante encaje neuronal, varios tipos de nanobots y partículas de tamaño «subnano» conocidas como polvo neuronal. El polvo neuronal permitiría la comunicación inalámbrica con el cerebro a través de dispositivos microscópicos implantables en el interior del cuerpo y que funcionan con ultrasonidos.

TRASTORNOS

Dolor de cabeza y migraña

Un dolor de cabeza puede aparecer de forma gradual o repentina y durar desde unos minutos hasta varios días. Quien padece migrañas tienen episodios de intenso dolor de cabeza, a menudo acompañados de alteraciones sensoriales, náuseas y vómitos.

El dolor de cabeza es un síntoma con diferentes causas posibles. Su forma más común es la cefalea tensional, en la que el dolor tiende a ser constante, en la frente o, más generalmente, sobre la cabeza. Puede ir acompañado de una sensación de presión detrás de los ojos y/o alrededor de la cabeza. En general, la provoca el estrés, que causa tensión en los músculos del cuello y el cuero cabelludo. Se cree que esto, a su vez, estimula los receptores del dolor en estas áreas, que envían señales de dolor a la corteza sensorial, lo que genera dolor de cabeza. Otra variante es la cefalea en racimos, con ataques relativamente cortos de dolor intenso.

de hasta cuatro etapas, que varían en intensidad y duración (ver cuadro). Se desconoce la causa, pero las investigaciones sugieren que pueden deberse a un aumento de actividad neuronal, que eventualmente estimula la corteza sensorial y produce la sensación de dolor. Entre sus desencadenantes: sobresalto emocional, estrés, cansancio o falta de sueño, saltarse una comida del día, deshidratación, ciertos alimentos (como el queso o el chocolate), cambios hormonales (en muchas mujeres están asociadas con la menstruación) y cambios en el clima o una atmósfera sofocante.

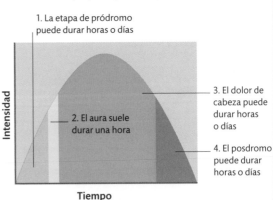

Las señales se transmiten desde el hipotálamo y el tálamo hasta la corteza

La corteza recibe impulsos de dolor, lo que resulta en la sensación de dolor

CORTEZA CEREBRAL

TÁLAMO

HIPOTÁLAMO

Las señales de dolor de las meninges se reciben en el bulbo raquídeo

BULBO RAQUÍDEO

Vía de la migraña
Cuando se produce un ataque de migraña, las señales de dolor que se originan en las meninges se transfieren a un núcleo en las meninges y luego se transmiten, a través del hipotálamo y el tálamo, a varias regiones de la corteza.

Migraña

Las migrañas suelen aparecer sobre un ojo o en la sien, aunque el área del dolor puede moverse durante un ataque. Una migraña suele constar

¿ES HEREDITARIA LA MIGRAÑA?

Suele serlo. Ciertos genes se combinan para aumentar la predisposición a sufrirla, pero también intervienen factores ambientales como el estrés o las hormonas.

ATAQUES DE MIGRAÑA

Una crisis puede comenzar con una etapa temprana, el pródromo, con síntomas como ansiedad, cambios de humor y cansancio o exceso de energía. A esto le sigue a veces el aura, etapa de advertencia que puede incluir luces intermitentes y otras distorsiones visuales, rigidez, hormigueo o entumecimiento, dificultad para hablar y mala coordinación. La etapa principal incluye dolor de cabeza intenso y punzante que empeora con el movimiento, náuseas y/o vómitos, y rechazo a la luz brillante o el ruido fuerte. Esto suele ir seguido del posdromo, una etapa de cansancio, falta de concentración y persistencia de una mayor sensibilidad.

1. La etapa de pródromo puede durar horas o días

2. El aura suele durar una hora

3. El dolor de cabeza puede durar horas o días

4. El posdromo puede durar horas o días

Intensidad

Tiempo

Lesiones en la cabeza

Un pequeño golpe en la cabeza o una lesión en el cuero cabelludo por sí solos no tienen consecuencias a largo plazo. Pero una lesión cerebral puede ser extremadamente grave e incluso mortal.

Puede producirse daño directo al cerebro si algo penetra en el cráneo. El daño indirecto se produce por un golpe que no daña el cráneo. En ambos casos, las lesiones pueden romper los vasos sanguíneos y causar una hemorragia cerebral. Las lesiones menores suelen tener síntomas leves y de corta duración, como un hematoma. En algunos casos, puede darse una conmoción cerebral, que cause confusión, mareos y visión borrosa varios días. También puede darse la amnesia postraumática. Las conmociones cerebrales repetidas causan daños como deterioro de las capacidades cognitivas, temblores y epilepsia.

Una lesión grave puede producir pérdida del conocimiento o coma y, generalmente, daño cerebral. En casos no fatales, los efectos del daño cerebral pueden incluir debilidad, parálisis, problemas de memoria y/o concentración, deterioro intelectual e incluso cambios de personalidad. Estos efectos pueden ser a largo plazo o permanentes.

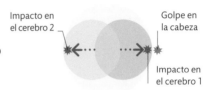

CEREBRO
CRÁNEO

1 Movimiento rápido
Cuando una persona se mueve rápidamente (por ejemplo en bicicleta o en coche), el cráneo y el cerebro se mueven a la misma velocidad.

Impacto en el cerebro 2

Golpe en la cabeza

Impacto en el cerebro 1

2 Parada brusca
En el impacto, el cerebro choca contra la parte frontal del cráneo, lesionándose, y después rebota, sufriendo aún más lesiones.

Epilepsia

Puede ser desde leve a potencialmente mortal, y es un trastorno de la función cerebral en que se producen crisis o periodos de alteración de la conciencia recurrentes causados por una actividad eléctrica anormal.

A menudo se desconoce su causa, pero en algunos casos puede deberse a una afección cerebral como un tumor o un absceso, una lesión en la cabeza, un derrame cerebral o un desequilibrio químico.

Las crisis pueden ser generalizadas o parciales, según qué parte del cerebro esté afectada. Hay varios tipos de crisis. En una crisis tónico-clónica (gran mal), el cuerpo se pone rígido y después comienzan los movimientos incontrolados de las extremidades y del cuerpo, que pueden durar varios minutos. En las crisis de ausencia (pequeño mal), la víctima pierde el conocimiento y no se producen convulsiones.

HAY UNOS **60 TIPOS** DE CRISIS EPILÉPTICAS

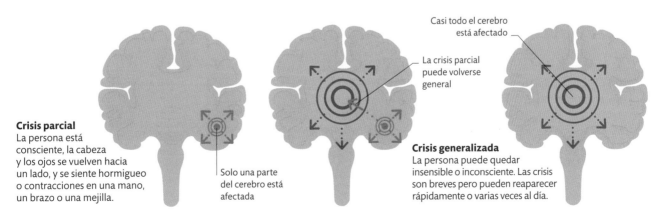

Crisis parcial
La persona está consciente, la cabeza y los ojos se vuelven hacia un lado, y se siente hormigueo o contracciones en una mano, un brazo o una mejilla.

Solo una parte del cerebro está afectada

Casi todo el cerebro está afectado

La crisis parcial puede volverse general

Crisis generalizada
La persona puede quedar insensible o inconsciente. Las crisis son breves pero pueden reaparecer rápidamente o varias veces al día.

Meningitis y encefalitis

La meningitis y la encefalitis son enfermedades inflamatorias causadas principalmente por infecciones. Ambas presentan síntomas como fiebre repentina, rigidez en el cuello, sensibilidad a la luz, dolores de cabeza, somnolencia, vómitos, confusión y convulsiones.

La meningitis es una infección de las meninges, las membranas que protegen el cerebro y la médula espinal y contienen el líquido cefalorraquídeo que fluye por todo el sistema nervioso. La infección hace que las membranas se hinchen, y la inflamación puede afectar a todas las partes del cuerpo. Los niños pequeños, cuyo sistema inmunitario no está completamente desarrollado, corren mayor riesgo, pero puede darse a cualquier edad.

Su principal causa son gérmenes que entran en el cuerpo, ya sea en forma de bacterias, virus u hongos. Ciertos fármacos, como los anestésicos, tienen sustancias que también pueden provocarla.

Encefalitis

La encefalitis es una inflamación del cerebro debida a una infección o a que el sistema inmunitario ataca el cerebro por error. Pueden contraer encefalitis personas de cualquier edad, y la enfermedad provoca síntomas graves como debilidad muscular, demencia repentina, pérdida del conocimiento, convulsiones e incluso la muerte.

Focos de infección

Las meninges son la duramadre, la aracnoides y la piamadre. Se inflaman en todas las formas de meningitis y alteran la función cerebral.

1 MILLÓN
DE PERSONAS EN EL MUNDO SUFREN MENINGITIS CADA AÑO

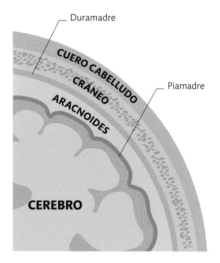

Duramadre
CUERO CABELLUDO
CRÁNEO
ARACNOIDES
Piamadre
CEREBRO

Absceso cerebral

Los abscesos cerebrales son inflamaciones en el cerebro llenas de pus, que a menudo se forman después de una infección o una lesión grave en la cabeza que ha permitido que bacterias u hongos entren en el tejido cerebral.

Los síntomas de un absceso cerebral pueden desarrollarse lenta o rápidamente. Entre ellos están dolor de cabeza localizado que no se alivia con analgésicos, problemas neurológicos como debilidad muscular y dificultad para hablar, cambios en el estado mental, fiebre alta, convulsiones, náuseas, rigidez en el cuello y cambios en la visión.

Suelen estar causados por una infección en otra parte del cráneo,

como otitis o sinusitis; una infección en otra parte del cuerpo (como una neumonía que se propaga a través de la sangre), o un traumatismo, como una lesión grave en la cabeza que abra el cráneo.

Su evaluación y diagnóstico se hacen con análisis de sangre y una tomografía computarizada o una resonancia magnética. Medicación y cirugía son las formas más comunes de tratamiento.

DEFECTO CARDÍACO CONGÉNITO

Un absceso cerebral también puede ser una complicación poco común de un grupo de trastornos conocidos como cardiopatía cianótica, que es congénita (de nacimiento). Provocan un flujo sanguíneo anormal a través del corazón y los pulmones, lo que permite que sangre poco oxigenada se bombee por todo el cuerpo. Esta sangre privada de oxígeno da a la piel de los niños afectados un color azul o cianótico y limita gravemente su actividad física.

AIT

Un ataque isquémico transitorio, o AIT, es similar a un accidente cerebrovascular (ver más abajo), que ocurre cuando se interrumpe el suministro de sangre al cerebro. Sin embargo, a diferencia de un accidente cerebrovascular, un AIT es breve.

Obstrucción

Flujo sanguíneo obstruido

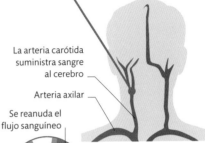

1 Obstrucción temporal
Se produce un coágulo de sangre. Entre las causas están lesiones en la cabeza, la altitud o ciertas dietas.

La arteria carótida suministra sangre al cerebro

Arteria axilar

Se reanuda el flujo sanguíneo

2 Disolución
Los medicamentos para diluir la sangre o la cirugía para eliminar el coágulo pueden aliviar la obstrucción para que la sangre fluya normalmente.

La obstrucción se disuelve

Se suele calificar de miniapoplejía y puede ser una señal de advertencia. Los indicios de un AIT suelen desaparecer en una hora y se parecen a los que se encuentran al principio de un derrame cerebral. Entre ellos están debilidad repentina, parálisis o entumecimiento en la cara, el brazo o la pierna, generalmente en un lado del cuerpo, dificultad para hablar y comprender a los demás, ceguera o visión doble, mareos o pérdida de equilibrio o coordinación, y un dolor de cabeza intenso y repentino sin causa conocida.

Buscar tratamiento

Los AIT ocurren con mayor frecuencia horas o días antes de un accidente cerebrovascular, por lo que es vital buscar atención médica inmediatamente después de un AIT. Aproximadamente una de cada tres personas que sufre un AIT sufrirá un accidente cerebrovascular, y la mitad tendrá lugar menos de un año después.

Accidente cerebrovascular y derrame

Un accidente cerebrovascular (ACV) se produce cuando se corta el suministro de sangre al cerebro. Es potencialmente mortal, y hay dos tipos principales: isquémico y hemorrágico, y cada uno afecta al cerebro de diferentes maneras.

EN **EE. UU.** HAY UN NUEVO **CASO** CADA **40 SEGUNDOS**

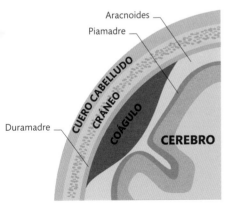

Aracnoides

Piamadre

CUERO CABELLUDO

CRÁNEO

COÁGULO

Duramadre

CEREBRO

Hematoma subdural (hemorragia)
El sangrado entre las meninges forma un coágulo que ejerce presión sobre el cerebro y causa un accidente cerebrovascular.

Si el suministro de sangre al cerebro se reduce o se interrumpe, el tejido cerebral se ve privado de oxígeno y las neuronas mueren. Puede causarlo una obstrucción, generalmente un coágulo de sangre (isquémico), o cuando la sangre se derrama en el cerebro o los tejidos circundantes (hemorrágico), a menudo por la rotura de un vaso sanguíneo o una arteria.

Los síntomas pueden incluir dificultad para hablar; parálisis (flacidez) o entumecimiento de la cara, un brazo o una pierna, a menudo en un solo lado del cuerpo; dificultad para ver con uno o ambos ojos; un dolor de cabeza intenso y repentino; mareos, y pérdida de coordinación.

Sangre en el cerebro

Los accidentes cerebrovasculares pueden ser causados por una zona débil en un vaso sanguíneo que forma un aneurisma, o hinchazón, que se rompe por la presión arterial alta. Si ocurre entre las membranas internas que rodean el cerebro, se llama hemorragia subaracnoidea. Las causas del sangrado en el tejido cerebral (hemorragia intracerebral) incluyen lesiones, tumores o drogas.

Tumores cerebrales

Un tumor cerebral está causado por células que se multiplican de forma anormal. Puede ocurrir en cualquier parte del cerebro, desde el espacio intracraneal entre el cerebro y el cráneo, hasta lo más profundo del cerebro. Pueden ser benignos o malignos y el tratamiento varía en consecuencia.

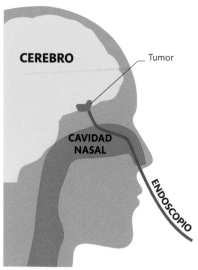

Cirugía cerebral transnasal
Los cirujanos actualmente pueden operar algunos tumores cerebrales a través de la nariz. El procedimiento es mucho menos invasivo que una craneotomía, donde se abre el cráneo y se expone el cerebro.

Existen aproximadamente 130 tipos diferentes de tumores cerebrales, y se clasifican según el tipo de tumor o la zona del cerebro. Algunos tardan años en desarrollarse, mientras que otros crecen deprisa y son muy agresivos. Los tumores cerebrales pueden darse en personas de cualquier edad o etapa de la vida, y los signos y síntomas varían.

Localización y tipos

Los tipos más comunes de tumor cerebral en adultos se dan en el telencéfalo (ver pp. 28-29). Un 24 por ciento comienzan en las meninges. Estos tienden a ser más fáciles de tratar si se detectan a tiempo. Un 10 por ciento de los tumores cerebrales se dan en la hipófisis o en la glándula pineal, que están rodeadas de tejido cerebral.

En los niños, el panorama es un poco distinto. El 60 por ciento de los tumores infantiles se producen en el cerebelo o el tronco del encéfalo. Solo el 40 por ciento ocurren en el mesencéfalo.

Demencia

La demencia es un término que se aplica a un grupo de enfermedades asociadas con una disminución de la función mental que ocurre con mayor frecuencia en adultos mayores de 65 años. Existen muchos tipos de demencia.

Ya sea debido a un flujo sanguíneo reducido al cerebro, acumulación de depósitos de proteínas u otros daños, la demencia es un trastorno progresivo. Los síntomas suelen ser olvidos leves, que pueden avanzar hacia apatía o depresión, falta de socialización y de control emocional.

Una persona con demencia puede perder capacidad para la compasión o la empatía, o para las actividades del día a día. Las personas con demencia a menudo se sienten muy confundidas y no reconocen a sus seres queridos ni saben dónde están. Pueden tener alucinaciones, tener dificultades de lenguaje y necesitar ayuda con actividades básicas como alimentarse o vestirse.

Diagnosis

Si bien no hay cura para la demencia, el diagnóstico y tratamiento tempranos pueden disminuir el ritmo del deterioro mental. Los escáneres cerebrales resaltan las áreas del cerebro más afectadas en un individuo y el tratamiento se puede adaptar en consecuencia. La zona más afectada en la enfermedad de Alzheimer, por ejemplo, es la corteza. Esta parte del cerebro incluye el hipocampo, donde se forman nuevos recuerdos.

CAUSAS COMUNES DE LA DEMENCIA

La demencia puede ser causada por diversos trastornos. Estos son los más comunes:

Enfermedad de Alzheimer
Es un trastorno degenerativo en que cuerpos de proteínas, llamados placas, dañan el cerebro.

Demencia vascular
Alteración del flujo sanguíneo al cerebro, como la causada por un accidente cerebrovascular.

Demencia con cuerpos de Lewy
Depósitos de proteínas que afectan el control motor, el pensamiento y la memoria.

Demencia frontotemporal
Ocurre en la parte frontal y lateral del cerebro y afecta al comportamiento y al lenguaje.

Enfermedad de Parkinson
Suele desarrollarse demencia, que se cree que está relacionada con los cuerpos de Lewy.

Enfermedad de Creutzfeldt-Jakob (ECJ)
Esta enfermedad, rara, rápida y mortal, la causa una proteína infecciosa llamada prion.

Enfermedad de Parkinson

La enfermedad de Parkinson, la segunda enfermedad degenerativa más común después del alzhéimer (ver p. 50), es un trastorno neurológico que afecta el movimiento y la movilidad al destruir las células productoras de dopamina en la sustancia negra, que se encuentra en la parte superior del tronco encefálico.

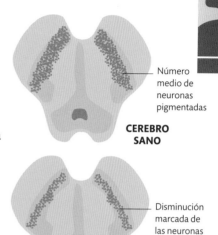

CEREBRO SANO

Número medio de neuronas pigmentadas

Disminución marcada de las neuronas pigmentadas

CEREBRO ENFERMO

¿SE PUEDE USAR LA CIRUGÍA PARA TRATAR EL PÁRKINSON?

La estimulación cerebral profunda (ECP) implica la implantación quirúrgica de electrodos en el cerebro que controlan, pero no curan, los síntomas motores del párkinson.

Los síntomas son graduales, y suelen comenzar con un leve temblor en la mano e incluyen rigidez muscular, dificultad para hablar y movilidad más lenta. Las primeras etapas suelen afectar a un lado del cuerpo, pero cuando el 80 por ciento de la sustancia negra muere, se produce una discapacidad grave. Quienes la padecen en fase avanzada necesitan ayuda en todas las tareas diarias.

El párkinson afecta sobre todo a adultos de 60 años o más, y más a hombres que a mujeres.

Cambios en la sustancia negra
Afecta a las células nerviosas de la sustancia negra, que producen dopamina. Al morir células, el nivel de dopamina disminuye, lo que altera el control motor.

Enfermedad de Huntington

La enfermedad de Huntington es un trastorno cerebral progresivo causado por una mutación genética. Los primeros signos incluyen irritabilidad, depresión, movimientos involuntarios, mala coordinación y problemas para tomar decisiones o aprender nueva información.

La enfermedad de Huntington de la edad adulta es la forma más común y suele darse en personas de 30-40 años. Afecta a 3-7 de cada 100 000 personas de origen europeo. Con menos frecuencia comienza en la infancia o la adolescencia, con problemas de movilidad y cambios mentales y emocionales.

Otros síntomas de su versión juvenil son movimientos lentos, torpeza, caídas frecuentes, rigidez, dificultad para hablar y babeo. La capacidad de pensar y razonar se reduce, lo que afecta al rendimiento escolar. Las convulsiones ocurren en entre el 30 y el 50 por ciento de los niños con esta afección, que tiende a progresar rápidamente.

Corea de Huntington

Muchas personas con enfermedad de Huntington tienen movimientos espasmódicos involuntarios (corea), más pronunciados al avanzar la enfermedad. Pueden tener dificultad para caminar, hablar y tragar, y pueden experimentar cambios de personalidad y una disminución en el procesamiento del pensamiento. El pronóstico para las personas con enfermedad en la edad adulta es una esperanza de vida de 15 a 20 años tras el comienzo de los síntomas.

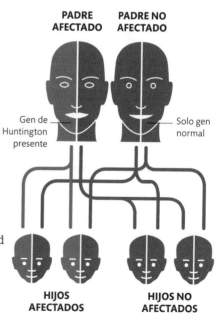

PADRE AFECTADO

PADRE NO AFECTADO

Gen de Huntington presente

Solo gen normal

HIJOS AFECTADOS

HIJOS NO AFECTADOS

Patrones hereditarios
Se clasifica como enfermedad hereditaria. Ocurre cuando un único gen defectuoso se transmite del padre o la madre afectados.

Esclerosis múltiple

La esclerosis múltiple (EM) es una enfermedad que afecta al cerebro y a la médula espinal. Se cree que se produce cuando el sistema inmunitario daña por error las vainas protectoras de las neuronas.

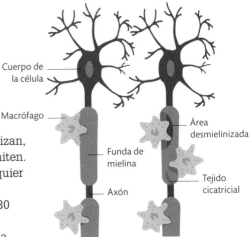

Las células de mielina rodean las neuronas del sistema nervioso central, lo que ayuda a los mensajes a viajar entre el cerebro y el resto del cuerpo. Al desarrollarse la EM, el sistema inmunitario confunde la mielina con cuerpos extraños y la ataca con células macrófagas, dañándola y eliminándola. Las cicatrices o placas que deja esta acción interrumpen los impulsos que normalmente se transmiten por las fibras nerviosas o axones. Los mensajes neuronales se ralentizan, se distorsionan o no se transmiten.

La EM puede ocurrir a cualquier edad, pero generalmente se diagnostica entre los 20 y los 30 años. Los primeros síntomas incluyen mareos, cambios en la visión y debilidad muscular. En etapas posteriores, el habla, la movilidad y la cognición pueden verse afectadas. La forma avanzada de la enfermedad provoca discapacidad.

Números de macrófagos y etapas de la EM
En su inicio, los macrófagos eliminan el tejido dañado, pero también ayudan a repararlo. En etapas posteriores, su número aumenta y, de hecho, acelera la pérdida de mielina, lo que incrementa la gravedad de los síntomas.

Enfermedad de la neurona motora

La enfermedad de la neurona motora (ENM) es un grupo de afecciones que afectan a las neuronas motoras, los nervios del cerebro y la médula espinal que indican a todos los músculos del cuerpo qué hacer.

Los factores genéticos, ambientales y de dieta contribuyen al desarrollo de la ENM. Se ha investigado como posibles causas, sin resultado claro, la exposición a metales pesados o productos químicos, un trauma eléctrico o mecánico, el servicio militar o el ejercicio excesivo.

Algunos tipos de ENM tienen una base genética. La atrofia bulbar progresiva, también conocida como enfermedad de Kennedy, es el resultado de un gen mutado y afecta principalmente a los hombres. La enfermedad de Kennedy daña la parte inferior del tronco del encéfalo, en forma de bulbo, donde están las neuronas que controlan los músculos de la cara y la garganta.

Sea cual sea su causa, la mayoría de sus formas ocasionan síntomas como debilidad y atrofia muscular general, calambres, dificultad para tragar, pérdida progresiva del habla y debilidad de las extremidades. El diagnóstico incluye resonancias magnéticas, biopsia muscular y análisis de sangre y orina.

Aunque no hay cura, los síntomas se pueden controlar para brindar la mejor calidad de vida posible.

EL FÍSICO **STEPHEN HAWKING** VIVIÓ **55 AÑOS** TRAS SERLE DIAGNOSTICADA ENM

Los nervios de los cuernos dorsales transportan señales sensoriales del cuerpo al cerebro

Los nervios de los cuernos laterales controlan los órganos internos

Los nervios de los cuernos ventrales controlan los músculos esqueléticos

Haces de la médula espinal
Las diferentes formas de ENM involucran tractos de neuronas, de los cuernos dorsal, lateral y ventral de la médula espinal.

CLAVE
● Un tracto ascendente lleva señales sensoriales
● Un tracto descendente controla el torso y las extremidades

Cuerpo de la célula
Macrófago
Funda de mielina
Axón
Área desmielinizada
Tejido cicatricial

FASE TEMPRANA **FASE TARDÍA**

Parálisis

El síntoma principal de la parálisis es la pérdida del control del movimiento en una parte del cuerpo. Se clasifica por las zonas del cuerpo afectadas. A veces solo se ve afectado un músculo o un pequeño grupo de músculos, pero la parálisis también puede ser total, lo que resulta en una pérdida completa de la función motora. Puede ser intermitente o permanente.

La parálisis puede afectar a cualquier parte del cuerpo: cara, manos, un brazo o una pierna (monoplejia), un lado del cuerpo (hemiplejia), ambas piernas (paraplejia) y ambos brazos y piernas (tetraplejia o cuadriplejia). El cuerpo también puede volverse rígido (parálisis espástica) con espasmos musculares ocasionales, o flácido (parálisis flácida).

Principales causas

Puede ser el resultado de una lesión o estar causada por diferentes trastornos. Un accidente cerebrovascular o un ataque isquémico transitorio (ver p. 199) puede provocar debilidad repentina en un lado de la cara, debilidad en un brazo o dificultad para hablar. La parálisis de Bell es una debilidad súbita que afecta a un lado de la cara, junto con dolor de oído o cara.

Además, una lesión grave en la cabeza o en la médula espinal puede causar parálisis, y la esclerosis múltiple o la miastenia gravis (que afecta la unión entre los nervios y los músculos esqueléticos) puede causar debilidad en la cara, brazos o piernas que aparece y desaparece. Otras causas de parálisis son los tumores cerebrales, el síndrome de Guillain-Barré, la parálisis cerebral y la espina bífida. La enfermedad de Lyme, transmitida por garrapatas, causa una parálisis que comienza días, o años después de la picadura.

> **¿CUÁL ES LA CAUSA MÁS COMÚN?**
>
> En Estados Unidos, el desencadenante más común es el accidente cerebrovascular, seguido de las lesiones de la médula espinal y la esclerosis múltiple.

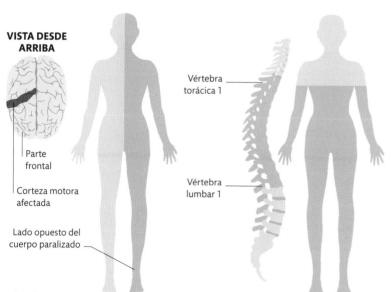

VISTA DESDE ARRIBA

Parte frontal

Corteza motora afectada

Lado opuesto del cuerpo paralizado

Vértebra torácica 1

Vértebra lumbar 1

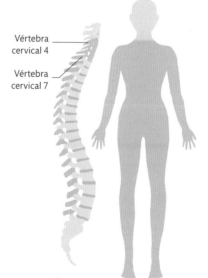

Vértebra cervical 4

Vértebra cervical 7

Hemiplejia
La parálisis afecta un lado del cuerpo, a menudo como resultado de un ACV o un tumor cerebral que afecta a la corteza motora. La hemiplejia también puede ser causada por un traumatismo cerebral.

Paraplejia
Afecta a las piernas y, a veces, a parte del tronco, en general por una lesión en la columna, pero puede surgir de un daño cerebral traumático o de una enfermedad como un tumor cerebral o espinal, o espina bífida.

Tetraplejia
También conocida cuadriplejia. Ambos brazos y piernas quedan parcial o completamente paralizados, igual que el cuerpo desde el cuello hacia abajo, generalmente por una rotura en la parte inferior del cuello.

Síndrome de Down

Afecta tanto al desarrollo físico como mental y aparece al producirse una copia adicional de un cromosoma debido a una división celular anormal. Los bebés que nacen con este trastorno tienen características faciales identificables y retrasos en el desarrollo claros desde la primera infancia.

También se conoce como trisomía 21 porque crea una tercera copia del cromosoma 21. Experimentos en ratones han demostrado que este cromosoma extra altera la función de los circuitos cerebrales de la memoria y el aprendizaje, sobre todo en la zona del hipocampo.

Las posibilidades de que se dé en un niño aumentan con la edad de la madre en el momento del embarazo. Todas las personas que nacen con él tienen algún nivel de discapacidad de aprendizaje. Hay problemas de salud, como afecciones cardíacas y problemas de audición y de visión, que son más comunes en personas con síndrome de Down.

Conjuntos de cromosomas y trisomía 21
Dos cariotipos, o fotografías de un conjunto de cromosomas: hombre normal con dos copias del cromosoma 21 y hombre con síndrome de Down, que tiene tres.

CROMOSOMAS NORMALES

CROMOSOMAS DE TRISOMÍA 21

Parálisis cerebral

La parálisis cerebral (PC) es un grupo de trastornos que alteran el movimiento, la coordinación y la cognición. Es la discapacidad motora infantil más común y puede ser congénita o adquirida.

La PC congénita, que ocurre antes o durante el nacimiento, suele ser resultado de una lesión cerebral por un parto difícil que priva al cerebro de oxígeno. Una infección cerebral o lesión grave en la cabeza también puede causar PC adquirida más de 28 días después del nacimiento.

Los síntomas de la PC dependen de la localización del daño cerebral, pero generalmente este sucede en la corteza motora, que controla el movimiento. Los síntomas y la gravedad varían mucho y se vuelven más evidentes a medida que se desarrolla el bebé. Muchos signos de PC a menudo ni siquiera se notan en los recién nacidos.

Algunos niños con PC tienen problemas de movilidad, de habla y en su capacidad intelectual, y pueden necesitar una silla de ruedas o apoyo en las actividades diarias. Otros pueden estar flácidos o rígidos, tener extremidades débiles o dificultad para caminar. Según el tipo de PC y del tratamiento, las personas afectadas viven entre 30 y 70 años.

Hidrocefalia

Acumulación de líquido en el cerebro que puede dañar el tejido cerebral, causada por un exceso de líquido cefalorraquídeo o porque no drena bien. La hidrocefalia adquirida y la hidrocefalia de presión normal son las dos formas de aparición en adultos, pero también puede ocurrir en niños.

La hidrocefalia adquirida está causada por un daño cerebral tras un ACV, un derrame, un tumor o una meningitis. Las cavidades cerebrales agrandadas se llenan de líquido cefalorraquídeo (LCR) o bloquean áreas donde el líquido se reabsorbe en el torrente sanguíneo.

Causas de otras formas

La causa de la hidrocefalia de presión normal es desconocida, pero podría deberse a afecciones de salud como enfermedades cardíacas o colesterol alto. Los síntomas principales suelen ser dolor de cabeza, náuseas, visión borrosa y confusión.

En niños, puede desarrollarse tras un parto prematuro, sangrado en el cerebro o en casos de espina bífida. En bebés y niños pequeños, los síntomas incluyen hinchazón de la cabeza, pero en niños mayores puede manifestarse como fuertes dolores de cabeza. El daño causado por la presión puede provocar la pérdida de habilidades de desarrollo, como caminar y hablar.

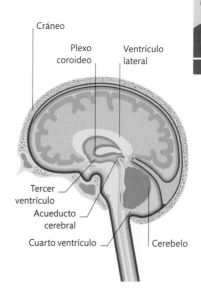

Fluido en el cerebro
El LCR es creado por el plexo coroideo, una membrana que recubre los ventrículos del cerebro. Si no se reabsorbe, lo presiona y provoca los síntomas de hidrocefalia.

Narcolepsia

Trastorno neurológico poco común y de larga duración con episodios repentinos de sueño. Los enfermos no pueden regular los patrones normales de sueño y vigilia.

Suele comenzar alrededor de la pubertad y afecta a ambos sexos por igual. Los síntomas incluyen somnolencia diurna excesiva, quedarse dormido repentinamente y, a veces, realizar tareas pero no recordar haberlas hecho.

Puede incluir parálisis del sueño, incapacidad temporal para moverse o hablar, acompañada de pesadillas aterradoras. La falta de sueño es un efecto secundario común.

Cataplexia

El 60 por ciento de los enfermos son del tipo 1, y padecen cataplexia. Una persona catapléxica experimenta

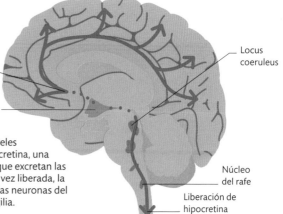

El sistema de hipocretina
Puede estar causada por niveles inusualmente bajos de hipocretina, una sustancia química cerebral que excretan las células del hipotálamo. Una vez liberada, la hipocretina envía señales a las neuronas del cerebro que controlan la vigilia.

debilidad en el control muscular en respuesta a emociones fuertes como el humor, la ira o el dolor. No hay pérdida del conocimiento, pero los pacientes pueden caerse al suelo como resultado de la pérdida del tono muscular y, por lo general, no pueden hablar ni moverse.

LA **CATAPLEXIA** PUEDE ACTIVARSE A CAUSA DE UNA REACCIÓN EMOCIONAL COMO LA **RISA**

Coma

Estado prolongado de inconsciencia profunda, debido a una lesión o inducido para tratar una condición médica. Los pacientes en coma no responden y parecen dormidos, pero, a diferencia del sueño profundo, una persona en coma no puede despertarse mediante ningún estímulo, ni siquiera el dolor.

Está causado sobre todo por una lesión que daña el cerebro. A menudo provoca hinchazón, lo que aumenta la presión en el cerebro y daña el sistema de activación reticular, que es el responsable de la excitación y la conciencia.

Un derrame en el cerebro, pérdida de oxígeno, infecciones, sobredosis, desequilibrio químico o acumulación de toxinas pueden desencadenar también el coma, así como los efectos secundarios de algunas enfermedades. Así, la diabetes produce un coma temporal y reversible si los niveles de azúcar en sangre son muy altos o muy bajos. Más del 50 por ciento de los comas se relacionan con traumatismos craneales o alteraciones en el sistema circulatorio del cerebro.

Tratamiento
El tratamiento depende de la causa específica, pero en general implica medidas de apoyo en una unidad de cuidados intensivos. A menudo, el paciente puede requerir soporte vital completo hasta que su situación mejore.

Depresión

Más que simplemente sentirse infeliz, la depresión consiste en sentimientos persistentes de tristeza, desesperanza y apatía, junto a trastornos del sueño, fatiga y cambios en el apetito.

La depresión actúa en diferentes personas de diversas maneras y en distintos grados. Los síntomas pueden ser leves o graves (esto último a veces se denomina «depresión clínica») y van desde sentirse constantemente infeliz, llorar y perder el interés en las actividades normales hasta la incapacidad para hacer las tareas diarias y pensamientos suicidas.

Síntomas físicos
La depresión y la ansiedad suelen ir de la mano. El trastorno también puede provocar síntomas físicos, como fatiga persistente, insomnio o sueño excesivo, pérdida o aumento de peso, pérdida del deseo sexual y dolor físico.

Puede tener múltiples causas y es una enfermedad que puede afectar a todos los aspectos de la vida. Una de cada diez personas la sufre en algún momento de su vida, y puede afectar también a niños y adolescentes. Según su gravedad, el tratamiento puede incluir la medicación y la psicoterapia.

Causas de la depresión
Algunos acontecimientos estresantes pueden desencadenar la depresión e interactúan con causas internas y antecedentes familiares.

Trastorno bipolar

Anteriormente conocido como depresión maníaca, el trastorno bipolar (TBP) es una condición mental caracterizada por periodos alternos de euforia y depresión exageradas, en los que el estado de ánimo de una persona cambia repentinamente de un extremo a otro.

Fases del TBP
Los enfermos experimentan un periodo maníaco o hipomaníaco en el que se sienten eufóricos, luego una etapa equilibrada de calma, seguida de episodios de sensación de depresión leve o extrema.

Los cambios de humor del trastorno bipolar varían mucho, y un afectado también puede tener estados de ánimo normales. Los patrones no son siempre los mismos; algunas personas pueden experimentar un ciclo rápido de euforia a depresión, o una especie de estado mixto.

El tratamiento consiste en reducir la gravedad y el número de episodios para lograr una vida lo más normal posible. Para ello se utilizan medicamentos que estabilizan el estado de ánimo, el reconocimiento de los desencadenantes y señales de advertencia, la terapia cognitivo-conductual y consejos sobre estilo de vida. Si tiene éxito, los episodios suelen mejorar en unos meses.

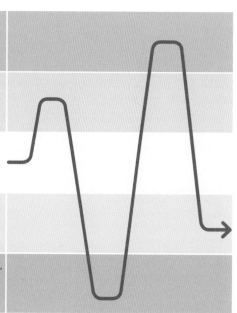

Manía Los síntomas de la manía incluyen euforia, habla rápida, poca capacidad de atención, pérdida de sueño o apetito y, a veces, psicosis.

Hipomanía Versión más leve de la manía que dura unos días, a menudo con agitación y comportamiento social o financiero imprudente.

Ánimo equilibrado «Eutimia» describe el estado relativamente estable en el que la persona no está ni maníaca ni deprimida.

Depresión leve Los síntomas son: sentirse triste, desesperado o irritable; falta de energía; dificultad para concentrarse, sentimientos de culpa.

Depresión Emocionalmente dolorosa, puede haber un estado de ánimo plano, abuso de drogas y alcohol, autolesiones y pensamientos suicidas.

Trastorno afectivo estacional

El trastorno afectivo estacional (TAE) es una depresión que aparece y desaparece según un patrón estacional. A veces se la llama «depresión invernal», pues es en el invierno cuando los síntomas son más severos.

La causa exacta del TAE no se comprende del todo, pero para quienes padecen TAE invernal (desencadenado por el tiempo frío) suele relacionarse con la exposición reducida al sol, lo que limita el funcionamiento del hipotálamo, que controla el estado de ánimo. Sin embargo, algunas personas tienen síntomas cuando comienza el clima más cálido, lo que se conoce como TAE de verano.

Otras causas incluyen un mal funcionamiento del reloj biológico, que regula los patrones de sueño, o niveles muy altos de melatonina.

Los síntomas incluyen depresión, pérdida de placer en las actividades cotidianas, irritabilidad, sentimientos de desesperación, culpa o inutilidad y falta de energía. Llevar un diario con los síntomas, el ejercicio, la fototerapia y los grupos de apoyo son métodos de autoayuda útiles.

Patrón de invierno
Los síntomas llegan al pasar de otoño a invierno, con bajos niveles de energía y con mal humor.

Patrón de verano
Los síntomas bajan o se van en primavera. Retornan entonces la energía y los patrones de sueño normales.

Trastornos de ansiedad

Los trastornos de ansiedad son un grupo de enfermedades mentales caracterizadas por fuertes sentimientos de amenaza y miedo, ataques de pánico y una evaluación inexacta del peligro. Los hay de muchos tipos pero comparten síntomas similares.

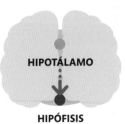

HIPOTÁLAMO

HIPÓFISIS ANTERIOR

1 En respuesta al estrés, el hipotálamo estimula la hipófisis para que produzca la hormona adrenocorticotrópica (ACTH, por sus siglas en inglés).

Entre los más comunes están el trastorno de ansiedad generalizada (TAG), el trastorno de ansiedad social, el trastorno de pánico y el trastorno de estrés postraumático (TEPT). Además del miedo, los síntomas físicos, causados por altos niveles de cortisol y adrenalina, son temblor, insomnio, manos o pies fríos, sudorosos o entumecidos, dificultad para respirar, náuseas, mareos y palpitaciones.

Los afectados con TAG tienden a los sentimientos de preocupación intensa, mientras que el trastorno de pánico surge de una respuesta corporal extrema al estrés. Las personas con trastorno de ansiedad social están siempre preocupadas, tienen una autoimagen en extremo negativa y se sienten observadas y juzgadas siempre. Quienes padecen TEPT se sienten amenazados y están siempre nerviosos, por haber visto o vivido algo traumático.

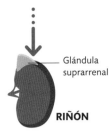

Glándula suprarrenal

RIÑÓN

2 La ACTH estimula la producción de adrenalina y cortisol en las glándulas suprarrenales.

Factores

Muchos factores influyen en los trastornos de ansiedad, como el estrés ambiental y la predisposición genética. Pueden ser hereditarios o adquiridos, y se relacionan con cambios en áreas del cerebro que controlan el miedo y las emociones.

ADRENALINA Y CORTISOL

3 La adrenalina y el cortisol desencadenan diversas respuestas fisiológicas, como un ritmo cardíaco más rápido y un aumento de la tensión muscular.

Fobias

Las fobias son un miedo abrumador y debilitante a un objeto, un lugar, una situación, un sentimiento o un animal. Provocan reacciones extremas y producen una sensación de peligro intensa y poco realista.

FOBIAS COMUNES	
FOBIA	**DESCRIPCIÓN**
Aracnofobia	Miedo a las arañas
Aviofobia	Miedo a viajar en avión
Claustrofobia	Miedo a los lugares cerrados
Coulrofobia	Miedo a los payasos
Misofobia	Miedo a contaminarse con gérmenes
Necrofobia	Miedo a la muerte o a las cosas muertas
Nosofobia	Miedo a desarrollar una enfermedad específica
Tripanofobia	Miedo a las inyecciones

Una fobia es un tipo de trastorno de ansiedad caracterizado por una reacción excesiva a un determinado desencadenante. Solo pensar en la amenaza puede hacer que una persona se sienta ansiosa, lo que se conoce como ansiedad anticipatoria. Los síntomas son mareos, náuseas o vómitos, sudor, palpitaciones, dificultad para respirar y temblores.

Las fobias suelen dividirse en dos tipos principales: fobias específicas, o simples, y fobias complejas. Las específicas se centran en un objeto, animal, situación o actividad, por ejemplo la acrofobia (miedo a las alturas) y la hemofobia (miedo a la sangre). Los animales más comunes que desencadenan fobias son las serpientes (ofidiofobia) y las arañas (aracnofobia). Las fobias simples a menudo comienzan en la niñez o la adolescencia, pero su gravedad tiende a disminuir con el tiempo.

Las fobias complejas son más incapacitantes, como la fobia social o trastorno de ansiedad social, que es el miedo a situaciones sociales.

Trastorno obsesivo compulsivo

El trastorno obsesivo compulsivo (TOC) es un trastorno de salud mental común que afecta a hombres, mujeres y niños. Una persona con TOC experimenta pensamientos intrusivos repetidos y la necesidad de realizar acciones específicas una y otra vez para aliviar la ansiedad asociada.

El TOC puede aparecer a cualquier edad, pero suele desarrollarse en la primera edad adulta. A menudo puede atribuirse a un evento o situación traumática de la niñez o la adolescencia, y puede surgir de un sentimiento desproporcionado de miedo, culpa y responsabilidad vinculado a ese incidente.

La parte obsesiva del TOC es un miedo, pensamiento, imagen o impulso no deseado y desagradable llamado intrusión, que desencadena sentimientos de ansiedad, disgusto o malestar. La compulsión implica un comportamiento repetitivo o una rutina mental que alivia de manera temporal la ansiedad intolerable provocada por la obsesión. Se pueden usar tanto medicamentos como la terapia cognitivo-conductual (TCC) para controlar los síntomas.

Factores genéticos

Una cuarta parte de los casos tienen un familiar afectado, y los estudios con gemelos sugieren un vínculo genético. Se cree que el TOC altera la comunicación entre la corteza orbitofrontal, vinculada a los sentimientos de recompensa, y la corteza cingulada anterior, vinculada a la detección de errores.

Perdiendo el tiempo con el TOC
La ansiedad del pensamiento intrusivo genera un deseo abrumador de realizar rituales. Esta necesidad urgente de contar o comprobar objetos, lavarse las manos o repetir secuencias puede consumir muchas horas al día.

Síndrome de Tourette

El síndrome de Tourette es un trastorno neurológico complejo que hace que una persona emita sonidos y movimientos involuntarios llamados tics. Casi siempre se desarrolla durante la infancia, generalmente después de los 2 años.

El síndrome de Tourette aparece generalmente en la infancia, antes de los 15 años, y afecta más a hombres que a mujeres. Los tics físicos van desde parpadeos, poner los ojos en blanco, fruncir el ceño o encogerse de hombros, hasta saltar, dar vueltas o doblar el cuerpo.

El tic vocal más conocido es el de usar lenguaje soez, aunque esto es raro y solo se da en 1 de cada 10 de los afectados. Los tics verbales más habituales son gruñidos, toses o la imitación de animales.

Los tics pueden causar dolor por la tensión muscular, y suelen aumentar si la persona está estresada, ansiosa o cansada. Los síntomas pueden cambiar y mejorar con el tiempo, y a veces desaparecen por completo.

Los tics suelen ir precedidos de sensaciones como picazón o ganas de estornudar. Algunos pacientes aprenden a utilizar estas señales para controlar los síntomas en entornos sociales como la escuela. A veces los afectados pueden tener TOC o dificultades de aprendizaje.

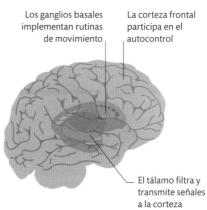

Los ganglios basales implementan rutinas de movimiento

La corteza frontal participa en el autocontrol

El tálamo filtra y transmite señales a la corteza

Áreas del cerebro implicadas
Se cree que los tics de Tourette son resultado de un exceso de dopamina, así como de una disfunción en áreas del cerebro relacionadas con el movimiento, como la corteza frontal, los ganglios basales y el tálamo.

Trastorno de ansiedad por enfermedad

Las personas con trastorno de ansiedad por enfermedad (ansiedad de salud o hipocondria) están preocupadas por tener o contraer una enfermedad. Puede que no presenten síntomas, pero ven en experiencias normales indicadores de enfermedades graves, constantemente se controlan y esto les causa mucha ansiedad.

Trastorno neurológico funcional

En el trastorno neurológico funcional (TNF), síntomas como parálisis, entumecimiento de las extremidades, y problemas visuales y motores surgen por el estrés. La afección es más común en personas con experiencia traumática temprana o crónica. La terapia y el cambio de estilo de vida suelen dar resultado.

Trastorno somatomorfo

El trastorno somatomorfo (TSM) se caracteriza por un enfoque extremo en síntomas físicos que pueden o no estar relacionados con una enfermedad real. Las personas con TSM, sin embargo, realmente creen estar enfermas y su angustia se experimenta como síntomas corporales o «somáticos».

El TSM se relaciona estrechamente con la ansiedad y la depresión. Sus manifestaciones físicas suelen incluir dolor, debilidad, fatiga y dificultad para respirar.

Los afectados se preocupan excesivamente por su salud y se centran en uno o varios síntomas, incluso cuando no se encuentra una causa médica a los problemas físicos que describen. Si hay un diagnóstico, los pacientes con TSM están tan centrados en su dolencia que a menudo no pueden funcionar normalmente.

En el tratamiento se incluyen los antidepresivos y terapias como la terapia cognitivo-conductual (TCC).

Síndrome de Munchausen

Es causado por una angustia emocional severa. Es un trastorno facticio, una condición de salud mental en la que una persona actúa como mental o físicamente enferma, inventando síntomas voluntariamente.

Es una enfermedad psicológica poco común y tiende a ocurrir en personas que han tenido eventos traumáticos en sus primeros años de vida, como abuso emocional o enfermedad, tienen un trastorno de personalidad o tienen resentimiento hacia figuras de autoridad. Se cree que es una forma extrema de comportamiento de búsqueda de atención. Los afectados pueden contar historias de sucesos dramáticos, mentir sobre síntomas, agravar heridas deliberadamente o ingerir toxinas, o alterar resultados de pruebas y falsificar registros.

Una nueva forma del trastorno se denomina Munchausen por internet. En él, una persona finge tener una enfermedad específica y se une a un grupo de apoyo en línea para pacientes reales de la enfermedad.

SÍNTOMAS COMUNES DE TRASTORNOS FACTICIOS

Estos son algunos de los síntomas que se observan en pacientes con síndrome de Munchausen y otros trastornos facticios:

Historial médico extenso, que a menudo incluye hospitalizaciones frecuentes en diferentes lugares y visitas a varios médicos.

Amplio conocimiento de los manuales sobre la enfermedad concreta, así como de la práctica médica en general.

Voluntad de someterse a pruebas médicas, investigaciones e incluso cirugía.

Falta de voluntad para permitir que el personal médico se comunique con amigos y familiares; pocas visitas cuando está hospitalizado.

Muchas cicatrices quirúrgicas o evidencia de numerosos procedimientos.

Condiciones que empeoran sin motivo aparente o que no responden como se esperaba a las terapias normales.

SÍNDROME POR PODER

El síndrome de Munchausen por poder es un trastorno facticio en el que el cuidador inventa o induce físicamente síntomas de enfermedad o lesiones a la persona a su cuidado. Se considera un tipo de abuso físico y mental, y suele infligirlo uno de los padres a niños pequeños, pero la víctima puede ser una persona vulnerable a cargo de un cuidador, como un padre anciano al que cuida un hijo o una hija.

Esquizofrenia

La esquizofrenia es un trastorno de salud mental cuyos síntomas pueden incluir delirios y alucinaciones visuales o auditivas. Es una psicosis, lo que significa que los afectados pueden no ser capaces de distinguir la fantasía de la realidad.

La esquizofrenia puede ser difícil de diagnosticar. Debe examinarse el comportamiento emocional y cognitivo y se confirma por la presencia de dos o más síntomas que duren más de 30 días, por ejemplo habla o comportamiento desorganizado, catatonia, delirios o alucinaciones, y síntomas como falta de emoción o de habla.

Hay muchos tipos, con síntomas diferentes. Los esquizofrénicos paranoicos sospechan demasiado de los motivos de los demás y creen que están conspirando contra ellos. Un esquizofrénico catatónico puede retraerse emocionalmente hasta el punto de parecer paralizado, mientras que la esquizofrenia desorganizada incluye respuestas planas o inapropiadas e incapacidad para completar las tareas cotidianas.

El mal funcionamiento del lóbulo frontal causa alucinaciones

Pueden darse anomalías en los lóbulos temporales

El hipocampo suele estar alterado

Anormalidades estructurales
El cerebro esquizofrénico tiene diferencias estructurales en los lóbulos frontal y temporal, y contiene menos materia gris de lo normal, lo que repercute en la regulación emocional, el control motor y la percepción sensorial.

UNA PERSONA CON ESQUIZOFRENIA ¿TIENE DOBLE PERSONALIDAD?

«Esquizofrenia» significa «mente dividida». Las personas con este trastorno no tienen personalidades múltiples, sino que están aisladas de lo real.

1,1 %
PORCENTAJE APROXIMADO DE **ADULTOS** CON **ESQUIZOFRENIA EN TODO EL MUNDO**

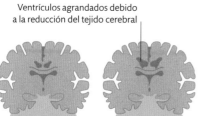

Ventrículos agrandados debido a la reducción del tejido cerebral

CEREBRO SANO　　**CEREBRO CON ESQUIZOFRENIA**

Pérdida de tejido
Algunos pacientes con esquizofrenia tienen ventrículos agrandados (las cavidades llenas de líquido del cerebro) como resultado de una reducción del tejido cerebral en las áreas circundantes.

CAUSAS DE LA ESQUIZOFRENIA

Sus causas no están claras. Podría relacionarse con la genética, la química cerebral, las experiencias de la vida, el uso de drogas, el trauma prenatal o del nacimiento, o una combinación de factores.

Genética
El 80 por ciento de los casos muestran una predisposición hereditaria. Pero los genes no son la única causa, ya que los factores ambientales y los antecedentes familiares también son relevantes.

Anormalidad cerebral
Los estudios por IRM del cerebro muestran reducción de la materia gris en varias regiones, como la corteza prefrontal, importante en las emociones, la toma de decisiones y tareas cognitivas complejas y la planificación.

La química del cerebro
Los niveles elevados de dopamina pueden provocar alucinaciones. Los niveles bajos de glutamato pueden desencadenar episodios psicóticos, mientras que los niveles altos dañan las células cerebrales.

Entorno
La predisposición puede activarse con la exposición del feto a un virus, un traumatismo en el parto o la desnutrición. Estrés extremo, relaciones familiares o el abuso de drogas pueden ser desencadenantes ambientales.

Adicción

La adicción surge de una disfunción crónica en un sistema cerebral que regula la recompensa, la motivación y la memoria. Quien sufre una adicción anhela una sustancia o un comportamiento, a menudo sin preocuparse por las consecuencias de seguirlo.

La adicción es el uso repetido de una sustancia o la realización de una actividad para obtener sensaciones de placer. Los síntomas psicológicos y sociales incluyen comportamientos como falta de autocontrol, obsesión y temeridad. Los síntomas físicos comunes son cambios en el apetito, cambios en la apariencia, insomnio, lesiones o enfermedades causadas por el abuso de sustancias y una mayor tolerancia a la fuente de la adicción, de modo que cada vez se necesita más para lograr la misma cantidad de recompensa en forma de placer. La eliminación del objeto de la adicción provoca reacciones como sudoración, temblor, vómitos y cambios de comportamiento.

Placer químico

La adicción afecta a la estructura del cerebro y su funcionamiento. Sentimos excitación y placer cuando el cerebro libera neurotransmisores como la dopamina, a lo que sigue una sensación de gran satisfacción gracias a hormonas como las endorfinas, que alivian el estrés y el dolor de forma similar a drogas como la cocaína.

Para muchas personas, las actividades creativas o físicas, como tocar un instrumento musical o hacer ejercicio, liberan suficientes neurotransmisores para darles placer y satisfacción. Para otras, ciertas drogas, el alcohol y actividades de riesgo, como el juego, inducen un placer más rápido y extremo que altera y daña los circuitos normales de los neurotransmisores.

Estos estímulos artificiales inundan el cerebro con dopamina y crean sentimientos de intensa satisfacción una vez que se liberan endorfinas. El hipocampo registra la euforia resultante como una memoria a largo plazo, lo que provoca la necesidad de repetir la experiencia. Una vez que este deseo anula el comportamiento normal y la capacidad de funcionar, se clasifica como adicción.

No se comprende del todo por qué las personas son susceptibles a la adicción, pero la evidencia sugiere que la genética puede ser un factor. Después de todo, los genes dictan no solo cómo respondemos a las sustancias, sino también la reacción cuando esas sustancias se retiran. Esto puede explicar por qué algunas personas son más dependientes del alcohol, por ejemplo, que otras.

La evaluación de personas para detectar una sospecha de adicción incluye el uso de pruebas de diagnóstico y evaluación psicológica. Luego son remitidas a especialistas para tratamiento y rehabilitación.

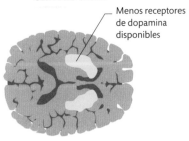

Cantidad normal de receptores de dopamina

CEREBRO SANO

Menos receptores de dopamina disponibles

CONSUMIDOR DE COCAÍNA

El consumo de cocaína y la dopamina
La cocaína reduce la disponibilidad de receptores de dopamina. El resultado es que, con el tiempo, el consumidor tiene que consumir más droga para lograr la misma sensación de recompensa.

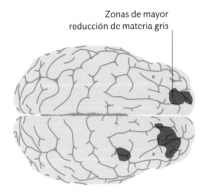

Zonas de mayor reducción de materia gris

Materia gris y metanfetamina
El uso de metanfetamina reduce la cantidad de materia gris en la corteza frontal del cerebro, entre otras áreas, lo que lleva a una disminución de las funciones mentales.

Trastorno de la personalidad

Las personas con comportamientos persistentemente inapropiados, inflexibles o fuera de lo normal, o que tienen problemas para relacionarse con los demás, tienen un trastorno de la personalidad (TP). Hay varios tipos de TP, que van desde el tipo antisocial (trastorno límite de la personalidad) hasta el esquizotípico, pero algunos pacientes pueden manejar su vida sin ayuda médica.

Un trastorno de la personalidad implica un patrón constante de comportamiento que se desvía notablemente de lo que la sociedad considera aceptable. Los síntomas suelen aparecer en la adolescencia y pueden provocar dificultades a largo plazo para quienes los padecen para gestionar las relaciones y funcionar en situaciones sociales.

Los numerosos tipos de TP se agrupan en tres grupos: paranoides, emocionales e impulsivos, y ansiosos (ver cuadro). Cada tipo tiene sus síntomas. Por ejemplo, una persona con un trastorno de personalidad suspicaz suele ser antisocial, se frustra fácilmente y tiene dificultades para controlar la ira. El trastorno límite de personalidad (TLP), un tipo de TP emocional e impulsivo, se asocia con alteraciones del pensamiento, impulsividad y problemas para controlar las emociones.

El grupo ansioso incluye el trastorno de personalidad por evitación, que se caracteriza por sentimientos de insuficiencia y extrema sensibilidad a las críticas negativas y al rechazo. Como es lógico, las personas que padecen este tipo de TP experimentan una ansiedad social grave.

El cerebro en los TP

Algunas personas con TP tienen un cuerpo amigdalino inusual. Este órgano es parte del sistema límbico, la parte más primitiva del cerebro que regula el miedo y la agresión. Las personas con TP que implican niveles excesivos de miedo suelen tener un cuerpo amigdalino más pequeño, y cuanto más pequeño es, más hiperactivas parecen ser.

EL **75** POR CIENTO DE LAS PERSONAS CON TLP **SON MUJERES**

Además, el hipocampo, que ayuda a controlar las emociones, suele estar reducido en las personas con TP.

Las terapias de conversación las ayudan a comprender mejor los pensamientos, sentimientos y comportamientos. Las comunidades terapéuticas, una terapia de grupo, pueden ser eficaces, pero requieren un alto nivel de compromiso. En algunos casos también se pueden utilizar medicamentos para controlar la depresión y la ansiedad.

GRUPOS DE TRASTORNOS DE LA PERSONALIDAD		
GRUPO A: PARANOIDE Las personas con estos TP suelen ser consideradas raras o «excéntricas». Temen las situaciones sociales y tienen problemas para relacionarse con otras personas, a las que miran con mucho recelo. Algunos pacientes parecen distantes; otros, introvertidos.	**GRUPO B: EMOCIONAL E IMPULSIVO** Estos tipos de TP se caracterizan por la falta de control emocional. Los individuos del grupo B a menudo intimidan o manipulan a otros, son egocéntricos y propensos a exhibiciones dramáticas y excesivas, y establecen relaciones intensas pero de corta duración.	**GRUPO C: ANSIOSO** El grupo más temeroso de TP. Estos individuos son generalmente ansiosos, sumisos ante los demás y tienen dificultades para afrontar la vida por sí mismos. Suelen ser hipersensibles, inhibidos, extremadamente tímidos o perfeccionistas.
Paranoide	Antisocial	Evasivo
Esquizoide	Personalidad límite	Dependiente
Esquizotípico	Histriónico	Obsesivo compulsivo
	Narcisista	

Trastornos alimentarios

Los trastornos alimentarios son problemas emocionales que consisten en una relación extrema con la comida. La mayoría implica una atención obsesiva al peso y la forma del cuerpo, lo que puede dañar la salud y poner en peligro la vida.

Aunque pueden darse en cualquier etapa de la vida, suelen aparecer en adolescentes y adultos jóvenes. Los tres más comunes son la anorexia nerviosa (o anorexia), la bulimia nerviosa (bulimia) y el trastorno por atracón (TA). El diagnóstico consiste en una evaluación psicológica y exámenes físicos, como análisis de sangre y medición del índice de masa corporal (IMC).

La anorexia implica pérdida de peso y, en general, en el diagnóstico se indica un IMC muy bajo. Los afectados por bulimia y por TA no suelen tener un IMC bajo y pueden presentar un ligero sobrepeso. Los síntomas de estos trastornos son preocuparse por el peso y la forma del cuerpo, evitar actividades basadas en alimentos, comer muy poco o en exceso y luego purgarse (vómitos inducidos), uso extremo de laxantes y hacer demasiado ejercicio. Los enfermos también pueden tener problemas estomacales, un peso anormal para su edad y altura, problemas o alteraciones menstruales, problemas dentales, sensibilidad al frío, fatiga y mareos.

Factores subyacentes

Las causas de los trastornos alimentarios no se comprenden del todo, pero puede que los afectados tengan un familiar con antecedentes de trastornos alimentarios, depresión, abuso de sustancias o adicción. La presión social y las críticas pueden contribuir a centrarse en los hábitos alimentarios, la forma corporal o el peso. Es probable que algunas ocupaciones, como el ballet, la actuación, el deporte o el modelaje, en las que se centra la atención en la delgadez, tengan un mayor número de personas con trastornos alimentarios que otras profesiones. Las personas con trastornos alimentarios también pueden haber sufrido ansiedad, baja autoestima, perfeccionismo y abuso sexual. El tratamiento consiste en educación nutricional, terapias psicológicas y programas grupales.

El ciclo de atracón

1. La persona come rápidamente gran cantidad de comida, a menudo en secreto, y puede caer en un estado de aturdimiento mientras lo hace.

2. Baja la ansiedad ya que comer calma temporalmente el sentimiento de estrés, tristeza o ira.

3. Ánimo bajo, junto con autodesprecio y asco por la culpa y la vergüenza asociadas a los atracones.

4. La ansiedad aumenta, pues comer solo da un alivio a corto plazo del dolor psicológico. Aparece la depresión.

5. Los pensamientos sobre comida se vuelven cada vez más dominantes a medida que aumentan los sentimientos de angustia.

6. La necesidad de darse un atracón es urgente; a menudo se compra comida especial para ello.

Quienes padecen TA utilizan la comida para adormecer el dolor emocional en lugar de abordar positivamente su causa psicológica. El resultado es un ciclo destructivo.

TIPOS DE TRASTORNO ALIMENTARIO

TRASTORNO	DESCRIPCIÓN
Anorexia nerviosa	Afecta sobre todo a mujeres jóvenes. Implica un deseo obsesivo de mantener un peso corporal bajo comiendo poco y con un exceso de ejercicio.
Bulimia nerviosa	En este trastorno se producen atracones y purgas. El peso corporal suele ser normal, pero el afectado tiene una imagen negativa de sí mismo.
Trastorno por atracón	Comer excesivamente con frecuencia, generalmente de forma planificada, rápida y en secreto. Va seguido de intensa culpa y vergüenza.

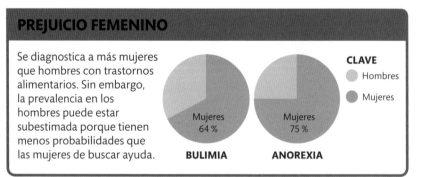

PREJUICIO FEMENINO

Se diagnostica a más mujeres que hombres con trastornos alimentarios. Sin embargo, la prevalencia en los hombres puede estar subestimada porque tienen menos probabilidades que las mujeres de buscar ayuda.

CLAVE
- Hombres
- Mujeres

Mujeres 64 %
BULIMIA

Mujeres 75 %
ANOREXIA

Discapacidad y problemas de aprendizaje

Una discapacidad del aprendizaje es un signo de deterioro de las capacidades cognitivas y se refleja en la inteligencia general o cociente intelectual de una persona. Los problemas de aprendizaje no afectan al cociente intelectual, pero dificultan la adquisición de conocimientos.

Una discapacidad intelectual o de aprendizaje tiene lugar cuando el desarrollo del cerebro se ve afectado, por una lesión o por una anomalía genética. Puede ser leve y moderada o severa y profunda. Las más graves pueden incluso significar que la persona tendrá problemas para aprender las habilidades necesarias para vivir de forma independiente.

Entre las causas específicas están las mutaciones genéticas como el síndrome de Down, lesiones en la cabeza del feto, enfermedades de la madre, falta de oxígeno en el cerebro antes o durante el nacimiento, o daño cerebral por una enfermedad

o lesión infantil. Algunos casos no tienen causa identificable. No hay dos problemas de aprendizaje iguales y pueden tener una amplia variedad de síntomas.

Algunas personas con problemas de aprendizaje pueden hablar con facilidad y cuidar de sí mismas, pero tardar más en aprender cosas nuevas. Otras no pueden comunicarse en absoluto. Algunas pueden tener problemas de movilidad, defectos cardíacos o epilepsia, lo cual puede acortar la esperanza de vida.

Algunas personas afectadas tienen dificultades de aprendizaje asociadas; así, alguien con parálisis cerebral (ver p. 204) puede tener una función cognitiva deteriorada, o una persona en el espectro autista, un retraso en el desarrollo.

¿SON COMUNES LAS DISCAPACIDADES DE APRENDIZAJE?

Entre el 1 y el 3 por ciento de la población tiene algún tipo de discapacidad de aprendizaje. Las personas de los países de bajos ingresos son las más afectadas.

Problemas de aprendizaje

Distinguir algunas discapacidades de los problemas de aprendizaje puede ser un desafío. En general, los problemas de aprendizaje no afectan a la capacidad o aptitud intelectual, sino a la forma en que el cerebro procesa los datos. Por ejemplo, alguien con dislexia, que dificulta la lectura, la escritura y la ortografía, a menudo tiene dispraxia, que afecta a la motricidad fina y la coordinación.

Unión temporoparietal izquierda

Corteza temporal inferior izquierda

LECTORES NORMALES

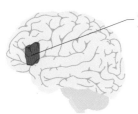

Circunvolución frontal inferior izquierda

LECTORES DISLÉXICOS

El cerebro disléxico
Las áreas del cerebro activadas en la lectura difieren entre lectores normales y disléxicos. En estos solo se activa la circunvolución frontal inferior izquierda, pero esto se acompaña de mayor actividad en el hemisferio derecho, por lo que muchos disléxicos son muy creativos.

ALGUNAS DISCAPACIDADES Y DIFICULTADES DE APRENDIZAJE COMUNES	
NOMBRE	**DESCRIPCIÓN**
Dislexia	Capacidades para aprender a leer y/o escribir deterioradas. Además de ello, pueden darse problemas con las secuencias, como el orden de las fechas, o dificultades para organizar los pensamientos.
Discalculia	Dificultad para procesar números, aprender conceptos aritméticos como contar y realizar cálculos matemáticos. La discalculia a menudo ocurre junto con la dislexia u otras dificultades de aprendizaje.
Amusia	La amusia (literalmente significa «falta de música»), a veces recibe el nombre de sordera tonal y significa que una persona de audición normal es incapaz de reconocer tonos o ritmos musicales, o reproducirlos.
Dispraxia (trastorno de coordinación del desarrollo)	La incapacidad para realizar movimientos precisos, la dispraxia, suele notarse por primera vez en la infancia como «torpeza». Puede causar problemas al establecer relaciones espaciales, como posicionar objetos.
Trastorno específico del lenguaje	Indicado por un retraso en la adquisición de habilidades lingüísticas sin retraso en el desarrollo ni pérdida de audición, tiene un fuerte vínculo genético y a menudo es hereditario.

Trastorno por déficit de atención e hiperactividad (TDAH)

La falta de atención, la hiperactividad y la impulsividad son los síntomas principales. Suele aparecer en la primera infancia, pero los síntomas aumentan entre los 6 y los 12 años y persisten hasta la edad adulta.

Los principales síntomas del TDAH son: impetuosidad, dificultad para concentrarse, falta de organización, problemas de priorización y para realizar múltiples tareas e inquietud excesiva. Si bien el trastorno por déficit de atención (TDA) tiene síntomas similares, quienes lo padecen son menos hiperactivos y su principal problema es la incapacidad para concentrarse.

Los síntomas del TDAH pueden mejorar con la edad, pero muchos adultos diagnosticados con esta afección cuando eran niños pueden seguir experimentando problemas toda su vida. Estas dificultades suelen hacerse evidentes en el lugar de trabajo, donde deben cumplirse rutinas y reglas. En esa situación, una persona con TDAH suele rendir menos de lo que se espera de ella.

Además, las personas con TDAH experimentan algunos problemas adicionales, como trastornos del sueño y de ansiedad.

¿Qué causa el TDAH?

Debido a que es un problema de desarrollo que parece hereditario, los investigadores sospechan que existe alguna base genética para el trastorno. La afección se ha relacionado con el deterioro fetal causado cuando la madre fuma o bebe alcohol durante el embarazo. Nacer prematuramente o entrar en contacto con toxinas como el plomo en la primera infancia también puede desencadenar el TDAH.

Las personas con TDAH suelen tener dificultades de aprendizaje (ver p. 215), aunque estas no tienen por qué estar relacionadas con los niveles de inteligencia. Las

investigaciones han revelado diferencias biológicas y estructurales, como un cerebro más pequeño y con menor flujo sanguíneo en las personas con TDAH. Algunos estudios muestran que el nivel de sustancias químicas cerebrales como la dopamina puede ser más bajo de lo normal en personas con TDAH.

LA DIETA ¿TIENE RELACIÓN CON EL TDH?

Algunos padres hablan de aumentos de comportamiento característico tras comer ciertos alimentos, pero no hay pruebas de que el TDAH lo causen problemas dietéticos.

LOS HOMBRES TIENEN TRES VECES MÁS PROBABILIDADES DE TENER TDAH QUE LAS MUJERES

SÍNTOMAS DEL TRASTORNO POR DÉFICIT DE ATENCIÓN CON HIPERACTIVIDAD		
HIPERACTIVIDAD Hiperactividad es el término utilizado para alguien que es anormal o extremadamente activo. Una persona hiperactiva es muy inquieta, se distrae fácilmente en la escuela o el trabajo y a menudo no puede quedarse quieta durante más de unos segundos o minutos seguidos.	**FALTA DE ATENCIÓN** La falta de atención está asociada al TDAH. Consiste en falta de concentración, no darse cuenta de las necesidades de los demás o estar preocupado y no ser capaz de prestar atención continuada al asunto en cuestión.	**IMPULSIVIDAD** La impulsividad consiste en actuar sin una planificación previa y sin conciencia de las consecuencias. Los impulsos suelen estar relacionados con situaciones emocionales y actividad física, y suelen parecer involuntarios.
Dificultad para permanecer sentado	Problemas para concentrarse	Interrupciones constantes
Movimientos constantes	Torpeza	Incapacidad para respetar los turnos
Habla más alto que los demás	Se distrae fácilmente	Habla de forma excesiva
Poco o ningún sentido del peligro	Pobres habilidades de organización	Actúa sin pensar
	Se le olvidan las cosas	

Trastornos del espectro autista

Los trastornos del espectro autista (TEA) son un grupo de problemas del desarrollo caracterizados por dificultades de comunicación y de conducta. La palabra «espectro» se refiere a la amplia variedad de tipos y de niveles de gravedad de los síntomas que experimentan las personas con TEA.

A las personas con TEA les es difícil interactuar y comunicarse con los demás. Tienden a tener intereses restringidos y comportamientos repetitivos, y suelen ser más o menos sensibles que otros a la luz, el ruido o la temperatura. Esto hace que se encierren en sí mismos.

El TEA se da en personas de todo nivel intelectual, y se diagnostica en general en los primeros 2 años. Es una condición de por vida. Los síntomas físicos pueden incluir movimientos corporales, como caminar de un lado a otro, balancearse o agitar las manos.

SÍNTOMAS DE LOS TRASTORNOS DEL ESPECTRO AUTISTA	
SÍNTOMA	**DESCRIPCIÓN**
Comunicación social	El TEA afecta a la comunicación social, pues el desarrollo del lenguaje se ve afectado. Entre los problemas de comunicación social están la dificultad de interpretar situaciones sociales e identificar señales sociales, e interacciones conversacionales demasiado sinceras o inapropiadas.
Comportamiento repetitivo	Las personas con TEA a menudo realizan acciones repetidas, como aletear las manos o mecer el cuerpo. A veces se hacen daño al morderse o pellizcarse la piel continuamente. Pueden dar vueltas o hacer movimientos corporales complejos, junto con rituales como contar u ordenar objetos.
Intereses restringidos	Las personas con autismo suelen pensar las cosas en términos de blanco o negro y se concentran de forma muy intensa en intereses u obsesiones específicas, que van desde hacer girar objetos hasta recopilar fechas de nacimiento o identificar rutas de vuelo.
Sensibilidad sensorial	El diagnóstico de TEA suele conllevar algún problema de procesamiento sensorial, aunque no siempre. A veces demasiado sensibles o demasiado poco, y experimentan dificultades con el olfato, el gusto, la vista, el oído, el tacto, el equilibrio, el movimiento ocular y la conciencia corporal.

Problema de comunicación

Los niños con TEA tienen a veces dificultades con el lenguaje y algunos empiezan a hablar tarde. Su tono de voz puede ser muy monótono, muy rápido o cantarín. El 40 por ciento no hablan nada, y el 25-30 por ciento desarrollan habilidades lingüísticas en la infancia, pero luego las pierden.

Los adultos con TEA de alto funcionamiento pueden tener éxito académico, pero sufrir dificultades con habilidades prácticas y sociales. La mayoría son muy sinceros, no pueden mentir y a menudo se centran de forma obsesiva en un aspecto de la vida, como la limpieza.

La incomodidad social suele ir acompañada de ansiedad social. Otros síntomas del TEA incluyen una conciencia muy aguda del ruido, el olor, el tacto o la luz, y preferencias alimentarias extremas.

Quienes padecen TEA y tienen discapacidad intelectual pueden mostrar una gran aptitud en otras áreas, como memoria fotográfica o capacidad numérica. A veces la discapacidad es tan grave que los afectados no pueden prácticamente hablar, se autolesionan y necesitan cuidados diarios.

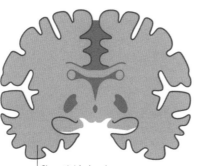

Actividad en la circunvolución fusiforme

CEREBRO NORMAL

Sin actividad en la circunvolución fusiforme

CEREBRO AUTISTA

El cerebro de TEA y el cerebro normal
A las personas con TEA les resulta difícil procesar las caras. En una persona no autista, la actividad se muestra en la circunvolución fusiforme del lóbulo temporal, donde se produce el reconocimiento. En el cerebro autista no existe una actividad equivalente.

Índice

Los números de página en **negrita** remiten a las entradas principales

Agradecimientos

DK quiere agradecer a los siguientes su ayuda en la preparación de este libro: a Janet Mohun y Claire Gell por su ayuda en la planificación de los contenidos; a Helen Peters por la preparación del índice; a Joy Evatt por la revisión de los textos, y a Katy Smith por su asistencia con el diseño.

Diseño de maquetación sénior Harish Aggarwal

Coordinación editorial de cubiertas Priyanka Sharma

Edición ejecutiva de cubiertas Saloni Singh

Los editores agradecen a los siguientes su amable permiso para reproducir o adaptar gráficos e imágenes cerebrales:

(Clave: a: arriba; b: bajo/debajo; c: centro; d: derecha; e: extremo; i: izquierda; s: superior)

46 Datos de la American Academy of Sleep Medicine: (bi). **50 PNAS:** Basado en la Fig. 1 de «A snapshot of the age distribution of psychological well-being in the United States», Arthur A. Stone *et al.*, *Proceedings of the National Academy of Sciences* Junio 2010, 107 (22) 9985-9990; DOI: 10.1073/pnas.1003744107 (bi). **51 APA:** (excepto las anotaciones explicativas): Basado en Fig. 2 - Longitudinal estimates of age changes in factor scores on six primary mental abilities at the; latent construct level. De «The Course of Adult Intellectual Development» por K. W. Schaie 1994, *American Psychologist*, 49, pp. 304-313 © 1994 by the American Psychological Association (bd). **59 PNAS:** Basado en la Fig. 2A de «Sex differences in structural connectome», Madhura Ingalhalikar *et al.*, *Proceedings of the National Academy of Sciences* Enero 2014, 111 (2) 823-828; DOI: 10.1073/pnas.1316909110 (crb). **103 PLoS Biology:** Basado en la Fig. 4 de «Grasping the Intentions of Others with One's Own Mirror Neuron System», Iacoboni M., Molnar-Szakacs I., Gallese V., Buccino G., Mazziotta J. C., Rizzolatti G., Febrero 2005 PLoS Biol 3(3):e79. doi:10.1371 / journal.pbio.0030079 (cdb). **155 PLoS ONE:** Basado en la Fig. 3A de «Neural Substrates of Interactive Musical Improvisation: An fMRI Study of "Trading Fours" in Jazz», Gabriel F. Donnay, Summer K. Rankin, Monica López-González, Patpong Jiradejvong, Charles J. Limb, Febrero 2014 PLoS ONE 9(2): e88665. https://doi.org/10.1371/journal.pone.0088665 (bc).

Para más información ver: **www.dkimages.com**